Sprachkurs
Medical English

Peter Gross

unter Mitarbeit von
Daniel C. Baumgart

5., überarbeitete und erweiterte Auflage

16 Abbildungen

Georg Thieme Verlag
Stuttgart · New York

Prof. Dr. med. Peter Gross
Nephrologie
Universitätsklinikum C. G. Carus
Fetscherstr. 74
D-01307 Dresden

PD Dr. med. Daniel C. Baumgart
Charité-Campus Virchow Klinikum
Humboldt-Universität zu Berlin
Medizinische Klinik mit Schwerpunkt
Hepatologie und Gastroenterologie
13344 Berlin

1. Auflage 1989
2. Auflage 1994
3. Auflage 2000
4. Auflage 2002

*Bibliographische Information
Der Deutschen Bibliothek*
Die Deutsche Bibliothek verzeichnet diese Publikation in der Deutschen Nationalbibliographie; detaillierte bibliographische Daten sind im Internet über http://dnb.ddb.de abrufbar

Umschlaggestaltung: Thieme Verlagsgruppe

Rüdigerstraße 14
D-70469 Stuttgart
Telefon: +49/07 11/89 31-0
Unsere Homepage: http://www.thieme.de

Printed in Germany

Satz: primustype R. Hurler GmbH, 73274 Notzingen
Druck: Druckerei Appl OHG, 86650 Wemding

ISBN 3-13-726305-0
ISBN 978-3-13-726305-0

1 2 3 4 5 6

Foreword

I am pleased to write this foreword for Dr. Peter Gross' book "Medical English for Germans". My pleasure derives from several sources. The world of medicine should have no national boundaries and thus I hope that German physicians can learn from American medicine and American physicians can learn from German physicians. The organization and content of Dr. Gross' book should prove to be very helpful for young German physicians who desire to seek some of their clinical training in the United States and other English-speaking countries.

I am especially pleased to write this foreword for Dr. Gross' book because he was a trainee of mine at the University of Colorado School of Medicine for 3 years in internal medicine and then for 3 years in nephrology. I can attest that Dr. Gross mastered the American medical system in both internal medicine and nephrology as one of our brightest and most dedicated trainees. I am pleased that through his book he will be sharing his experience with young German physicians who may desire to have a similar experience in the United States.

As a Fulbright student in Germany during the 1957–1958 academic year at Johannes Gutenberg University Mainz, where I studied anthropology, I can assure the readers of Dr. Gross that I wish a similar book had been available to prepare me for my studies in Germany.

I therefore wish Dr. Gross' book well; it should be of great value for German medical students and physicians who plan to have some of their training in the United States and other English-speaking countries.

Robert W. Schrier M.D.
Professor of Medicine,
Chairman, Department of Medicine,
University of Colorado Health Sciences Center,
Denver, Colorado

Geleitwort

Wer sich täglich mit den Fragen der medizinischen Ausbildung in der Bundesrepublik Deutschland beschäftigt und die Folgen der schon seit Jahren bestehenden Überlastung der Hochschule beobachtet, begrüßt und fördert jede Initiative, die das Problem der Ausbildungsdefizite mildert.

In den letzten Jahren ist die Nachfrage nach Ausbildungsmöglichkeiten, besonders in den USA und Großbritannien, ständig gestiegen. Dabei bemühen sich unsere Studenten vornehmlich um Famulaturen oder bewerben sich für Teilabschnitte des Praktischen Jahres. Die stark praxisorientierte klinische Ausbildung und die persönliche Betreuung und Mitarbeit im Team in diesen Ländern sind für deutsche Medizinstudenten besonders attraktiv und stellen eine hervorragende Ergänzung zu dem stärker theoretisch ausgerichteten deutschen Curriculum dar.

Das vorliegende Buch von Peter Gross, den man sich aufgrund seiner langjährigen Erfahrung in den USA als Autor nicht geeigneter vorstellen kann, bietet Medizinstudenten einen umfassenden Leitfaden bei der Vorbereitung und Durchführung eines Studiums im angelsächsischen Sprachraum. Es erfüllt ein wachsendes Informationsbedürfnis und kann dazu beitragen, die unvermeidlichen Anlaufschwierigkeiten und Umstellungsprobleme auf ein fremdes Ausbildungssystem zu vermindern. Studenten, die sich entsprechend vorbereitet haben, werden sich schneller integrieren und damit einen vermehrten Gewinn ihrer Auslandstätigkeit ziehen können.

Ich begrüße deshalb das Erscheinen von *Medical English* sehr und wünsche dem Buch eine weite Verbreitung.

Wolfgang Hardegg, Prof. Dr. med.
Studiendekan der Medizinischen
Gesamtfakultät der Universität Heidelberg

Vorwort zur 5. Auflage

„Medical English" ist ein Buch für Studenten; so wurde es ursprünglich konzipiert, und dabei sind wir geblieben. Die Begründung ist einfach: Studenten haben Schulkenntnisse in Englisch, welche den medizinischen Bereich nicht einbeziehen. Andererseits spüren besonders Studenten die Notwendigkeit medzinisches Englisch anwenden zu sollen. Das gilt heute – mehr als vor zehn Jahren – für medizinische Bücher und Publikationen, die Informationsbeschaffung (z. B. im Internet), Vorträge und Kongressbesuche. Es macht sich geradezu schmerzlich bemerkbar bei der praktischen Arbeit im englischsprachigen Ausland (z. B. Famulatur, praktisches Jahr): die Studenten können mit Patienten, Pflegepersonal und Ärzten schlecht kommunizieren; sie können die Akten nicht lesen, weil die Fachausdrücke und die zahlreichen Abkürzungen nicht bekannt sind; sie können

bei Visite oder bei Fortbildung einen Fall nicht „richtig" vorstellen usw. . Wegen dieses Dilemmas wurde „Medical English" geschrieben. Aus den zahlreichen Kommentaren und Zuschriften entnehmen wir, dass „Medical English" ins Schwarze trifft. Wir haben diesen „Erfolg" als Hinweis verstanden, das Taschenbuch noch weiter voranzubringen. Deswegen enthält die neue Auflage ein Minivokabular Englisch-Deutsch, und zwar für die Brusttasche, für die Arbeit auf Station. Erstmalig ist jetzt – sowohl im Minivokabular als auch im Buchtext – Lautschrift schwieriger Wörter eingefügt. Auf diese Notwendigkeit haben uns viele Leser in Zuschriften und im persönlichen Gespräch aufmerksam gemacht und wir kommen diesem Wunsch in der Neuauflage gerne nach. Wir erhoffen uns damit eine noch bessere Benutzbarkeit des Buches. Drei Fallbeispiele wurden herausgenommen, bzw. durch neue, aktuellere ersetzt.

Wir meinten außerdem, dass wir wissenschaftliche Arbeit der Studenten „auf Englisch" mehr berücksichtigen sollten. Deshalb hat die neue Auflage Kapitel darüber, wie man ein Poster vorstellt und was bei einem Original-Manuskript „im englischsprachigen Bereich" besonders zu berücksichtigen ist. Ein Kapitel über einen Vortrag „unter englischsprachigen Bedingungen" hatten wir zuvor schon.

Sämtliche Adressen, auch die im Internet, sind jetzt wieder auf dem neuesten Stand. Last not least: wir haben ein Kapitel zum Alltagsleben geschrieben, um eine Vorstellung von Einreise, Unterkunft, Krankenhausgewohnheiten, Einkaufen, Bankwesen, Polizei etc. zu vermitteln. Wer fällt schon gerne negativ auf, wenn es vermeidbar wäre?

Now to the very last: Sie würden zukünftigen Lesern (und uns) durch Hinweise zur Verbesserung helfen. Wir bitten unsere geschätzten Leser hiermit ausdrücklich um Kommentare – natürlich auch kritische – und Zuschriften. Wir loben hiermit für die hilfreichsten zwei Zuschriften im kommenden Jahr die Finanzierung je einer Flugreise in die USA (oder Alternativland) aus. Wir werden die Gewinner öffentlich bekanntgeben.

We hope to hear from you, and all the best!

Dresden, im November 2005
Peter Gross

Berlin, im November 2005
Daniel C. Baumgart

Contents

Inhaltsverzeichnis

1 The Parts of the Body

In this chapter we will list the terminology used to describe the parts of the body. We will refer to strictly medical as well as to colloquial terms that are used by professionals. (Words in parentheses refer to pathological abnormalities in that area.)

The Head

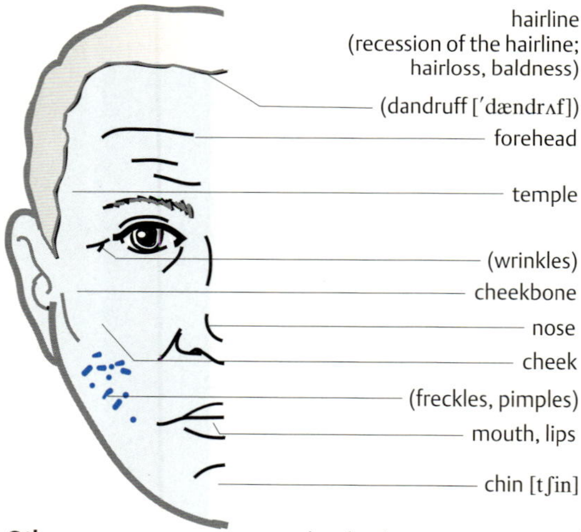

Others:
muscles of mastication
gums
mandible
maxilla
mucous [ˈmjuːkəs] membranes of the mouth
hard palate
soft palate
palatine tonsil (hare-lip; cleft palate)
throat [θrout]
pharynx (hiccups)
uvula [ˈjuːvjələ]
submandibular gland
sublingual gland
parotid gland
saliva [səˈlaivə]
tongue [tʌŋ]
beard [biəd]
moustache [məˈstaːʃ]

Eye

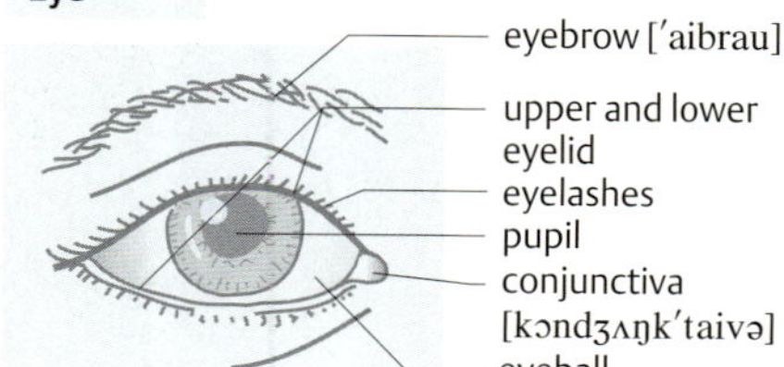

Others:
orbit
vitreous [ˈvitriəs] body
lens
iris [ˈaiəris]
cornea
anterior chamber
eyeground; fundus
disc
lacrimal gland

1 Die einzelnen Körperteile

Im folgenden Kapitel werden wir die Terminologie der einzelnen Körperteile behandeln. Es werden sowohl medizinische als auch umgangssprachliche Bezeichnungen aufgeführt. (Einige pathologische Störungen sind in Klammern angegeben.)

Der Kopf

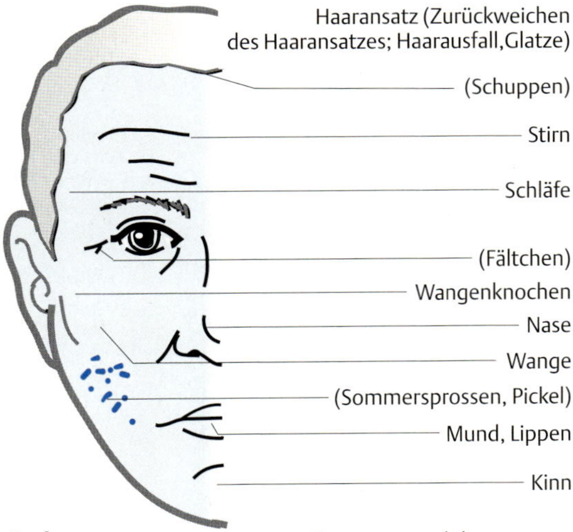

Andere:
Kaumuskeln
Gaumen
Unterkiefer
Oberkiefer
Schleimhäute des Mundes
harter Gaumen
weicher Gaumen
Gaumenmandel
(Hasenscharte; Gaumenspalte)
Kehle
Rachen (Schluckauf)
Zäpfchen
submandibulare Speicheldrüse
sublinguale Speicheldrüse
Parotis
Speichel
Zunge
Vollbart
Oberlippenbart

Das Auge

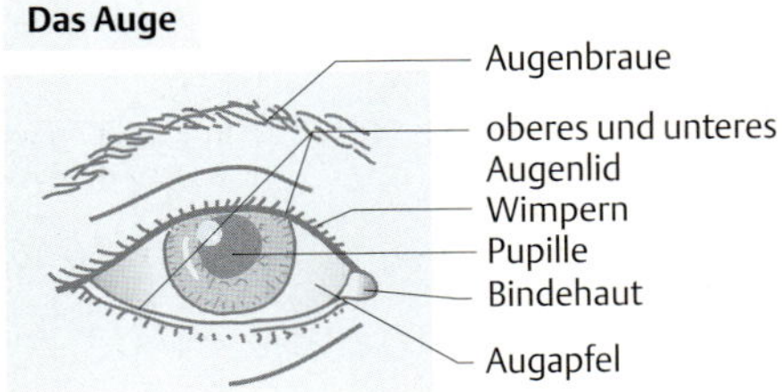

Andere:
Augenhöhle
Glaskörper
Linse
Regenbogenhaut
Hornhaut
Vorderkammer
Augenhintergrund
Sehnervscheibe
Tränendrüse

The Head

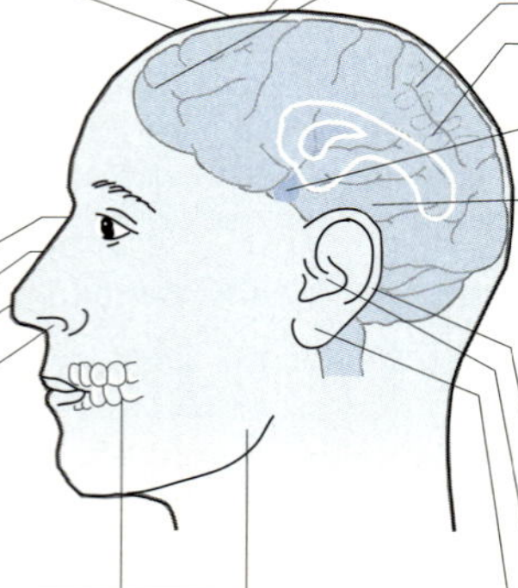

the skull [skʌl]:

vertex
scalp

others:

back of the head
base of the skull
(burr hole)

the nose:

root of the nose
back of the nose
tip of the nose
nostrils

others:

nasal septum
(septal deviation)
meatus [miːˈeitəs] of the nose
paranasal sinuses [pærəˈneizl] [ˈsainəsəs]

the brain:

meninges [meˈnindʒiːz]
frontal lobe of the brain
gyri [ˈdʒairai] of the brain
sulci of the brain
pituitary stalk
pituitary gland [piˈtjuitəri] [glænd]
basal ganglia [ˈgæŋgliə]/brainstem

others:

cerebellum
ventricles
central nervous system
spinal fluid [spainl] [ˈfluːid]

the ear:

auricle [ˈɔːrikl], pinna
external ear canal
earlobe

the teeth

incisors
canines [ˈkeinainz]
premolars
molars
deciduous dentition [diˈsidjuəs] [denˈtiʃən] (20 milk teeth)
permanent dentition (32 teeth)
crown/neck/root
enamel [iˈnæml]/cementum/pulp
gingiva
(dentures [ˈdentʃəz])

mandible

Others:
eardrum
middle ear
auditory ossicles [ˈɔːditəri] [ˈɔsiklz]
inner ear
semicircular canals
cochlea [ˈkɔkliə]

Der Kopf

der Schädel:

Scheitel
Kopfhaut

Andere:

Hinterkopf
Schädelbasis
(Trepanationsloch)

die Nase:

Nasenwurzel
Nasenrücken
Nasenspitze
Nasenlöcher

Andere:

Nasenscheidewand
(Septumdeviation)
Nasengänge
Nasennebenhöhlen

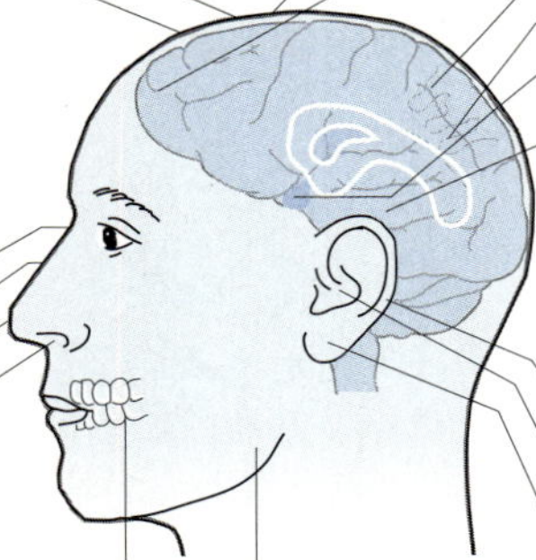

das Hirn:

weiche Hirnhäute
Frontallappen
Hirnwindungen
Furchen des Gehirns
Hypophysenstiel
Hypophyse
Basalganglien des Gehirns/
Hirnstamm

Andere:

Kleinhirn
Ventrikel
Zentralnervensystem
Liquor cerebrospinalis

das Ohr:

Ohrmuschel
äußerer Gehörgang
Ohrläppchen

die Zähne

Unterkiefer

Schneidezähne
Eckzähne
prämolare } Zähne
molare } Zähne
Milchzähne (20 Stück)
bleibendes Gebiss (32 Zähne)
Zahnkrone/Zahnhals/Zahnwurzel
Zahnschmelz/Zahnzement/Zahnhöhle
Zahnfleisch
(Zahnersatz durch ein Gebiss)

Andere:
Trommelfell
Mittelohr
Gehörknöchelchen
Innenohr
Bogengänge des Innenohrs
Kochlea

The Neck

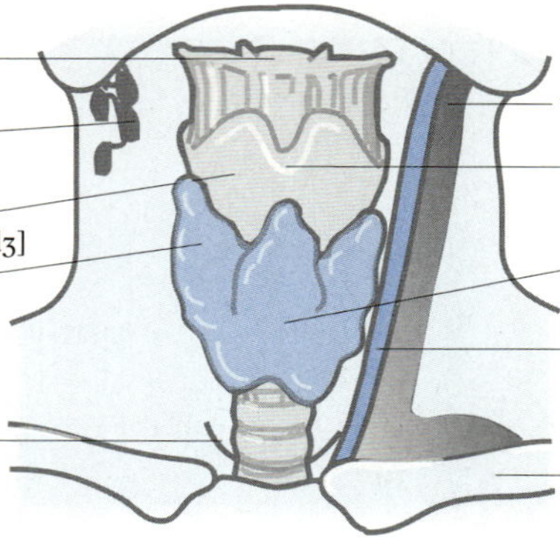

Others:

back of the neck
branches of the carotid artery
tributaries of the neck veins
larynx, vocal cords, vocal ligaments
sheath [ʃiːθ] of the thyroid gland
esophagus [i'sɔfəgəs], pharynx
trachea [trə'kiə], tracheal rings

Der Hals

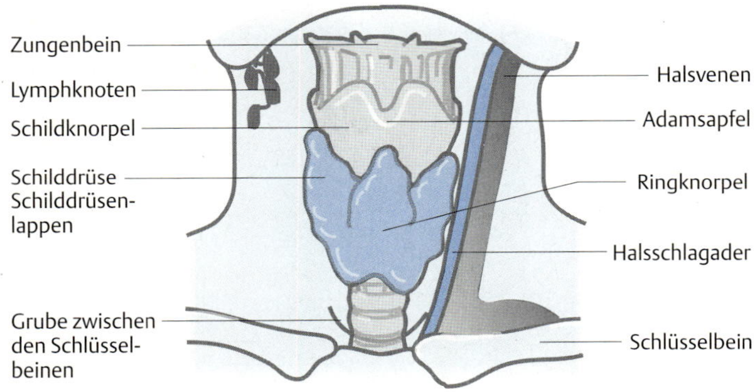

Andere:

Nacken
Verzweigungen der Halsschlagader
Zuflüsse der Halsvenen
Kehlkopf, Stimmbänder, Stimmritze
Kapsel der Schilddrüse
Speiseröhre, Rachen
Luftröhre, Knorpelspangen
der Luftröhre

The Chest

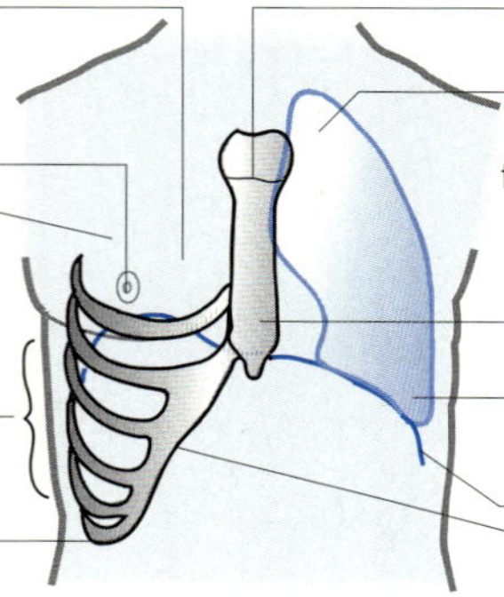

Others:

trachea
right and left main bronchus
lobar and segmental bronchi
heart, pericardial sac
(pericardial effusion, cardiac tamponade)
cardiac chambers
coronary artery
left main coronary artery
cardiac valves [vælvz]
(ventricular aneurysm ['ænjuərizm],
ventricular thrombus ['θrɔmbəs])
cardiac conduction system
central blood vessels

Der Brustraum

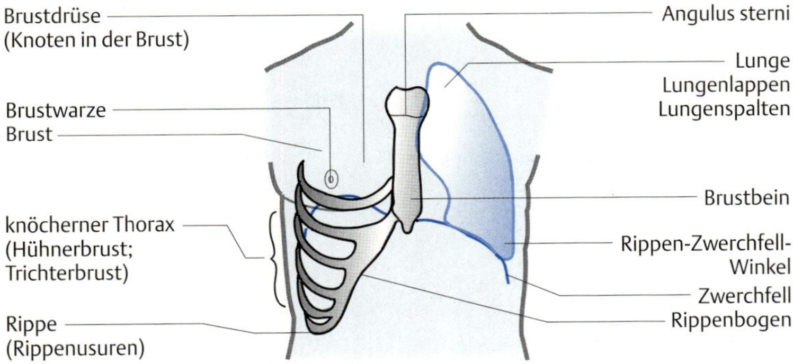

Andere:
Luftröhre
rechter und linker Hauptbronchus
Lappenbronchi und Segmentbronchi
Herz, Herzbeutel
(Herzbeutelerguss, Perikardtamponade)
Herzkammern
Herzkranzgefäße
Hauptstamm (der linken Koronararterie)
Herzklappen
(Ventrikelaneurysma,
Ventrikelthrombus)
Reizleitungssystem des Herzens
große mediastinale Blutgefäße

The Arm

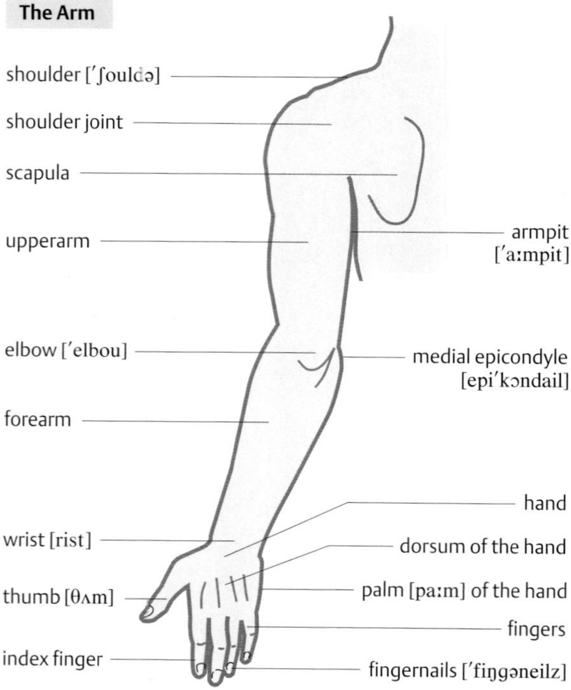

Others:
cubital ['kjuːbitl] fossa
joints of the fingers
thenar ['θiːnaːr]/hypothenar of the hand
synovial bursae [si'nouviəl] ['bəːsiː] of the hand
synovial tendon sheaths
creases ['kriːsəz] of the hand
knuckles [nʌklz] of the hand

bones of the wrist and hand:
carpals
metacarpals
phalanges

Der Arm

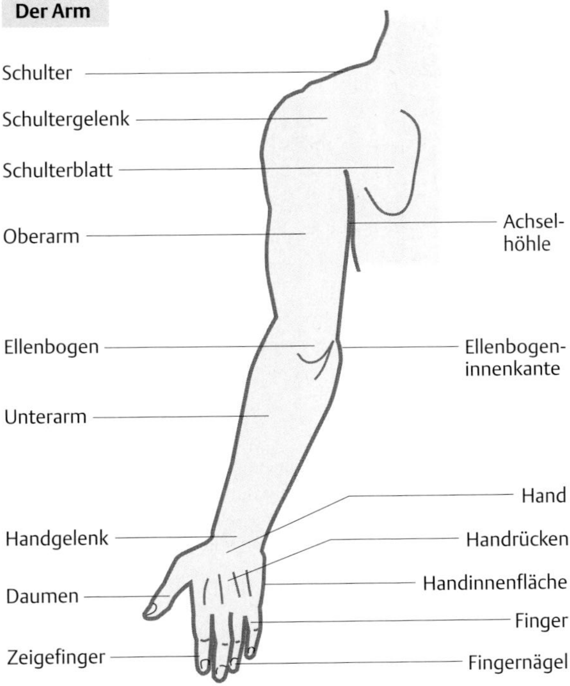

Andere:
Ellenbeuge
Fingergelenke
Daumenballen/Kleinfingerballen der Hand
Schleimbeutel der Hand
Sehnenscheiden
Handlinien
Knöchel der Hand

Knochen von Handgelenk und Hand:
Handwurzelknochen
Mittelhandknochen
Fingerknochen

The Abdomen [æb'doumən]

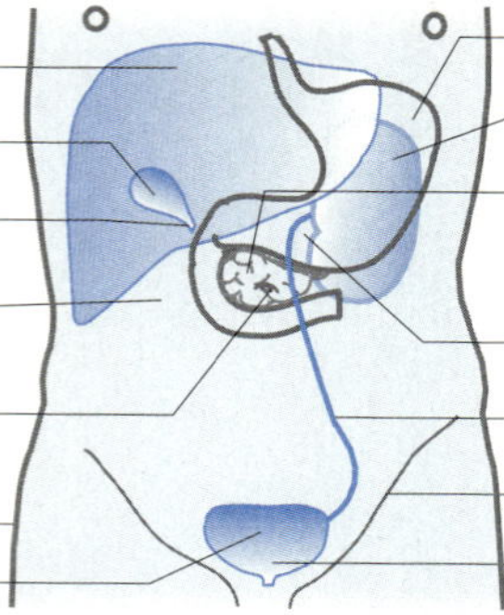

Others:

the 4 quadrants of the abdomen
abdominal wall, peritoneal cavity
biliary system, bile
spleen [spliːn]
greater and lesser curvature of the stomach
the gut, large bowel, small bowel,
duodenum [djuə'diːnəm], colon,
rectum, sigmoid, anus ['einəs]
adrenal gland, kidney
(kidney stones; renal calculi ['kælkjuləs])
(congenital anomalies of the kidney)
(the horseshoe ['hɔːsʃuː] kidney)
prostate gland
pelvic diaphragm
reproductive organs
ovary, uterine tubes ['juːtərin] [tjuːbz]
testicles
spermatic cords
uterus
external os of the uterus
the pouch [pautʃ] of Douglas
= rectouterine pouch

Die Bauchhöhle

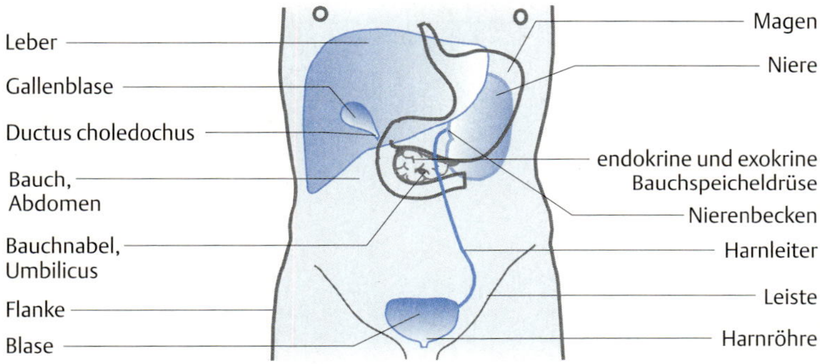

Andere:
die 4 abdominalen Quadranten
Bauchdecke, Bauchhöhle
Gallengangsystem, Galle
Milz
große und kleine Magenkurvatur
Darm, Dickdarm, Dünndarm,
Zwölffingerdarm, Dickdarm,
Enddarm, Sigma, Anus
Nebenniere, Niere
(Nierensteine)
(angeborene Malformation der Niere)
(Hufeisenniere)
Vorsteherdrüse
Beckenboden
Geschlechtsorgane
Eierstock, die Eileiter
Hoden
Samenleiter
Gebärmutter
äußerer Gebärmuttermund
Douglas-Raum

The Back

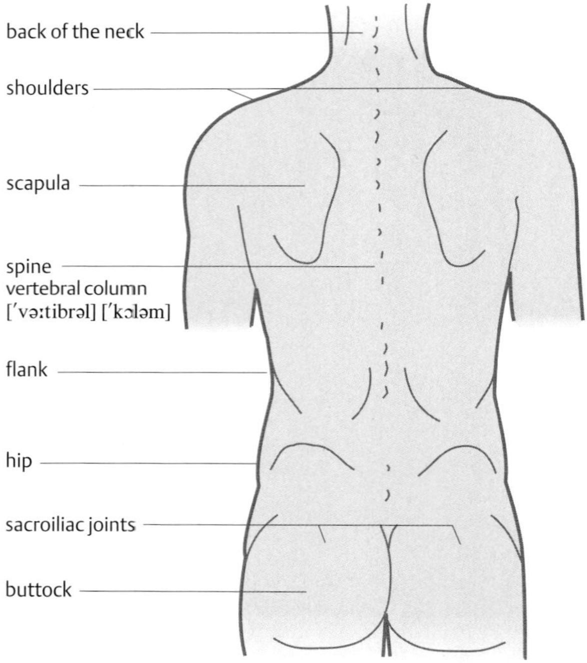

Others:

pelvis
cervical lordosis ⎫
thoracic kyphosis ⎬ of the vertebral column
[θɔ'ræsik] [kai'fousis] ⎪
lumbar lordosis ⎭
vertebra

intervertebral disc
(sciatica)
cutaneous nerves [kjuː'teiniəs] [nəːvz]
dermatomes of the back
trunk

Der Rücken

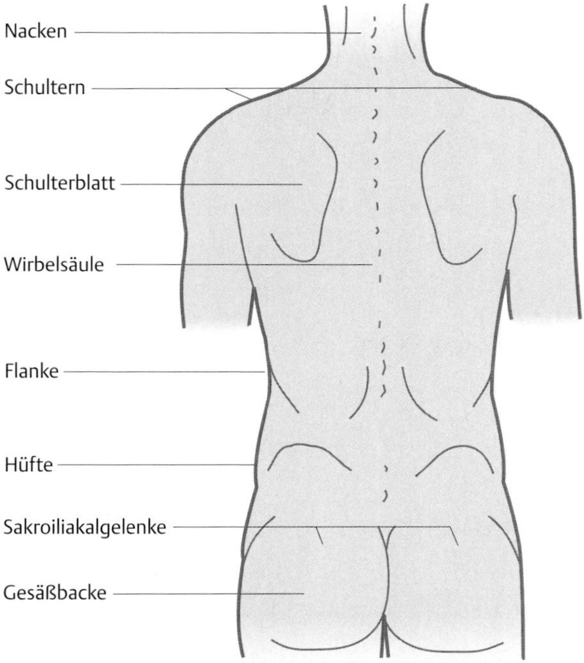

Andere:

Becken
Halslordose, Brustkyphose, Lendenlordose } der Wirbelsäule
Wirbel

Bandscheibe
(vertebragene tiefe Rückenschmerzen)
Hautnerven
Rückendermatome
Rumpf

The Leg

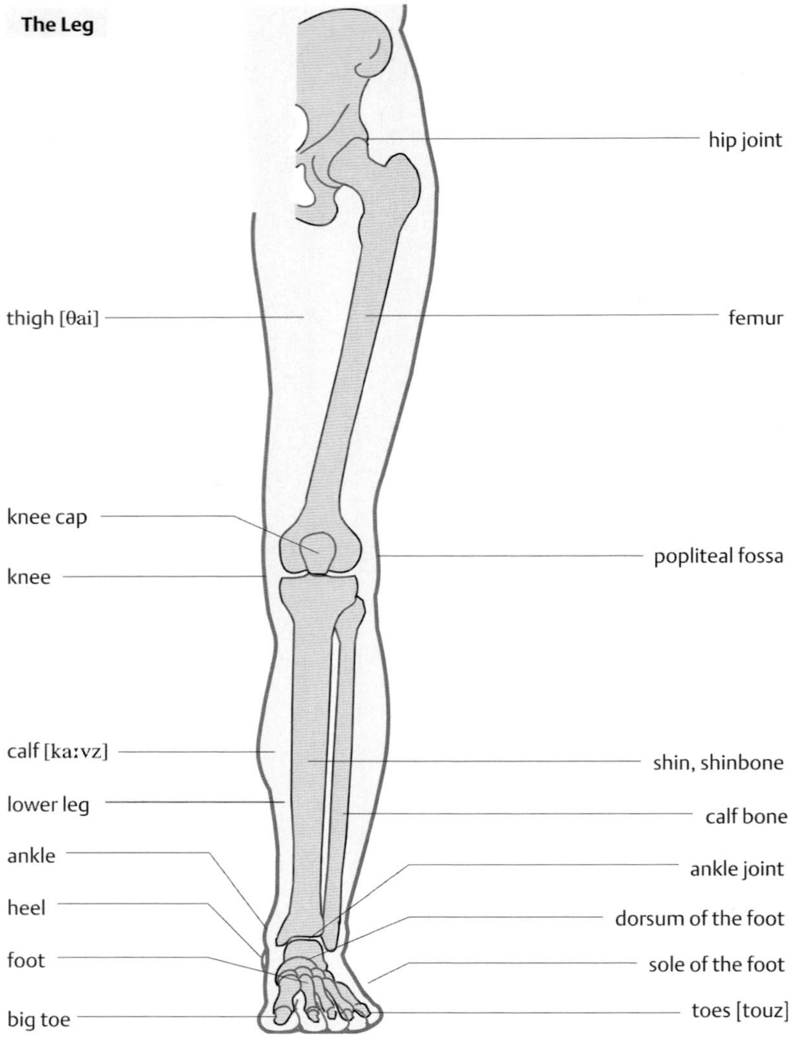

Others:

(varicose veins [ˈværikous] [veinz], bunion)
hipbone = ilium
pelvic girdle
(blister)
(verruca)
inguinal ligament
Achilles tendon
longitudinal arch of the foot

Das Bein

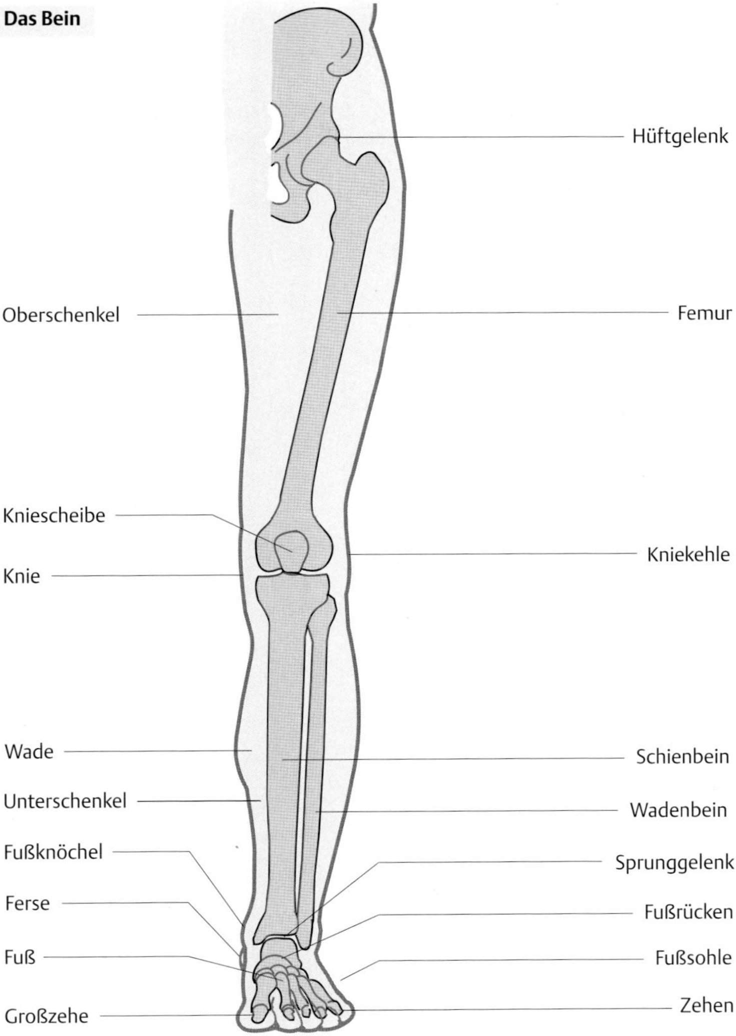

Andere:
(Krampfadern;
Hühnerauge)
Hüftknochen = Os ilium
Beckengürtel
(Bläschen)
(Warze)
Leistenband
Achillessehne
Längsgewölbe des Fußes

2 Equipment, Instruments, Lab Tests, and Medical Studies

The following is a short list of the equipment of a ward (floor unit), important materials for routine work, names of laboratory tests and of medical studies.

2.1 Equipment and Instruments

Equipment in the Patient's Room

Bed, mattress, bedsheet, blanket, bedcover, pillow, gown [gaun],
bedpan, urine bottle, diaper ['daiəpə],
heating blanket, heating pad,
the lights, the light switch,

the patient's side tray, locker, hanger, food tray,
TV-set, air conditioning, heating,
toilet, shower, wash-basin, water faucet, mirror, towel, paper towel, toothbrush, comb [koum],

wall picture (usually a hard board for potential resuscitation [risʌsi'teiʃən]),

electric outlet, plug, the oxygen outlet,
armchair, scale,
commode,
wastepaper basket, disposable plastic bag.

Doctor's equipment

White coat, name tag, ID card, pager (beeper, bell boy), the paging system, the overhead loudspeaker;
the doctor's bag contains:
stethoscope (bell, membrane, tubing, "earpiece"),

reflex hammer, tuning fork, tape measure,
neurological pin, calipers ['kælipə], ruler,
lamp, flashlight, clipboard,
otoscope c̄ specula, ophthalmoscope,

blood pressure cuff (sphygmomanometer, manometer, hand bulb), tourniquet ['tuənikei], head mirror (ENT surgeon);
notebook, pen, marker.

2 Ausrüstungsgegenstände, Instrumente, Labortests und medizinische Untersuchungen

Die folgende kurze Liste enthält die Ausrüstungsgegenstände einer Krankenstation, wichtige Materialien bei der Routinearbeit und die Bezeichnungen für Labortests und medizinische Untersuchungen.

2.1 Ausrüstungsgegenstände und medizinische Instrumente

Gegenstände im Patientenzimmer

Bett, Matratze, Bettlaken, Bettdecke, Überdecke, Kopfkissen, Nachthemd,
Bettschüssel, Urinflasche, Windel,
Heizdecke, Heizkissen,
die Lampen, der Lichtschalter,

das Nachtkästchen des Patienten, Spind, Kleiderbügel, Essenstablett,
Fernseheinrichtung, Klimaanlage, Heizung,
Toilette, Dusche, Waschbecken, Wasserhahn, Spiegel, Handtuch, Papierhandtuch, Zahnbürste, Kamm,

Wandbild (gewöhnlich ein hartes Brett, geeignet für eine eventuelle Wiederbelebung),
elektrischer Anschluss, Steckdose, der Sauerstoffanschluss, Sessel, Waage,
mobile Toilette („Nachtstuhl"),
Papierkorb, Einmalplastikbeutel.

Ärztliche Ausrüstung

Kittel, Namensschild, Krankenhausausweis, Funkempfänger (Pieper), das Ruf-System, der Flurlautsprecher;
Inhalt der Arzttasche:
Stethoskop (Glocke, Membran, Gummischläuche, Hörteil),

Reflexhammer, Stimmgabel, Bandmaß,
neurologische Nadel, Zirkel, Lineal,
Lampe, Taschenlampe, Notizbrett,
Otoskop mit Trichtern, Augenspiegel,

Blutdruckmanschette (Sphygmomanometer, Manometer, Ballon), Stauschlauch, Stirnreflektor (für den Hals-Nasen-Ohren-Arzt);
Notizbuch, Schreibstift, Markierstift.

Working Materials

Syringe ['sirindʒ], vacutainer [vækjə'teinə] (needle holder),

tube, cap of the tube, label,
needle, needle dispenser, needle disposal/sharps bin (Brit.),
gauge [geidʒ] 18 needle, disposable needle,

a rubber glove [glʌv], a sterile gown [gaun], a sterile field,
face mask, disposable cap,
disinfectant, iodine ['aiədi:n], betadine, chlorhexidine,
a swab, an alcohol swab, a 4 × 4, a 2 × 2, a dressing,

a lubricant ['l(j)u:brikənt] (e.g. for the rectal examination),

a disposable cloth [klɔθ],
a glass slide,
an iv cannula, an indwelling catheter, a central line,
an O_2 face mask, an O_2 nasal cannula, the O_2 bottle,

a tongue blade [tʌŋ] [bleid], a tongue depressor, a cotton tip applicator (cotton wool buds),
a spinal needle,
a band-aid/plaster (Brit.), tape, bandage, dressing.

Other Important Equipment on the Ward

The chart, previous medical records,
iv bottle, iv pole/drip stand (Brit.), iv line, iv piggy-bag (iv PB),

iv pump,
pill, tablet, capsule ['kæpsju:l], powder, drops, ointment, lotion,

adapter, heparin lock,
ampule ['æmpjule], vial ['vaiəl],
tray (e.g. a rectoscopy tray),
nebulizer, refrigerator, freezer, ice machine,

graded/measuring (Brit.) cylinder ['silində], container,
the crash cart, the crutch, the walker (the walking frame), the wheelchair, the stretcher,
normal saline,
the pneumatic tube (or: postal) system, the telephone, an extension,
the water fountain.

Arbeitsmaterial

Spritze, Vakuumröhrchen (Nadelhalter für Zusammenschub mit Vakuumröhrchen),
Laborröhrchen, Röhrchenstöpsel, Etikett,
Injektionsnadel, Nadelvorratsbehälter, Nadelabwurf,
Injektionsnadel der Größe 18 (Normalgröße für Blutabnahmen), Einmalnadel,

---

ein Gummihandschuh, ein steriler Kittel, ein steriles Papiertuch,
Gesichtsmaske, Einmalhaube,
Desinfektionslösung, Jodlösung, Desinfektionslösung auf Jodbasis, Chlorhexidin,
ein Tupfer, ein Alkoholtupfer, eine 12 × 12 cm große Kompresse, eine 6 × 6 cm große Kompresse, eine Kompresse
ein Gleitmittel (z. B. für die rektale Untersuchung),

---

ein Wegwerftuch,
ein Objektträger,
eine Infusionsnadel, eine Braunüle, ein zentraler Zugang,
eine Sauerstoffmaske, eine Sauerstoffkanüle, die Sauerstoffflasche,

---

ein Spatel, ein Zungenspatel, ein Baumwollstäbchen (Q-tip),

eine Lumbalpunktionsnadel,
ein (Hansaplast-ähnliches) Pflaster, Pflaster, Bandage, Verband.

Andere wichtige Gegenstände der Krankenstation

Die Stationskurve, die alten Krankenunterlagen,
Infusionsflasche, Infusionsständer, Infusionsbesteck, Vorratsgefäß für Kurzinfusionen,
Infusionspumpe,
Pille, Tablette, Kapsel, Pulver, Tropfen, Salbe, Lotion,

Adapter, abgestöpselter und mit Heparin versehener i. v. Zugang,
Ampulle, verschlossenes Glasfläschchen,
Tablett (z. B. ein Tablett mit vollständiger Rektoskopieausrüstung),
Dampferzeugungsgerät, Kühlschrank, Tiefkühlschrank, (Wasser-)Eismaschine,

---

Messzylinder, Behälter,
Notfallwagen (auf der Station), die Krücke, das Gehgestell, der Rollstuhl, die Trage,
Kochsalzlösung (0,9% NaCl),
die Rohrpost, das Telefon, die Telefonnummer,
das Wasserbrünnchen.

The EKG/ECG (Brit.)

The EKG machine, the leads [li:dz], the suction cup for the chest leads, electrode jelly ['dʒeli],
EKG paper, EKG recorder, the channels,
defibrillator, defribrillator paddles, handles of the paddles,

discharge button, battery.

2.2 Laboratory Tests

The lab slip (pace card, print machine),

the hemogram (CBC = complete blood count, WBC = white blood count, differential WBC, platelets, polymorphonuclear leukocytes, hematocrit, erythrocyte sedimentation rate = ESR),

the urinalysis (specific gravity, osmolality, glucose, erythrocytes, albumin, protein, acetone, sediment, casts),
LFTs: Liver function tests (ALT, AST, AP, protein, albumin, bilirubin total + direct)

BUN (blood urea nitrogen), creatinine [kri'ætəni:n], electrolytes (sodium, potassium, chloride), uric acid ['juərik] ['æsid],
Chem-7 (sodium, potassium, chloride, HCO_3, BUN, creatinine, glucose)
TFTs: thyroid function tests (TSH, fT4),

arterial blood gases (ABG) (pH, pCO_2, HCO_3, pO_2),
lipids (cholesterol, triglycerides [trai'glisəraidz], HDL-cholesterol, LDL-cholesterol),
blood glucose (fasting, random, postprandial [poust'prændiəl]),
iron (serum iron, total serum iron binding capacity, iron ['aiən] saturation),

blood cultures (aerobic [eə'roubik]/anaerobic organisms),
Gram stain (e.g. of a sputum specimen), acid-fast stain,
gastrointestinal tests (e.g. gastroscopy),
pituitary [pi'tjuitəri] function tests (e.g. the TRF-TSH test),

PFTs: pulmonary function tests (e.g. forced expiratory volume in 1 s, forced vital capacity, maximal midexpiratory flow, functional residual capacity, dead space volume),

renal function tests (e.g. creatinine clearance, concentration and dilution tests),

Coags: coagulation [kouægu'leiʃən] tests (e.g. the bleeding time, prothrombin time = PT = Quick test, partial thromboplastin time = PTT, INR = International normalized ratio),

EKG

Das EKG-Gerät, die Ableitungen, die Saugglocke für die Brustwandableitungen, EKG-Gel,
EKG-Papier, EKG-Schreiber, die Kanäle,
Defibrillator, Metallelektroden des Defibrillators, Handgriffe an den Metallelektroden,
Entladeknopf, Batterie.

2.2 Labortests

Das Untersuchungsformular (Adrema = Adressenkärtchen, Abrollmaschine für die Adrema),
die Blutuntersuchung (das Blutbild, Leukozytenzahl, Differenzialblutbild der Leukozyten, Plättchen, Granulozyten, Hämatokrit, Blutkörperchensenkungsgeschwindigkeit),

die quantitative Urinuntersuchung (spezifisches Gewicht, Osmolalität, Zucker, rote Blutkörperchen, Albumin, Protein, Aceton, Sediment, Zylinder),
Leberparameter (ALT = GPT, AST = GOT, AP, Gesamteiweiß, Albumin, Gesamtbilirubin, direktes Bilirubin),

BUN (Harnstoff-Stickstoff; entspricht etwa 50% der Harnstoffkonzentration), Kreatinin, Elektrolyte (Natrium, Kalium, Chlorid), Harnsäure,
Blutchemie (Natrium, Kalium, Chlorid, HCO_3, BUN, Kreatinin, Glukose),
Schilddrüsenparameter (TSH, fT4),

arterielle Blutgase (pH, pCO_2, HCO_3, pO_2),
Fette (Cholesterin, Triglyzeride, HDL-Cholesterin, LDL-Fraktion),

Blutzucker (Nüchternwert, Spontanwert, postprandialer Zuckerwert),
Eisen (Serumeisen, Eisenbindungskapazität, Sättigungsgrad der Eisenbindungskapazität),

Blutkulturen (aerobe/anaerobe Bakterien),
Gramfärbung (z. B. von Auswurf), Färbung auf säurefeste Stäbchen,
gastroenterologische Untersuchungen (z. B. Gastroskopie),
Hypophysenfunktionstests (z. B. TRF-TSH-Test),

Lungenfunktionstest (z. B. das maximale Ausatemvolumen in der 1. Sek., die maximale Vitalkapazität, der maximale Fluss in der Mitte der Ausatemphase, die funktionelle Residualkapazität, das Totraumvolumen),

Nierenfunktionstests (z. B. Kreatininclearance, Konzentrierungs- und Verdünnungstests),
Gerinnungstests (z. B. die Blutungszeit, Prothrombinzeit = Quickwert, partielle Thromboplastinzeit = PTT, INR),

stool measurements (e.g. Sudan stain for fat, fecal leukocytes, C. difficile toxin, bulk, wet weight, dry weight, stool fat, occult blood, stool for O & P),

urinary measurements (e.g. titratable acidity, ketones ['kiːtounz]),

CSF: cerebrospinal fluid (e.g. Gram stain, bacterial antigens [bæk'tiəriəl] ['æntidʒən], oligoclonal bands [ɔligou'klounl] [bændz], cells, culture and sensitivity of bacteria, initial pressure, glucose and protein concentrations, pH),

electrocardiogram, EKG (e.g. sinus rhythm, arrhythmia, P wave, QRS complex, PR interval, T wave, ST interval, elevation or depression of any segment),

the lab report, the lab print-out, the central lab computer.

2.3 Special Studies, Procedures

Venipuncture,
spinal tap,
bone marrow aspiration, biopsy
bladder catheterization [kæθitərai'zeiʃn],

paracentesis [pærəsen'tiːsis] (e.g. of ascitic [ə'sitik] fluid), thoracentesis [θɔːrasen'tiːsis], arthrocentesis,
skin test for tuberculosis [tjubəkju'lousis] (PPD),
the skin-, liver-, kidney-, muscle-biopsy,
the digital examination of the prostate gland,

the rectosigmoidoscopy, (rectoscope, the rectosigmoidoscopy tray),
endoscopy [en'dɔskəpi] (e.g. cystoscopy of the bladder, gastroscopy, colonoscopy),
ultrasound (e.g. cardiac, abdominal, uterine),

X-ray studies (e.g. chest X-ray, sinus films, UGI series, small bowel follow-through, barium enema, excretory urography, plain abdominal films, tomography, coronary angiography, myelography, arteriography, venography).

KUB (kidney, ureter, bladder) film,
CAT (computer assisted tomography) scan,
EBCT (electron beam computerized tomography),
MRI (magnetic resonance [mæg'netik] ['rezənəns] imaging),
MRA (magnetic resonance angiography),
MRCP (magnetic resonance cholangio-pancreaticography),

dialysis treatment,
the gastric lavage ['lævidʒ],
allergy testing of the skin,
the tracheostomy [treiki'ɔstəmi],
nerve conduction studies,
blood transfusion (PRBCs: packed red blood cells, whole blood, fresh frozen plasma/FFP).

Stuhluntersuchungen (z. B. Sudan-Färbung für Stuhlfett, Leukozyten im Stuhl, C. difficile-Toxin, Volumen, Nassgewicht, Trockengewicht, Stuhlfett, Blut, Stuhluntersuchung auf Wurmeier und Parasiten),
Urinmessungen (z. B. titrierbare Säure, Ketonkörper),

Untersuchungen des Liquor cerebrospinalis (z. B. Gramfärbung, auf bakterielle Antigene, oligoklonale Banden, Zellen, Bakterienkultur und antibiotische Testung, Eröffnungsdruck, Glukose- und Eiweißkonzentration, pH),

---

Elektrokardiogramm, EKG (z. B. Sinusrhythmus, Arrhythmie, P-Welle, QRS-Komplex, PR-Intervall, T-Welle, ST-Intervall, Hebung oder Senkung eines der Segmente),
das Laborergebnis, der Laborbericht, der Laborzentralcomputer.

2.3 Spezielle Untersuchungen, kleine Eingriffe

Venenpunktion,
Lumbalpunktion,
Knochenmarksaspiration, Biopsie
Blasenkatheterisation,

Punktion (z. B. von Aszitesflüssigkeit), Pleuraergussflüssigkeit, Gelenkergussflüssigkeit,
Tuberkulose-Hauttest,
die Biopsie von Haut, Leber, Niere, Muskel,
Fingeruntersuchung der Prostata,

---

die Rektosigmoidoskopie, (das Rektoskop, das Rektosigmoidoskopie-Set),
Endoskopie (z. B. Zystoskopie der Blase, Gastroskopie, Dickdarmendoskopie),
Sonographie (z. B. des Herzens, der Bauchhöhle, des Uterus),

Röntgenuntersuchungen (z. B. Thorax-Röntgenbild, Nebenhöhlenaufnahmen, Magen-Röntgen, Dünndarm-Röntgen, Kontrasteinlauf, intravenöse Pyelographie, Abdomenleeraufnahme, Tomographie, Koronarangiographie, Myelographie, Arteriendarstellung, Venendarstellung).

Abdomenleeraufnahme,
Computertomogramm,
Elektronenstrahl-CT,
Kernspinresonanzuntersuchungen,
Magnetresonanzangiographie,
MR-Cholangiopankreatikographie

Dialysebehandlung,
die Magenspülung,
Allgergietestung der Haut,
die Tracheostomie,
Untersuchung der Nervenleitgeschwindigkeit,
Blutübertragung (Erythrozytenkonzentrat, Vollblut, Frischplasma).

3 The Medical Work-up

When a new patient is admitted to the hospital ward, his medical problems will be worked up by the ward team. The initial work-up will consist of the following: the patient's medical history, a complete physical examination, a documentation of this information in the patient's chart, an assessment of the patient's problems, a problem list and writing hospital orders. Thereafter, daily documentation includes: writing daily progress notes in the patient's chart, writing procedure notes, writing prescriptions and filling out flow sheets. All these items ['aitəm] will be explained in the following chapter.

3.1 Taking the Medical History and the Complete Physical Examination

For the write-up of the medical history and the complete physical examination most hospitals will provide sheets of blank white paper – rather than any preprinted forms with questions to be checked off. Therefore, the documentation of the history and the physical examination must stick to an accepted sequence. A widely recommended sequence ['siːkwəns] of documentation will be outlined in the following.

The Medical History (For an example: see page 36)

First give the patient's ID (patient identification including medical record number).

The *h*istory of the *p*resent *i*llness *(HPI)* begins with a statement of the patient's age, race, sex, occupation, and chief complaint [tʃiːf] [kəm'pleint]. For the latter use the patient's own words. (Races: White/Caucasian [kɔː'keiʃən], Black, American Indian, Indian, Hispanic [his'pænik], Asian ['eiʃən].)

Next, describe when (prior to admission) the patient was last in his usual state of health. Then describe what complaints he developed thereafter. In your description, include the location, the intensity, the quality, the duration, any radiation, and any frequency of these complaints. Determine what seemed to precede the complaints, what exacerbated them, and what alleviated them. Ask about any associated symptoms. Also check for and document relevant negative symptoms.

State whether the patient ever had similar symptoms before and what diagnosis was made at that time. Inquire any contributory factors to the present

3 Die Aufnahme eines neuen Patienten

Wird ein neuer Patient auf die Krankenstation eingewiesen, nimmt sich das Stationsteam (s. weiter unten) seiner medizinischen Probleme an. Die ärztliche Tätigkeit besteht zunächst aus der Anamneseerhebung, der Durchführung einer vollständigen körperlichen Untersuchung, der Eintragung der Angaben in die Krankenakte des Patienten und dem Erstellen einer vorläufigen Zusammenfassung und Beurteilung, einer Übersichtsliste der diagnostischen Probleme sowie der schriftlichen Anordnungen. Weiterhin ist es wichtig, täglich Zusammenfassungen und Berichte über Eingriffe in die Krankenakte einzutragen, Rezepte zu schreiben sowie Verlaufstabellen von Laborparametern aufzustellen. Dies wird im folgenden Kapitel erläutert.

3.1 Anamneseerhebung und körperliche Untersuchung

Die meisten Krankenhäuser stellen für die Dokumentation von Anamnese und körperlicher Untersuchung weißes Papier zur Verfügung – keine Vordrucke mit Fragen, die nur zu beantworten wären. Daher werden Anamnese und körperliche Untersuchung generell nach einer allgemein akzeptierten Reihenfolge niedergeschrieben. Eine empfehlenswerte Reihenfolge einer solchen Dokumentation wird im Folgenden beschrieben.

Anamnese (Bsp. s. S. 37)

Als Erstes wird die Identifikation des Patienten festgestellt (Identifikations-Nummer einschließlich der Krankenakten-Nummer).

Die Niederschrift der eigentlichen Krankengeschichte beginnt mit Alter, ethnischer Abstammung, Geschlecht, Beruf und Hauptbeschwerden des Patienten (Letztere in dessen eigenen Worten). Häufig benutzte Begriffe für die Abstammung sind: weißer oder schwarzer Abstammung, indianischer, indischer, lateinamerikanischer, asiatischer Abstammung.

Erfragen Sie dann, bis zu welchem Zeitpunkt (vor der Einweisung) sich der Patient gesund gefühlt hat, und beschreiben Sie die Beschwerden, die sich dann eingestellt haben. Die Beschreibung umfasst: Lokalisation, Intensität, Natur, Dauer, Ausstrahlung und Häufung der Beschwerden. Finden Sie heraus, was den Beschwerden vorangeht, was sie verschlimmert und was sie erleichtert. Fragen Sie außerdem nach Begleiterscheinungen der Symptome. Auch das Fehlen wichtiger Symptome sollte überprüft und dokumentiert werden.

Stellen Sie fest, ob der Patient schon früher an ähnlichen Symptomen gelitten hat und welche Diagnose damals gestellt wurde. Fragen Sie nach zusätzlichen Fak-

problems. Ask about the family history as well as about environmental [invairən'mentl] and social habits that might be of relevance to the chief complaint. Finally, document why the patient came to see you today.

Next, obtain and document the following *systematic data:*

1. Are there any known allergies to drugs or possibly to other materials?

2. What are the patient's habits with regard to: a) smoking (if positive, how many packs of cigarettes per day did he smoke for how many years?) b) alcohol, c) drugs or substances that the patient may be addicted to. Also list all medications presently being taken. Inquire [in'kwaiə] about taking the pill in a female patient. Include asking about over-the-counter drugs (e.g. painkillers).

3. Past medical history (PMH): find out about major acute and chronic illnesses that the patient has had; include operations, major injuries, unusual childhood illnesses (e.g. poliomyelitis ['poulioumaiə'laitis], rheumatic fever [ruː'mætik] ['fiːvə]).
4. Family history (FH_X): ask about any chronic illnesses of the immediate family, report the circumstances surrounding the death of an immediate family member.
5. Social history (SH_X): determine the patient's marital status ['mæritl] ['steitəs], the number of children, his education, his present occupation.

Review of Systems (ROS)

In this part of the history, the physician asks a number of questions about all major organ systems to double-check any possibly forgotten problems or complaints. One should not repeat the chief complaint or any symptoms already mentioned above. Several important symptoms (which will appear in italics in the following) should always be mentioned even if negative.

General: ask about any recent weight change, fever, night sweats [nait] [swets], polydipsia [pɔli'dipsiə], bleeding from the vagina [və'dʒainə] or other bleeding, lumps or masses, syncope ['siŋkəpi], dizziness, pruritus [pruə'raitəs], rashes ['ræʃəz], intolerance for heat or cold.

Head: any visual changes, diplopia [di'ploupiə], loss of hearing, tinnitus [tin'aitəs], sore throats [sɔː] [θrouts], or a hoarse [hɔːs] voice.

Breast: any lumps in the breast, pain, or discharge.

Respiratory system (Resp): any *cough* [kɔf], sputum production, *shortness of breath (SOB), asthma* ['æs(θ)mə], *chest pain,* red blood in the sputum; known tuberculosis, chronic lung disease, and pulmonary emboli ['pʌlmənəri] ['embəlai] in the past.

toren, die zu den momentanen Beschwerden beigetragen haben könnten. Angaben zur Familiengeschichte, den Lebensumständen und den persönlichen Gewohnheiten sollten mit einbezogen werden, sofern sie für die Hauptbeschwerden von Belang sind. Schließlich halten Sie fest, warum der Patient den Arzt aufsucht.

Als Nächstes erfragen und vermerken Sie folgende *systematische Angaben:*

1. Sind dem Patienten irgendwelche Medikamentenallergien bekannt oder ist er möglicherweise allergisch gegen andere Stoffe?
2. Welche Gewohnheiten hat der Patient bezüglich a) Rauchen (falls er raucht, wie viele Packungen Zigaretten täglich über wie viele Jahre), b) Alkohol, c) Medikamente oder andere Sucht auslösende Stoffe? Außerdem schreibe man sämtliche gegenwärtig eingenommenen Medikamente auf. Bei Frauen erkundige man sich nach der Pille. Man frage auch nach der Einnahme rezeptfreier Medikamente (z. B. Schmerzmittel).
3. Vorgeschichte: frühere akute oder chronische Krankheiten des Patienten inklusive Operationen, größerer Verletzungen, ungewöhnlicher Kinderkrankheiten (z. B. Polio, rheumatisches Fieber).
4. Familienanamnese: Leiden nahe Familienangehörige an chronischen Krankheiten? An welchen Erkrankungen sind nahe Verwandte gestorben?
5. Sozialanamnese: Ehestand, Zahl der Kinder, Ausbildung des Patienten, gegenwärtiger Beruf.

Systematische Organanamnese

In diesem Abschnitt der Anamneseerhebung fragt der Arzt alle größeren Organsysteme ab, um eventuell übersehene Punkte oder Beschwerden zu überprüfen. Die Hauptbeschwerden oder die bereits genannten Symptome sollte man nicht noch einmal wiederholen. Eine Reihe wichtiger Symptome (die im Folgenden in Schrägschrift erscheinen) sollte immer erwähnt werden (d. h. selbst wenn sie nicht vorliegen).

Allgemeines: Gewichtsveränderungen in der letzten Zeit, Fieber, nächtliche Schweißausbrüche, Polydipsie, vaginale Blutungen, andere Blutungen, Knoten oder Vergrößerungen, Ohnmachtsanfälle, Schwindel, Hautjucken, Hautausschläge, Hitze- oder Kälteunverträglichkeit.

Kopf: Sehstörungen, Doppeltsehen, Hörverlust, Ohrgeräusche, Ausfluss von Sekret aus dem Ohr oder den Nebenhöhlen, Zahnprobleme, Halsschmerzen oder Heiserkeit.

Brust: Knoten in der Brust, Schmerzen oder Sekretbildung.

Respirationstrakt: *Husten,* Auswurf, *Kurzatmigkeit, Asthma, Thoraxschmerzen,* Blut im Auswurf; frühere Tuberkulose, chronische Bronchitis und Lungenembolie.

Cardiovascular system (CVS): any *edema of the ankles* [iː'diːmə] [ɔv] [ðiː] [æŋklz], *claudication, angina pectoris* [æn'dʒainə] ['pektəris], *orthopnea* [ɔːr'θɔpniə], *paroxysmal nocturnal dyspnea* [pærək'sizməl] [nɔk'təːnl] [dis'pniə] *(PND)*, palpitations, dizziness, dyspnea on exertion (DOE), blood clots; any history of rheumatic fever (RF), hypertension (HTN), or heart disease in the past.

Gastrointestinal system (GI): any *heartburn or indigestion, nausea/vomiting/diarrhea* [daiə'riə]/*constipation (N/V/D/C)*, hematemesis [hiːmə'teməsis], *melena* [mə'liːnə], *abdominal pain*, change of appetite, food intolerance, jaundice and any known hepatitis, pancreatitis [pæŋkriə'taitis], or peptic ulcer disease (PUD) in the past.

Genitourinary [dʒenitou'juərinəri] **system (GU):** any increased *frequency of urination*, nocturia [nɔk'tuəriə], incontinence, change of stream, *polyuria, dysuria* [dis'juəriə], any history of urinary tract infections (UTI)/stones/venereal disease [vi'niəriəl] [di'ziːz] (VD) as well as any impotence and flank pains. In women you should ask about the regularity of menstruation, pregnancies, and contraception.

Central nervous system (CNS): any seizures ['siːʒəz], loss of consciousness, paralysis, numbness ['nʌmnis], tingling, tremor, and headaches.

Psychology: check the patient's sleep, any anxiety, depressions, fatigue, change of memory, and suicide attempts.

The Complete Physical Examination (PE)

In a complete physical examination you have to evaluate the following:

General aspects: whether the patient is comfortable or whether he is in *a*cute *d*istress [ə'kjuːt] [dis'tres] (AD) or diaphoretic [daiəfə'retik].

The patient's height, weight, and *v*ital ['vaitl] *s*igns (VS) (temperature, respiratory rate, blood pressure and pulse), regularity of the pulse, orthostatic changes of blood pressure and pulse.

Whether the patient is *w*ell *n*ourished ['nʌriʃd] (WN) or not (e.g. emaciated), *w*ell *d*eveloped (WD) or not (e.g. thin; older than stated age; etc.) and *w*ell *h*ydrated (WH) or not (dehydrated).

Specific aspects: whether or not there is any icterus, cyanosis, clubbing or telangiectasia.

Head and eyes: whether or not the *p*upils are *e*qual, *r*ound, and *r*eactive to *l*ight and *a*ccommodation (PERRLA).

Whether or not the *e*xtra*o*cular *m*ovements are *i*ntact (EOMI).

Whether or not the sclerae/conjunctivae are clear, or otherwise.

Whether or not the fundi are unremarkable with flat discs and sharp margins of the disc; whether or not there are cataracts.

Herz-Kreislauf: *Schwellungen der Knöchel, Claudicatio intermittens, Angina pectoris, Orthopnoe, paroxysmale nächtliche Dyspnoe,* Palpitationen, Schwindelgefühl, Belastungsdyspnoe, Blutgerinnsel, rheumatisches Fieber, hoher Blutdruck oder Herzkrankheit in der Anamnese.

Magen-Darm-Trakt: *Sodbrennen, Verdauungsstörungen, Übelkeit/Erbrechen/Durchfall/Verstopfung,* Bluterbrechen, *Blut im Stuhl, Bauchschmerzen,* Appetitveränderungen, Nahrungsmittelunverträglichkeit, Gelbsucht, bekannte Hepatitis, Pankreatitis oder Magengeschwüre in der Vergangenheit.

Urogenitalsystem: *gehäuftes Wasserlassen,* nächtliches Wasserlassen, Harninkontinenz, Veränderungen des Harnstrahls, *übergroße Harnmenge, Schmerzen beim Wasserlassen,* Harnwegsinfekte/Steine/Geschlechtskrankheiten, Impotenz oder Flankenschmerzen in der Vorgeschichte. Bei Frauen: Regelmäßigkeit der Menstruationsblutung, Schwangerschaften und Schwangerschaftsverhütung.

Zentralnervensystem: Krampfanfälle, Bewusstseinsverlust, Lähmungen, Taubheit, Missgefühle in Fingern und Zehen, Tremor und Kopfschmerzen.

Emotionales Verhalten: Schlaf, Ängste, Depressionen, Erschöpfung, Gedächtnisveränderungen und Suizidversuche.

Ausführliche körperliche Untersuchung

Bei der ausführlichen körperlichen Untersuchung muss man Folgendes prüfen und beurteilen:

Allgemeinzustand: Wie ist das Befinden des Patienten, wirkt er akut krank, ist er schweißgebadet?

Körpergröße des Patienten, Gewicht, vitale Messwerte (Körpertemperatur, Atemfrequenz, Blutdruck und Puls), Regelmäßigkeit des Pulses; gegebenenfalls orthostatische Blutdruck- und Pulsveränderungen.

Ernährungszustand des Patienten (normal oder abnormal, z. B. abgemagert). Konstitution des Patienten (normal oder abnormal, z. B. leptosom, vorgealtert usw.) und Hydrierungszustand des Patienten (z. B. dehydriert).

Besondere Befunde: Ikterus, Zyanose, Trommelschlegelfinger oder Teleangiektasien.

Kopf und Augen: Seitengleichheit der Pupillen, Rundung der Pupillen, Licht- und Akkommodationsreaktion der Pupillen.

Normale oder gestörte Augenbewegungen.

Normale oder veränderte Skleren oder Konjunktiven.

Normaler oder veränderter Augenhintergrund, nicht prominente scharf begrenzte Papille; Katarakt.

Head and ears: whether or not the head is of normal configuration, the external ear canals are clear, the *t*ympanic [tim'pænik] *m*embranes (TM) are pearly.

Nose: whether or not the nose is patent ['peitənt], the patient has a septal deviation or nasal congestion.

Throat: describe any erythema [erə'θi:mə] or exudates ['egʒjudeits] on the tonsils.

Mouth: describe the condition of the mucous membranes (e.g. moist, dry), the tongue (dry, atrophic, furry ['fə:ri]), the teeth (edentulous [i'dentʃələs]?).

Neck: describe whether or not the neck is supple with a *f*ull *r*ange *o*f *m*otion (FROM), whether there is any presence of thyromegaly [θairou'megəli] (in this case measure its circumference), observe any elevation of the internal jugular ['dʒʌgjələ] venous pulse.

Skin: is the skin normal or is the skin turgor [skin] ['tə:dʒə] altered? Are there any rashes/lesions ['li:ʒən]/growths?

Lymph nodes: check for any palpable lymphadenopathy in the cervical, axillary, or inguinal region. Determine the quality of any lymphadenopathy [limfædi'nɔpəθi] (e.g. tender, hard/soft, mobile/fixed).

Breasts: test for the presence of any lumps, discharge, or tenderness.

Thorax and lungs: does the patient show any deformity of the thoracic spine or chest cage? (e.g. hunchback, barrel chest, etc.).
Is the expansion [igs'penʃən] of the chest normal?
Is the percussion note normal, increased, or decreased?
What is the quality of the breath sounds? (vesicular, bronchial ['brɔŋkjəl], reduced or absent).
Are there any wheezes ['wi:ziz], rales, rhonchi ['rɔŋkai]?
Is there any rub?
Is there any stridor ['straidə]?

Cardiovascular system (CVS):
are the peripheral pulses fully palpable [pælpəbl] (2 +) throughout?
Is there any *j*ugular *v*enous *d*istension (JVD) = is the jugular venous pressure (JVP) raised?
Is there any pitting pretibial edema [pri'ti:biəl] [i'di:mə] and to which level does it reach (calves [ka:vz], knees)?
Is there any presacral [pri'seikrəl] edema?
Where is the *p*oint of *m*aximal *i*ntensity (PMI)?
Is there any precordial lift or thrill?
Are the first (S_1) and second heart sounds (S_2) normal?
Are there any extra sounds (e. g. S_3, S_4)?
Are there any murmurs ['mə:məz]?
Is there a pericardial friction rub?

Abdomen: what is the frequency of the bowel sounds (increased, decreased, absent)?
Is there any rigidity [ri'dʒiditi] of the abdominal wall?

Kopf und Ohren: normale oder veränderte Kopfform, Unauffälligkeit des äußeren Gehörgangs, Vorhandensein des Trommelfellreflexes.

Nase: Durchgängigkeit der Nasengänge, Septumdeviation oder geschwollene Nasenschleimhäute.

Rachen: Rötungen, Beläge auf den Mandeln.

Mund: Zustand der Mundschleimhaut (z. B. feucht, trocken), der Zunge (trocken, atrophisch, haarartig belegt), der Zähne (zahnlos?).

Hals: Nackensteifigkeit, Hals in alle Richtungen normal und frei beweglich, Struma (wenn vorhanden, Umfang messen), Erhöhung des inneren Jugularvenenpulses.

Haut: Haut unauffällig, veränderter Hautturgor; Hautausschläge/Hautläsionen/Geschwülste.

Lymphknoten: Untersuchung der Halsregion, der Achseln und Leisten auf tastbar vergrößerte Lymphknoten. Eigenschaften vergrößerter Lymphknoten (z. B. schmerzhaft, hart/weich, beweglich/fixiert).

Brüste: Knoten, Sekret oder Schmerzhaftigkeit.

Thorax und Lungen: Deformitäten der Brustwirbelsäule oder des Thoraxskeletts (z. B. Buckelbildung, Fassthorax usw.).
Untersuchung: normale Entfaltung des Thorax?
Perkussionsschall normal, vermehrt oder vermindert?
Atemgeräusche (vesikuläres, bronchiales, vermindertes oder fehlendes Atemgeräusch)?
Spastische Atemgeräusche, Rasselgeräusche, Giemen,
Reibegeräusche oder
Stridor?

Herz-Kreislauf-System:
Sind die peripheren Pulse voll tastbar,
Jugularvenen gestaut,

typische prätibiale Ödeme vorhanden (Höhe der Ödeme, Waden, Knie)?

Präsakrale Ödeme?
Wo ist der Herzspitzenstoß zu tasten?
Ist ein präkordiales Heben oder Schwirren tastbar?
Sind 1. und 2. Herzton normal?
Zusatztöne vorhanden (z. B. ein S_3- oder ein S_4-Ton)?
Herzgeräusche?
Perikardreiben?

Abdominale Untersuchung: Häufigkeit der Darmgeräusche (vermehrt, vermindert, fehlend).
Abwehrspannung der Bauchdecken?

Is there any referred tenderness?
Is there any rebound tenderness?
Are there any organ enlargements, are there any masses?
Are there any herniae?
Are there any vascular bruits ['væskjulə] [bru:ts]?
Is there any shifting dullness?
Is there any ascites [ə'saiti:z]?
Is there any *c*ostovertebral *a*ngle *t*enderness (CVAT)?

Genital examination:
(in a female patient): what is the result of the pelvic examination? (appearance of the vagina, size of the uterus, presence of any enlargements/ tenderness of the ovarian [ou'veəriən] area);
(in a male patient): what is the condition of the testicles ['testikl], are there any inguinal herniae ['ingwinl] ['hə:nii:]?

Rectal examination:
are there any hemorrhoids ['hemərɔidz]? Are there any masses?
What is the rectal sphincter tone?
What is the condition of the prostate gland (in a male patient)?
Is the stool positive for hemoglobin?

Extremities: does the patient have any varicose veins?
Does he have any tender, atrophic [ə'troufik] or swollen muscles?

Neurological examination: is the patient alert and oriented in time, place, and person?
Does the patient have a normal mental status (memory, thought, mood)?
Does the patient have suicidal [s(j)u:i'saidl] intentions?
Are the cranial nerves intact?
Is the patient's motor strength normal? Is the muscle tone normal?
Is there any tremor or muscular ['mʌskjulə] rigidity?
Are the deep tendon reflexes equal and unremarkable on both sides?
Are there any pathological deep tendon reflexes?
Is the sensory function normal (sensitivity to light touch, pinprick, vibration)?
Does the patient have normal proprioception [proupriə'sepʃən]?
Does the patient show normal cerebellar [serə'belər] function (diadochokinesia [daiædəkouki'ni:ʒiə], heel/ shin test, finger/nose test, etc.)?

Psychiatric [saiki'ætrik] **examination (mini-mental state examination, MMSE, after Folstein):**
Name three objects. Ask the patient to repeat.
Ask the subject to count backward from 100 by seven.
Have the subject spell "world" backward (dlrow).
Ask the subject to recall the previously asked objects.

Point to a wrist-watch and a pencil. Ask the subject to name them.

Fortgeleiteter Schmerz auslösbar?
Loslass-Schmerz?
Organvergrößerungen oder Tumoren tastbar?
Hernien?
Gefäßgeräusche?
Wandert der Perkussionsschall bei Lageänderung?
Hat der Patient Aszites?
Sind die Nierenlager schmerzhaft?

Untersuchung der Geschlechtsorgane:
(bei einer Patientin): gynäkologische Untersuchung: Befunde in der Vagina, Größe des Uterus, Vergrößerungen oder Schmerzen in der Gegend der Ovarien;

(bei einem männlichen Patienten): Zustand der Hoden, Ausschluss von Leistenbrüchen.

Rektale Untersuchung:
Hämorrhoiden, Tumoren tastbar?
Tonus des rektalen Sphinktermuskels?
Zustand der Prostata (eines männlichen Patienten)?
Blut im Stuhl nachweisbar?

Extremitäten: Varizen?
Schmerzhafte atrophische oder geschwollene Muskeln?

Neurologische Untersuchung: Ist der Patient wach, ist er zeitlich, örtlich und zur Person voll orientiert?
Bestehen normale Geistesfunktionen (Gedächtnis, Gedankenbildung, Stimmung)?
Bestehen Selbstmordabsichten?
Intakte Hirnnerven?
Normale willkürliche Muskelkraft, normaler Muskeltonus?
Tremor oder muskuläre Steifheit?
Seitengleiche und unauffällige tiefe Sehnenreflexe?
Pathologische tiefe Sehnenreflexe?
Normale sensorische Funktionen (Berührungsempfinden, Nadelstichempfinden, Vibrationssinn)?
Normales Richtungsempfinden bei Gelenkbewegungen?
Normale Kleinhirnfunktion (Diadochokinese, Hacken-Schienbein-Test, Finger-Nase-Test usw.)?

Psychiatrische Untersuchung (Mini-Mental Status [MMSE] nach Folstein):

Benennen Sie drei Gegenstände. Bitten Sie den Patienten, diese zu wiederholen.
Bitten Sie den Patienten, von 100 schrittweise 7 abzuziehen.
Bitten Sie den Patienten, das Wort „Welt“ rückwärts zu buchstabieren (tlew).
Bitten Sie den Patienten, die weiter vorn benannten drei Gegenstände zu wiederholen.
Zeigen Sie auf eine Armbanduhr und einen Bleistift. Bitten Sie den Patienten, beide zu benennen.

Ask the subject to repeat "No ifs, ands, or buts".
Give subject a piece of paper and say: "Take the paper in your right hand, fold it in half and put it on the floor."
Write "Close your eyes" on a piece of paper.
Give subject a blank piece of paper. Ask to write a sentence.

3.2 The Write-up of the History and Physical Examination

A representative example of a write-up is given below. As the example shows, the physical examination is followed by a documentation of the laboratory results and by an *"assessment"*. The latter is a synoptic analysis of the patient's problems. It gives the suspected diagnoses, the causes in support of it, and the future diagnostic and therapeutic plans. Various abbreviations will be used throughout the write-up; you should be familiar with them. (Most of the common abbreviations are explained in the chapter on abbreviations in this book).

5/11/93, 7 p.m.
House officer's admission note

HPI (History of Present Illness)

Mr. Brown is a 46 y o white ♂ bus driver c̄ CC of "indigestion".

Pat, was in his usual state of exc. health until 2 mo ago when he began to have gnawing pains in his upper abdomen at 2 a m, awaking him from sleep. These would last 1–2 h; milk alleviated the pain. Has had pain each night lately. Has also noticed heartburn + belching/last 3 wks, often before meals. Has lost 8 lbs/last 2 mo. ∅ radiation of pain, ∅: fever, palpitation/SOB/PND/N/V/D/C. ∅ BRBPR, ∅ dark stool. Had "gastritis" 1 x/3 y ago. Has 15 P-Y H_x smoking. Takes ASA 5–15 Tab/wk for LBP. Takes 1–2 drinks (whiskey) after work. Often upset c̄ bus driving.

Went to GI outpts. today for check-up + was admitted B/o heme ⊕ stool.

Bitten Sie den Patienten, zu wiederholen „No ifs, ands or buts".
Geben Sie dem Patienten ein Stück Papier und sagen Sie: „Nehmen Sie das Papier in die rechte Hand, falten Sie es in der Mitte und legen Sie es auf den Boden."
Schreiben Sie „Schließen Sie Ihre Augen" auf ein Stück Papier.
Geben Sie dem Patienten ein Stück weißes Papier. Bitten Sie ihn, einen Satz darauf zu schreiben.

3.2 Niederschrift von Anamnese und körperlichem Befund

An dieser Stelle wird ein repräsentatives Beispiel der Niederschrift eingefügt. Wie aus dem Beispiel hervorgeht, folgt auf die Niederschrift der körperlichen Untersuchung eine Dokumentation der Laborwerte sowie eine „*Beurteilung*". Darin gibt der Untersucher eine zusammenfassende Analyse der Befunde. Die Beurteilung enthält die Verdachtsdiagnosen, Argumente für diese Verdachtsdiagnosen und Angaben für das diagnostische und therapeutische Vorgehen. Dabei werden meist Abkürzungen benutzt, die man kennen sollte. (Die gebräuchlichsten Abkürzungen sind in dem entsprechenden Kapitel dieses Buches wiedergegeben.)

11. Mai 1993, 19 Uhr
Aufnahmebericht des „House officer"

Vorgeschichte

Mr. Brown, ein 46-jähriger weißer Busfahrer, kommt mit der Hauptbeschwerde „Verdauungsstörungen".

Bis vor 2 Monaten war der Patient bei ausgezeichneter Gesundheit. Dann zunehmend bohrende Oberbauchschmerzen, die den Patienten etwa um 2 Uhr morgens aufweckten. Die Schmerzen hielten meist 1–2 Stunden an. Sie besserten sich nach Milchgenuss. In der letzten Zeit hatte der Patient jede Nacht Beschwerden. In den letzten 3 Wochen kamen noch häufiges Sodbrennen und Aufstoßen vor den Mahlzeiten hinzu. In den letzten 2 Monaten 7,6 Pfund Gewichtsverlust. Keine Schmerzausstrahlung bekannt, kein: Fieber, Herzklopfen/Kurzatmigkeit/paroxysmale nächtliche Dyspnoe/Übelkeit/Erbrechen/Durchfall/Verstopfung. Kein Blut im Stuhl, kein schwarzer Stuhl. Hatte vor 3 Jahren einmal „Gastritis". Hat 15 Jahre lang eine Packung Zigaretten/Tag geraucht. Nimmt wegen Kreuzschmerzen 5–15 Tabletten Acetylsalicylsäure pro Woche. Trinkt nach der Arbeit 1–2 Whiskys. Regt sich als Busfahrer oft auf.

Kam heute in die gastroenterologische Ambulanz zur Untersuchung und wurde wegen positivem Blutnachweis im Stuhl eingewiesen.

Systemic Data

All: PEN (rash)
Habits: smokes (15 P-Y H_x)
2 whiskeys/night
meds: ASA 5–15 Tab/wk

PMH: "gastritis" 3 y ago.
Inj L leg (F_x) 15 y ago.
FH_x Father † 52 y o (COPD). Mother A/W.

1 brother HTN and DM.

SH_x: Divorced × 1;
2 grown-up children A/W.
Highschool graduate.

ROS (Review of Systems)

Gen: ∅ H_x: wt △/H_x dizziness
Resp: ∅ H_x: SOB/DOE/chest pain;

Some cough + sputum (grey) each a.m.

CVS: ∅ H_x: edema/orthopnea/PND/angina p.

(?) H_x claudication ® leg
GI: see HPI

GU: ∅ H_x: frequency/dysuria
CNS, PSYCH, EXTREM } NAD

PE (Physical Examination)

46 y o white ♂, NAD, lookg. older than stated age.

VS:
BP: 140/90 P: 88, RRR 
110/95 110 
Temp: 36^7 °C ax, RR 20/min
WT 174 lbs, ht 5'8"

Systematische Angaben

Allergien: Penicillin (Hautausschlag).
Gewohnheiten: Raucht (15 Jahre lang 1 Packung Zigaretten/Tag),
2 Whiskys jeden Abend,
Medikamente: 5–15 Tabletten Acetylsalicylsäure/Woche.

Vorgeschichte: „Gastritis" vor 3 Jahren.
Vor 15 Jahren Verletzung am linken Fuß (Fraktur).
Familienvorgeschichte: Vater starb mit 52 Jahren (Lungenemphysem).
Mutter lebt und ist gesund.
1 Bruder mit Hypertonus und Diabetes mellitus.

Sozialanamnese: 1-mal geschieden;
2 erwachsene Kinder, leben und sind gesund.
Mittlere Reife.

Systematische Organanamnese

Allgemeines: in der Vorgeschichte keine Gewichtsveränderungen, kein Schwindel
Respirationstrakt: keine Vorgeschichte von Kurzatmigkeit/Belastungsdyspnoe/Thoraxschmerzen;
etwas Husten und Auswurf (graue Farbe) jeden Morgen.

Kardiovaskuläres System: keine Vorgeschichte von: Ödemen/Orthopnoe/paroxysmale Dyspnoe/Angina pectoris.
(?) Claudicatio intermittens des rechten Beines.
Gastrointestinalsystem: s. oben, Vorgeschichte der jetzigen Krankheit.

Urogenitalsystem: keine Vorgeschichte von häufigem Wasserlassen/Dysurie.
Zentralnervensystem }
Psyche } unauffällig
Extremitäten }

Körperliche Untersuchung

46-jähriger Weißer, ohne akute Schmerzen, vorgealtert.

Vitale Messwerte:
Blutdruck 140/90 Puls 88, Rhythmus und Puls unauffällig, liegend
110/95 110 stehend
Axilläre Temperatur 36,7 °C, Atemzüge 20/min
Gewicht ca. 79 kg, Größe 172,5 cm

WN, WD, WH
∅: C/C/E, ∅icterus
HEENT WNL, PERRLA, EOMI

MOUTH: dry + atrophic tongue, fetor [ˈfiːtər] ⊕
NECK: FROM
SKIN: turgor ↓
LN'S: WNL
LUNGS: thorax WNL
  lungs clear to A & P

CVS: ∅ JVD
  ∅ dorsalis pedis pulse ®
  PMI WNL; ∅ S_3/S_4;
  II/VI syst. Ej. ⓜ precord, LSB.

ABD: soft
  RUQ + epigastrium tender to deep palpation
  BS ↑; ∅ masses
  ∅ CVAT
  liver (?) ↑, 3 fgr. below RCM, (?) tender

RECTAL: WNL
  prostate small + soft
  stool heme ⊕
GENITAL: ∅ herniae; testes atrophic
EXT: WNL

NEURO: A & O × 3

  NL mental status
  CN's WNL
  sens & mot. WNL

Laboratory:

CXR WNL
Abdom. flat plate (plain film (Brit.))
EKG WNL (tachycardia)
CBC Hct = 12, WBC = 7400, Plats WNL

RBC: hypochromic [haipouˈkroumik],
microcytic [maikrouˈsitik].
UA WNL

Reflexes:

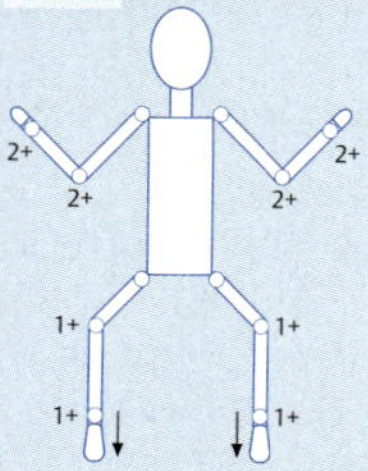

Gut ernährt, gut gebaut, normal hydriert.
Keine Zyanose/Trommelschlegelfinger/Ödeme, kein Ikterus.
Kopf/Ohren/Augen/Nase/Rachen unauffällig, Pupillen seitengleich, rund, normale Licht- und Akkommodationsreaktion, Augenbewegungen intakt.

Mundhöhle: trockene, atrophische Zunge, Mundgeruch vorhanden.
Hals: voll beweglich.
Haut: verminderter Turgor.
Lymphknoten: unauffällig.
Lungen: Thorax unauffällig.
Lungen bei Auskultation und Perkussion unauffällig.

Kardiovaskuläres System: kein Jugularvenenstau, fehlender Puls der A. dorsalis pedis rechts.
Normaler Herzspitzenstoß; kein S_3/S_4-Ton;
leises systolisches Austreibungsgeräusch links präkordial.

Abdomen: Bauchdecken weich.
Rechter oberer Quadrant und Epigastrium schmerzhaft bei tiefer Palpation.
Vermehrte Darmgeräusche; keine Tumoren;
keine Nierenlagerschmerzen.
Leber fraglich vergrößert, 3 Finger breit unter dem rechten Rippenbogen tastbar, (?) schmerzhaft.

Rektale Untersuchung: unauffällig.
Prostata klein und weich.
Blutnachweis im Stuhl positiv.
Genitale Untersuchung: keine Brüche, atrophische Hoden.
Extremitäten: unauffällig

Neurologische Untersuchung: wach und orientiert zu Ort, Zeit und eigener Person;
normale Geistesfunktion,
Hirnnerven unauffällig,
sensorische und motorische Untersuchung unauffällig.

Laborergebnisse

Thorax-Röntgenbild unauffällig.
Abdomenleeraufnahme unauffällig.
EKG unauffällig (Tachykardie).
Blutbild: Hämatokrit 12, Leukozyten 7400,
Blutplättchen normal.
Erythrozyten: hypochrom und mikrozytär.

Urinstatus unauffällig.

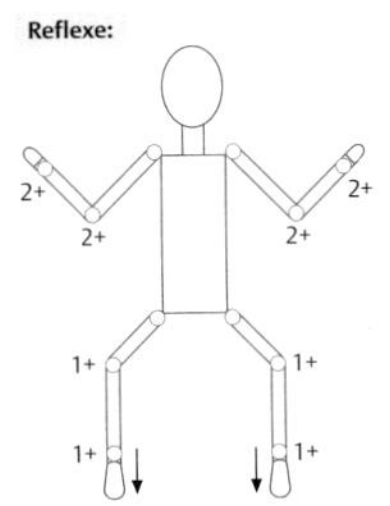

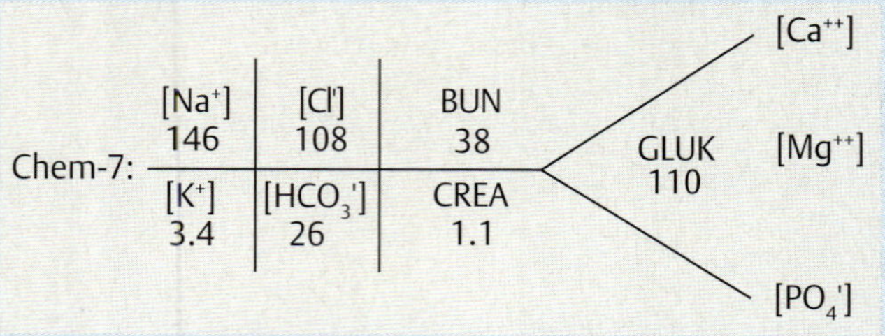

Ass. (Assessment)

 # 1: Indigestion
Suspect PUD B/o H_x (EtOH, ASA, stress, type of pain, PMH)

and B/o findings (heme ⊕ stools, tender to deep palpatn., post. △'s, ↓ Hct)

plan: D_x: UGI or gastroscopy ASAP (a.m.)

R_x: antacids [ænt'æsidz] q 2 h for now, H_2-blockers
see my orders

 # 2: Possible PVD
B/o poss. claudication ® leg + absent dorsalis [dɔː'sælis] pedis pulse, cardiac ⓜ
also possibly related. Long H_x of smoking.

plan: D_x: plasma lipids: Doppler study;
R_x: consider diet, wt ↓, stop smoking; angioplasty [ændʒiou'plæsti]

 # 3: Allergy PEN

 # 4: Others:
4,A: Heavy smoker, should D/c smoking
4,B: FH_x DM (BS WNL, observe)
4,C: FH_x HTN (observe)

3.3 The Problem List

Next, the examiner will establish a so-called problem list, which becomes the first page in the patient's chart. The problem list serves as an easy way of orientation during rounds. It helps the physician to keep all the patient's problems in mind.

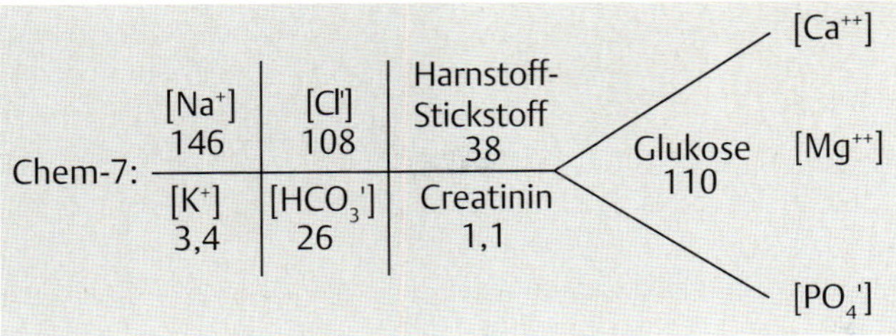

Beurteilung

Problem Nr. 1: Verdauungsbeschwerden:
Verdacht auf Magengeschwüre aufgrund von Vorgeschichte (Alkohol, Aspirin, Stress, Schmerzcharakteristika, Vorgeschichte früherer Krankheiten)
und aufgrund von Befunden (Blut im Stuhl, Schmerz bei tiefer Palpation, orthostatische Kreislaufveränderungen, reduzierter Hämatokrit).

Plan: diagnostisch: Magen-Darm-Röntgen oder Gastroskopie so bald als möglich (morgen früh);
therapeutisch: Antazida augenblicklich alle 2 Stunden, H_2-Blocker.
Details in meinen Anordnungen.

Problem Nr. 2: Verdacht der arteriellen Verschlusskrankheit:
aufgrund vermutlicher Claudicatio intermittens des rechten Beines und fehlendem Puls der A. dorsalis pedis sowie vielleicht auch in Verbindung mit dem Herzgeräusch. War schwerer Raucher.

Plan: diagnostisch: Messung der Lipide; Doppler-Flussmessung;
therapeutisch: Diät, Gewichtsreduktion; Rauchen beenden; Angioplastie.

Problem Nr. 3: Penicillinallergie.

Problem Nr. 4: Andere Schwierigkeiten:
4,a: schwerer Raucher, sollte Rauchen beenden.
4,b: Familienvorgeschichte: Diabetes mellitus (Blutzucker war nomal, beobachten).
4,c: Familienvorgeschichte: Hochdruck (beobachten).

3.3 Die Übersichtsliste der Probleme

Als Nächstes wird der Untersucher eine sog. Übersichtsliste der Probleme anfertigen. Sie erscheint als 1. Blatt in der Stationsakte des Patienten. Die Übersichtsliste dient der schnellen Orientierung bei der Visite. Sie hilft dem Arzt, die Probleme des Patienten zu überblicken.

In the patient described above the problem list might look as follows:

Problem Number	Onset/ Duration	Active Problems	Inactive Problems
# 1	2 mo	Peptic ulcer disease	
# 1,A		Iron deficiency anemia	
# 1,B		Tachycardia, postural changes	
# 2	yrs.		Peripheral vascular disease [pə'rifərəl] ['væskjulə] [di'ziːz]
# 2,A	15 yrs.		Heavy smoker
# 3	yrs.	Allergic to penicillin	
# 4			Family H_x of Diabetes mellitus and hypertension [haipə'tenʃən]

3.4 Hospital Orders

The R. N.s will only give to a patient those treatments that have been specified ['spesifaid] and signed by the physician [fi'ziʃən] in the order book.

In the case under discussion (Mr. Brown) the hospital admission orders might look as follows:

Admit Note
5/11/93, 7 pm

1. Admit Mr. Brown to Internal Medicine, 6 W
2. D_x: peptic ulcer disease
3. Condition: fair
4. Allergic to Penicillin! Mark on chart!
5. Nursing: VS q 2 h first 24 h

thereafter VS q shift
I & O for now
weigh: on admission only
Report ↓ BP or ↑ pulse > 10% from previous ['priːviəs] value

Check all stools for heme, report ⊕ results.

6. Activity: complete bed rest first 36 h

Die Übersichtsliste für den beschriebenen Patienten könnte folgendermaßen aussehen:

Problem Nr.	Beginn/Dauer	aktive Probleme	ruhende Probleme
Nr. 1	2 Monate	Magengeschwüre	
Nr. 1,a		Eisenmangelanämie	
Nr. 1,b		Tachykardie, orthostatische Kreislaufveränderungen	
Nr. 2	seit Jahren		arterielle Verschlusskrankheit
Nr. 2,a	seit 15 Jahren		starker Raucher
Nr. 3	seit Jahren	Penicillinallergie	
Nr. 4			Familienvorgeschichte: Diabetes mellitus, Hochdruck

3.4 Medizinische Anordnungen im Krankenhaus

Die Krankenschwestern werden den Patienten nur nach den vom Arzt aufgeführten und unterschriebenen Anordnungen behandeln.

Im vorliegenden Falle (Mr. Brown) könnten die medizinischen Anordnungen bei der Aufnahme etwa folgendermaßen aussehen:

Aufnahmeanordnungen
11. Mai 1993, 19 Uhr

1. Mr. Brown wird auf die medizinische Station 6 West eingewiesen
2. Diagnose: Magengeschwüre
3. Zustand: hinreichend
4. Allergien: Penicillin! Außen auf der Kurve vermerken!
5. Pflegerische Anordnungen: in den ersten 24 Stunden vitale Messwerte alle 2 Stunden bestimmen;
   danach vitale Messwerte 1-mal pro Schicht;
   Einfuhr und Ausfuhr bis auf weiteres messen.
   Wiegen nur bei Aufnahme.
   Berichten Sie jeden Blutdruckabfall oder Pulsanstieg, der über 10% der Vorwerte hinausgeht.
   Prüfen Sie alle Stuhlproben auf Blut und berichten Sie dem Arzt das Ergebnis, falls positiv.
6. Körperliche Betätigung: in den ersten 36 Stunden strikte Bettruhe,

7. Diet: NPO first 24 h (excpt. fluids)
   thereafter bland [blænd] diet,
   frequent small feedings
8. Treatments: iv 0.9% NaCl c̄ 80 mM KCl/500 cc TKO
   oral: Maalox susp., 10 cc q 2 h

   Omeprazole 40 mg iv bid
9. Lab: CBC q a.m. × 3

3.5 The Progress Note (also called SOAP note) (SOAP: Subjective, Objective, Assessment, Plan)

About once a day the house officer is expected to write a progress note on most of his patients, listing any new developments and the present status of the patient's problems. The sequence is as follows:

Subjective (what the patient had to say, how he feels, what happened over night, may cite his own words)
Objective (vital signs, oximeter reading, weight, input and output (I/Os), respirator settings, labs, studies, physical exam (PE))
Assessment (either by problem list 1,2,3,4 or by organ systems HEENT, Resp, CVS, GI, GU)
Plan (comment on all items in assessment)

Example: Progress note (Mr. Brown) – 5/13/04, 6 pm
S: Persistence of epigastric pain, worse after meals (vinegar ['vinigə], pepper)

O: Stools heme negative, CBC stable, no vomiting
A: Gastritis? Helicobacter pylori?
P: Gastroscopy (tomorrow) with biopsy

3.6 The Procedure Note

All procedures must be documented thoroughly in the patient's chart (date, physician, indication, consent [kɔn'sent], details of the procedure, results, and condition following procedure).

3.7 Writing Prescriptions

In a prescription generic [dʒə'nerik] names are generally used. The prescription has to specify how frequently the patient is to take the drug, it has to list the total

7. Diät: In den ersten 24 Stunden Nulldiät (außer Flüssigkeiten);
   danach leichte Magenkost,
   häufige kleine Mahlzeiten.
8. Behandlungen: 0,9% NaCl mit 80 mmol/KCl/500 ml, intravenös, so langsam wie möglich.
   Aluminiumhydroxidsuspension, oral, 10 ml alle 2 Stunden;
   Omeprazol, 40 mg i.v., 2-mal täglich.
9. Labortest: Blutbild, vormittags, in den nächsten 3 Tagen.

3.5 Die tägliche Zusammenfassung (SOAP: subjektiv, objektiv, Analyse, Plan)

Etwa jeden Tag sollte der „House officer" über seine Patienten einen kurzen zusammenfassenden Bericht (in der Krankenakte) niederschreiben, in dem neue Entwicklungen und der augenblickliche Stand festgehalten sind. Die Reihenfolge ist:
Subjektiv (Patientenbefinden, -kommentare, was über Nacht passiert ist, mit seinen eigenen Worten)
Objektiv (Vitalzeichen, (RR, O_2-Sättigung, Flüssigkeitsbilanz, Beatmungsparameter, Laborwerte, Ergebnisse von Untersuchungen, körperliche Untersuchung)
Analyse (entweder nach Problemen oder nach Organsystemen)

Plan (mit Therapie und Kommentar zu allen Punkten der Analyse)

Beispiel für einen Zusammenfassungsbericht (Mr. Brown), 13. 5. 2004, 18 Uhr
Subjektiv: Patient berichtet weiter epigastrische Schmerzen, durch Mahlzeiten verstärkt (Essig, Pfeffer)
Objektiv: Kein Blut im Stuhl, Blutbild stabil, kein Erbrechen
Analyse: Gastritis? Helicobacter pylori?
Plan: Morgen gastroskopieren, mit Biopsie.

3.6 Der Eingriffsbericht

Alle Eingriffe müssen sorgfältig in der Krankenakte des Patienten dokumentiert werden (Datum, Arzt, der den Eingriff durchführt, Indikation, Einwilligung des Patienten, Ablauf und Details des Eingriffs, Ergebnisse und Zustand des Patienten nach dem Eingriff).

3.7 Rezepte ausstellen

Im Allgemeinen benützt man die generischen Namen. Die Verschreibung muss Anweisungen über die Häufigkeit der Einnahme enthalten, die Gesamtzahl der

number of doses to be dispensed, and whether or not any refills of this prescription may be made. At the bottom the physician has to sign and give this license ['laisəns] number.

Outpatient prescription

Date: 5/22/93

Physician's name: W.R. Smith, M.D.
Address: 101 Eudora Street,
Philadelphia, PA
Tel: 303 412 2665
License #: 21465

Patient's name: William Brown
Address: 4110 East 9th Ave.
Philadelphia, PA
Tel: –

Age: 63   Weight: 61 kg
Rx: Nifedipine 30 MG TAB EXTENDED-RELEASE # 30 (THIRTY)
SIG: SWALLOW ONE TAB DAILY FOR HYPERTENSION
REFILL × 2
LABEL: x

3.8 The Flow Sheet

Because of the known difficulties in keeping track of a large number of laboratory results, they are usually summarized on a flow sheet. It is a tabulation of the 20 or 30 most important laboratory parameters, listing their sequential results.

Tabletten (die der Apotheker liefern soll) und ob diese Verschreibung (ohne weitere Einwilligung des Arztes) noch 1- oder mehrere Male erneuert werden darf. Am Ende des Rezepts muss der Arzt unterschreiben und seine Landesärztekammer-Nummer nennen.

Verschreibung (für einen ambulanten Patienten)

Datum: 5/22/93

Arzt/Name: W.R. Smith, M.D.
Adresse: 101 Eudora Street,
Philadelphia, PA
Tel: 30 34 12 26 65
Zulassungs-Nr.: 21465

Patient/Name: William Brown
Adresse: 4110 East 9th Ave.
Philadelphia, PA
Tel: –

Alter: 63, Gewicht: 61 kg
Rp.: Nifedipin, 30 mg retard Tabletten, Nr. 30 (dreißig)
S.: 1-mal täglich 1 Tablette gegen Bluthochdruck
(dieses Rezept darf 2 weitere Male vom Apotheker ausgegeben werden.
(Etikettierung der Arzneimittelpackung: ja)

3.8 Die Ergebnistabelle

Da eine große Anzahl von Laborergebnissen schlecht überblickt werden kann, stellt man sie in Form einer (übersichtlichen) Ergebnisliste zusammen. Eine solche Ergebnisliste enthält die 20 oder 30 wichtigsten Laborparameter mit deren aufeinander folgenden Messergebnissen.

4 Case Histories

To make "medical English" come alive we want to present to our readers a number of informative case descriptions the way they will be presented in actuality, e.g. during attending rounds. This includes question-and-answer sections. To make these cases interesting reading and to provide an opportunity for professional terminology we chose cases that were complicated and unusual. To broaden the reader's exposure to specific terminology of a given field, each case description will be followed by a short section of colloquial terms often heard from patients and a section listing professional medical terms in that field.

4.1 A Complicated Delivery

The patient was a 25 year old white woman during her first pregnancy. She had been followed by her obstetrician since the 12th week of gestation. Initially, she had been well and the pregnancy proceeded normally. However, in the 26th week of gestation the patient noticed drooping of her eyelids. She also complained of undue fatiguability and occasional difficulty swallowing. In the course of her neurologic work-up she was given a neostigmine test and experienced dramatic improvement of her condition. Thereafter, she was placed on pyridostigmine 100 mg daily and did well.

Although she had gained 13.2 kg by the 33rd week of gestation, she remained normotensive and had neither pitting edema nor proteinuria. Serial ultrasound examinations after the 31st week of gestation showed normal fetal growth. Ten days before the estimated day of confinement amniocentesis was performed. It indicated fetal maturity.

She was 4 days beyond her estimated date of confinement when she entered active labor. At that time the uterine fundal height was consistent with the period of gestation, the lie was longitudinal, the presentation was cephalic, and the fetal heart sounds were heard. Her blood pressure was found to be 220/120 mmHg and she had to be given antihypertensive medication. Thereafter, dilatation of her cervix progressed from 5 cm to complete over 2 h, when she suddenly became remarkably weak, descent stopped and uterine contractions diminished. She was given an extra dose of neostigmine and thereafter had a rapid delivery of a 3500 g infant under epidural anesthesia. A midline episiotomy had been made and was sutured. The placenta was delivered spontaneously, there was an estimated total blood loss of 300 cc and no obvious lacerations were noticed. The infant's Apgar scores were 9 and 9 at 1 and 5 min.

Approximately 14 h after delivery the patient developed rectal pressure and was found to have bright red vaginal bleeding. Examination under anesthesia revealed a vaginal side-wall laceration overlying a 10 cm hematoma of the peri-

4 Fallbeschreibungen

Um das „medizinische Englisch" lebendig werden zu lassen, möchten wir einige informative Fallbeispiele bringen, und zwar so, wie sie bei der Oberarztvisite tatsächlich vorgestellt werden. Dazu gehören auch Frage-Antwort-Abschnitte. Um den Lesestoff anregend zu gestalten und möglichst viel an medizinischer Terminologie unterzubringen, wurden komplizierte und ungewöhnliche Fälle ausgewählt. Jeder Fallbeschreibung wurden ein kurzer Abschnitt allgemein gebräuchlicher Ausdrücke sowie eine Liste mit medizinischen Termini aus dem entsprechenden Fachgebiet angegliedert.

4.1 Eine schwierige Geburt

Die Patientin, eine 25-jährige weiße Erstgebärende, war seit der 12. Schwangerschaftswoche in ärztlicher Behandlung und hatte sich zunächst wohl gefühlt. Die Schwangerschaft verlief normal. In der 26. Schwangerschaftswoche bemerkte die Patientin plötzlich herunterhängende Oberlider, leichte Ermüdbarkeit und gelegentliche Schluckbeschwerden. Während der neurologischen Untersuchung wurde ein Neostigmintest gemacht. Dabei kam es zu einer erheblichen Besserung ihres Befindens. Daraufhin wurde ihr Pyridostigmin, 100 mg täglich, verschrieben und es ging ihr gut.

Bis zur 33. Schwangerschaftswoche nahm sie 13,2 kg zu. Sie hatte einen normalen Blutdruck, keine Ödeme und keine Proteinurie. Wiederholte Ultraschalluntersuchungen wurden ab der 31. Schwangerschaftswoche durchgeführt und zeigten ein normales Wachstum des Fetus. Eine Amniozentese 10 Tage vor dem berechneten Geburtstermin zeigte Reife des Fetus.

4 Tage nach dem berechneten Termin setzten die Wehen ein. Der Fundusstand stimmte mit dem Erwartungswert für diese Schwangerschaftswoche überein. Es handelte sich um eine Längslage, der Kopf war führend, fetale Herztöne waren zu hören. Der Blutdruck der Mutter stieg jedoch auf 220/120 mmHg an und sie musste mit Antihypertensiva behandelt werden. Die Zervix dilatierte sich innerhalb von 2 h vollständig. Danach wurde die Mutter plötzlich auffallend schwach, die Geburt kam zum Stillstand und die Wehen nahmen ab. Der Mutter wurde daraufhin eine zusätzliche Dosis Neostigmin verabreicht. Unter Epiduralanästhesie kam es danach schnell zur Geburt eines 3,5 kg schweren Kindes. Es wurde eine Episiotomie in der Mittellinie gemacht und vernäht. Die Plazenta wurde spontan geboren, der geschätzte Blutverlust betrug 300 ml, Verletzungen wurden nicht bemerkt. Der Apgar-Score des Kindes war 9 bei 1 Minute und 9 bei 5 Minuten.

Ungefähr 14 Stunden nach der Geburt verspürte die Patientin Druck auf den After und eine vaginale Blutung setzte ein. Bei der Untersuchung in Vollnarkose fand man ein 10 cm großes Hämatom des perivaginalen Gewebes und darüber

vaginal tissues. There was no bleeding from the uterus und there were no cervical lacerations.

The perivaginal hematoma was evacuated, the laceration was sutured, the vagina was packed with gauze, and the patient received 8 units of blood to replace an estimated blood loss of 2200 cc.

After 4 h of stability, rapid vaginal bleeding recurred. This time the patient had to undergo laparotomy. It was only after a hysterectomy and an additional transfusion of 12 units of blood that her bleeding condition was finally controlled. At no time did she experience bleeding in any other part of her body.

Ten days after this complicated delivery, she was discharged home in good condition.

Questions

1. What was the patient's condition in the 26th week of gestation [dʒesˈteiʃən]?
2. What do you call and how do you explain the increase in the patient's blood pressure at the onset of labor?
3. Do you expect postpartum [poustˈpaːtəm] complications in this newborn?
4. What possible causes of the postpartum hemorrhage [ˈhemərid ʒ] should have been considered?
5. What operation might you recommend to the mother after discharge from the hospital to improve her associated illness?

Answers

1. Myasthenia gravis [maiəsˈθiːniə] [ˈgrævis].
2. This was most likely a sign of moderate pre-eclampsia [priiˈklæmpsiə], a condition that has an increased incidence in the presence of associated illnesses.
3. The newborn is at risk of an initial episode of myasthenia gravis.

4. Abnormal uterine contraction;
   uterine fibromyomata [ˈjuːtərin] [ˈfaibroumaiˈoumətə];
   disseminated intravascular coagulation [diˈsemineitid] [intrəˈvæskjulər] [kouæguˈleiʃən] (not very likely in the absence of other sites of bleeding);
   periuterine [periˈjuːtərin] pelvic hematomas.
   (The patient suffered from periuterine pelvic hematomas, a disturbance that may be extremely difficult to control.)
5. Thymectomy [θaiˈmektəmi] is often beneficial to patients with myasthenia gravis.

eine Platzwunde in der Seitenwand der Vagina. Der Uterus blutete nicht und in der Zervix waren keine Einrisse zu sehen.

Das Hämatom in der Wand der Vagina wurde entleert, die Platzwunde vernäht, die Vagina mit Gaze austamponiert und die Patientin mit 8 Einheiten Blut auftransfundiert, um einen geschätzten Blutverlust von 2,2 l auszugleichen.

Nach 4 stabilen Stunden setzten erneut heftige vaginale Blutungen ein. Die Patientin musste laparotomiert werden. Erst nach Hysterektomie und Transfusion von weiteren 12 Einheiten Blut kamen die Blutungen schließlich zum Stillstand. Blutungen an anderen Stellen traten zu keinem Zeitpunkt auf.

10 Tage nach der komplizierten Geburt wurde die Patientin in gutem Zustand aus dem Krankenhaus entlassen.

Fragen

1. Welche Störung hatte die Patientin in der 26. Schwangerschaftswoche?
2. Wie nennen Sie und wie erklären Sie den Blutdruckanstieg der Patientin zu Beginn der Geburt?
3. Sind bei dem Neugeborenen postpartale Schwierigkeiten zu erwarten?
4. Welche Ursachen für die postpartale Blutung hätte man in Betracht ziehen sollen?
5. Welche Operation würden Sie später der Mutter empfehlen, um ihre Begleiterkrankung zu bessern?

Antworten

1. Myasthenia gravis.
2. Es handelt sich hier sehr wahrscheinlich um eine leichte Präeklampsie, die bei Begleiterkrankungen mit vermehrter Häufigkeit auftreten kann.
3. Für das Neugeborene besteht das Risiko einer initialen transitorischen Myasthenia gravis.
4. Gestörte Uteruskontraktionen;
   Fibromyome des Uterus;
   Verbrauchskoagulopathie (jedoch bei fehlenden anderen Blutungen nicht sehr wahrscheinlich);
   periuterine Beckenhämatome.
   (Diese Patientin hatte periuterine Beckenhämatome, eine Störung, deren Kontrolle äußerst schwierig sein kann.)
5. Die Thymusentfernung führt bei Patienten mit Myasthenia gravis häufig zu einer Besserung.

Language Used by Patients with Obstetric and Gynecological Illnesses

to be irritable
to be depressed
to be angry
to feel breast tenderness
to feel bloated

to miss one's menstrual period
to have excessive bleeding
to bleed 5 pads a day
to have blood clots on the pad
to have spotting

to undergo the "change of life"
to have a discharge from the vagina
to have itching of the female parts
to have low back pain
to have hot flushes

miscarriage [mis'kæridʒ]
to have sex, sexual intercourse
sexual desire
an aphrodisiac [æfro'diziæk]
marital status

to be gay, to be bisexual
the contraceptive [kɔntrə'septiv]
the condom [kʌndəm]
the pill
the IUD (intrauterine [intrə'juːtərin] device)

to have trouble urinating
to have no control over one's water
the crotch; the female parts

Language Used by Patients that Have a Surgical Condition

a shot
to numb an area
a boil
a bruise
to crack a bone

to throw up
my pain first started 3 days ago
I passed blood with the bowel movements

Ausdrucksweisen bei Schwangerschaft und Frauenkrankheiten

reizbar sein
deprimiert sein
wütend, gereizt sein
ein Spannungsgefühl in der Brust haben
sich geschwollen, gespannt oder aufgetrieben fühlen

Ausbleiben einer Regelblutung
sehr starke Blutungen haben
bei der Regelblutung 5 Einlagen täglich benötigen
Blutgerinnsel in den Einlagen haben
Schmierblutungen haben

---

in die Menopause eintreten
Ausfluss aus der Scheide haben
Juckreiz in den Genitalien haben
Rückenschmerzen haben
Hitzewallungen haben

Fehlgeburt
Geschlechtsverkehr haben
Libido
sexuell anregendes Mittel
Ehestand

---

homosexuell sein, bisexuell sein
das Verhütungsmittel
das Kondom
die Pille
die Spirale

Schwierigkeiten beim Wasserlassen
unkontrollierten Urinabgang haben
Geschlechtsorgane; weibliche Geschlechtsorgane

Umgangssprachliche Ausdrücke in der Chirurgie

eine Injektion
eine lokale Betäubung machen
ein Furunkel
ein Bluterguss
sich einen Knochen brechen

---

sich erbrechen
meine Schmerzen begannen vor 3 Tagen
ich verlor Blut mit dem Stuhlgang

to live on tea and toast
milk takes away my burning feeling

to be fixed up by the surgeon
I go to the bathroom five times
my urine is dribbling out
I have to strain to pass my water

I bumped into something
I felt a lump in my breast
I could not stand the pain
a bout of pain

Specific Medical Terms in Obstetric and Gynecological Illnesses

the fetal attitude [fiːtl] ['ætitjuːd] (flexion, extension of the legs)
the fetal lie (longitudinal or transverse)
the fetal presentation (cephalic or podalic)
the presenting part (vertex, face, brow, breech, shoulder)

the fetal position:

in vertex presentation:

left (right) occipitotransverse	(LOT, ROT)
left (right) occipitoanterior	(LOA, ROA)
left (right) occipitoposterior	(LOP, ROP)

in face presentation:

left (right) mentotransverse	(LMT, RMT)
left (right) mentoanterior	(LMA, RMA)
left (right) mentoposterior	(LMP, RMP)

in breech presentation:

left (right) sacroanterior ['seikrouæn'tiəriər]	(LSA, RSA)
left (right) sacroposterior	(LSP, RSP)

spontaneous [spɔn'teiniəs] delivery
vacuum extraction
cesarian [si'zɛəriən] section
abortion
ectopic pregnancy

engagement of the presenting part
dilatation [dailei'teiʃən] of the uterine os
the forceps, the blades of the forceps
the pendulous belly, the tight belly
the four maneuvers of the abdominal palpation

the primigravid [praimi'grævid] patient
multiple pregnancy (twins, ...)

von Tee und Toast leben
Milch beseitigt mein Sodbrennen

---

sich vom Chirurgen in Ordnung bringen lassen
ich muss 5-mal täglich Wasser lassen
ich habe Urintröpfeln
ich muss beim Wasserlassen pressen

---

ich habe mich irgendwo gestoßen
ich tastete einen Knoten in meiner Brust
ich konnte den Schmerz nicht ertragen
ein Schmerzanfall

Spezifische medizinische Ausdrücke in Geburtshilfe und Gynäkologie

die Haltung des Fetus (Beugehaltung, Extensionshaltung)
die Lage des Fetus (Längslage oder Querlage)
die Einstellung des Fetus (Kopflage oder Steißlage)
das führende Teil (Scheitel, Gesicht, Augenbraue, Steiß, Schulter)

---

die Einstellung des Fetus:
bei Hinterhauptslage:
linke (rechte) seitliche Hinterhauptslage
linke (rechte) vordere Hinterhauptslage
linke (rechte) hintere Hinterhauptslage

---

bei Gesichtslage:
linke (rechte) seitliche Kinnlage
linke (rechte) vordere Kinnlage
linke (rechte) hintere Kinnlage

---

bei Steißlage:
linke (rechte) vordere Steißlage
linke (rechte) hintere Steißlage

Spontangeburt
Extraktion mit der Saugglocke
Kaiserschnitt
Abort
Extrauterinschwangerschaft

Einstellung des führenden Teils
Erweiterung des Muttermundes
die Zange (des Geburtshelfers), die Löffel der Zange
der Hängebauch, die straffen Bauchdecken
die 4 Handgriffe zur Untersuchung des schwangeren Uterus

Erstgebärende
Mehrfachschwangerschaft (Zwillinge, ...)

hyperemesis gravidarum [haipə'eməsis] [grævi'dærəm]
the confinement
labor and delivery

the premenstrual syndrome
dilatation and curettage [kjuə'retidʒ]
cervical and vaginal [və'dʒainəl] smears
the uterine sound
the teenage pregnancy

Specific Medical Terms of Surgical Conditions

suture, stitch, removal of stitches, stitch removal set
needle, needle holder, silk
scissors, forceps, scalpel
an injection into a joint
a local anesthetic, a general anesthetic

sterile field
plaster cast
tape
surgical drainage
I & D (incision and drainage) of an abscess

antiseptic
laceration, cut, injury
blunt trauma
fracture, basal skull fracture
subcutaneous hemorrhage

muscle tear, muscle rupture
a sinus track
a suppurating wound, an infected wound
polypectomy

referred tenderness

a boardlike abdominal wall
voluntary guarding, involuntary guarding

gastric suction by NG tube (*n*aso*g*astric tube)
herniorhaphy
adhesions
to consent to surgery, to give consent
to rule out a diagnosis

to use traction on a fracture
PMNs (*p*oly*m*orpho*n*uclear leukocytes)

Schwangerschaftserbrechen
die Niederkunft
Wehen und Geburt

---

prämenstruelle Beschwerden
die Uterusausschabung
Abstriche von Zervix und Vagina
die Uterussonde
Schwangerschaft bei Teenagern

Spezielle medizinische Ausdrücke in der Chirurgie

Naht, einzelner Faden, Fadenentfernung, Fadenentfernungspackung
Nadel, Nadelhalter, Seide
Schere, Zange (für den Geburtshelfer), Skalpell
eine Injektion in ein Gelenk
ein lokales Anästhetikum, ein narkotisierendes Anästhetikum

---

eine Abdeckung zur Herstellung eines sterilen Bereiches
ein Gips (z. B. um einen Arm)
Pflaster
die chirurgische Drainage
die Inzision und Drainage eines Abszesses

---

eine antiseptische Lösung
Platzwunde, Schnittwunde, Verletzung
stumpfes Trauma
der Knochenbruch, der Schädelbasisbruch
subkutaner Bluterguss

Muskelfaserriss, Muskeldurchriss
der Gang eines Sinus (z. B. in der Bauchdecke)
eine eiternde Wunde, eine infizierte Wunde
die Polypenentfernung (z. B. aus dem Dickdarm)

---

palpatorisch bedingte Bauchschmerzen an einer anderen Stelle als derjenigen der Palpation
bretthharte Bauchdecken
willkürliche Abwehrspannung, unwillkürliche Abwehrspannung der Bauchdecken

---

Absaugen des Mageninhalts mittels Magensonde
Hernienoperation
Verwachsungen
sein Einverständnis vor einer Operation erteilen
eine Diagnose ausschließen

---

einen Knochenbruch mit Extensionszug behandeln
die Granulozyten

left shift of the WBC (*w*hite *b*lood *c*ount)
T & C (*t*ype and *c*ross match/group & cross match (Brit.)) of blood

4.2 A Youngster with Abnormal Behavior

A 14 y o white boy was admitted to the hospital because of "difficulties at school and at home".

The patient was the second child of his mother who had been 29 years old when he was born. The pregnancy had been uneventful, except for nausea and vomiting during the 2nd month of gestation; the mother had also had dysuria from a urinary tract infection in the 6th month of gestation.

Labor and delivery, weight and length and the baby's Apgar score of 8 had been entirely normal. There were no physical deformities of the newborn. Early motor, behavioral, and mental development (head raising, sitting alone, talking words, walking alone) had been unremarkable. The child was easy to get along with. He related well to other children. His mother had given up her job as a secretary when he was born and cared for him. He was easy to nurse and later ate well. He did not receive vitamin supplements. He had regular immunizations and the usual medical tests without any untoward results. He did not contract any particular contagious diseases. There were no sleep disturbances or unusual habits during infancy and childhood.

He did well at school, earning As and Bs until the age of 10. At that time his performance began to deteriorate. He did not feel well enough to participate in sports. His legs and his arms appeared to stiffen occasionally. He complained of headache and inability to concentrate at school. He barely passed the 7th grade. He had to repeat the 8th grade, even though he was receiving instruction from a tutor at that time. He often appeared to have no interest or motivation to do anything. He became progressively withdrawn. He broke off relationships with all his friends. He spent most of the time sitting at home and watching TV. He did not seem to care what he saw. He became occasionally incontinent of feces. His affect became flat and inappropriate; he would occasionally break out in sudden unfounded bursts of shouting. He also had episodes when he suddenly turned his head to the side, protruding his jaw. He did not have paranoid or suicidal tendencies. His appetite increased and he became overweight. He occasionally stored food in his cheeks and then did not swallow it for several hours. At other times he had trouble swallowing: he apparently got food in his windpipe, then coughed for a while and sometimes even threw up. – There was no history of violent behavior, insomnia, drowsiness, visual impairment, or muscle weakness in the patient; there was no family history of brain or psychiatric disorders.

die Leukozytenlinksverschiebung
die Blutgruppentypisierung und die Kreuzprobe vor einer Blutübertragung

4.2 Ein Jugendlicher mit auffälligem Verhalten

Ein 14-jähriger Junge weißer Abstammung wurde wegen „Schwierigkeiten in der Schule und zu Hause" im Krankenhaus aufgenommen.

Der Patient war das 2. Kind der Familie. Die Mutter war bei seiner Geburt 29 Jahre alt gewesen. Der Schwangerschaftsverlauf war bis auf wiederholte Übelkeit und Erbrechen im 2. Schwangerschaftsmonat und einen Harnwegsinfekt im 6. Schwangerschaftsmonat unauffällig gewesen.

Wehen, Geburt, Gewicht und Körpergröße des Neugeborenen sowie ein Apgar-Score von 8 waren normal gewesen. Es lagen keine körperlichen Missbildungen des Neugeborenen vor. Die frühe motorische, psychische und geistige Entwicklung war regelrecht (Hochheben des Kopfes, allein sitzen, Worte sprechen, allein laufen). Das Kind war umgänglich und kam gut mit anderen zurecht. Nach der Geburt hatte die Mutter ihre Tätigkeit als Sekretärin aufgegeben, um sich seiner Erziehung zu widmen. Er trank gut (Muttermilch) und war später ein guter Esser. Er hatte keine zusätzlichen Vitamingaben erhalten. Er wurde regelmäßig geimpft und untersucht, ohne auffällige Befunde. Spezielle ansteckende Krankheiten lagen nicht vor. Es bestanden keine Schlafstörungen oder ungewöhnlichen Angewohnheiten während der Kleinkinderzeit oder der Kindheit.

Der Junge entwickelte sich gut in der Schule und erreichte sehr gute und gute Noten bis zum Alter von 10 Jahren. Danach begann seine Leistung abzunehmen. Er fühlte sich nicht hinreichend fit, um an sportlicher Aktivität teilzunehmen. Gelegentlich schienen sich seine Arme und Beine zu versteifen. Er klagte über Kopfschmerzen und Konzentrationsmangel während der Schulzeit. Er schaffte kaum das 7. Schuljahr. Er musste das 8. Schuljahr wiederholen, obwohl er zu diesem Zeitpunkt schon Nachhilfeunterricht erhielt. Er schien oft keinerlei Interesse oder Motivation für irgendetwas zu haben. Er wurde immer geistesabwesender. Er brach alle Freundschaften ab. Er verbrachte die meiste Zeit zu Hause vor dem Fernseher. Es schien ihm egal zu sein, was er sah. Gelegentlich war er auch stuhlinkontinent. Seine Affektäußerungen verflachten und wurden unangemessen. Manchmal brach er in plötzliches unbegründetes Brüllen aus oder er drehte auf einmal seinen Kopf auf die Seite und streckte das Kinn vor. Verfolgungswahn oder suizidale Absichten traten nicht auf. Sein Appetit nahm zu und er wurde übergewichtig. Manchmal schob er Nahrung in seine Backen und schluckte sie einige Stunden lang nicht herunter. Dann wieder hatte er Schluckschwierigkeiten: anscheinend gelangte Nahrung in seine Luftröhre, dann hustete er eine Weile und musste manchmal sogar erbrechen. – In der Vorgeschichte war es nie zu gewalttätigem Verhalten, Schlaflosigkeit, Schläfrigkeit, Sehstörungen oder Muskelschwäche gekommen; ebenso gab es in der Familienanamnese keine Nervenkrankheiten oder psychiatrischen Störungen.

Questions

1. What are the particular abnormalities in the history of this patient?
2. What diagnoses would you consider and what would you do to work them up?

Answers

1. Flat affect, lack of interest, lack of persistence, inappropriate behavior; hyperphagia; abnormalities of movement and swallowing.

2. Some of the abnormalities mentioned would be compatible with frontal dementia. In addition when dealing with this set of changes the following diagnoses should be considered:
   A) a psychiatric disorder (depression, sociopathy [sou'siɔpəθi]);
   B) a neurological disorder (temporal lobe epilepsy; hydrocephalus; chronic subdural hematoma; Wilsons's disease; subacute sclerosing panencephalitis [pænensefə'laitis].)

Further work-up: a thorough neurological and psychiatric evaluation; a lumbar puncture, a CT (computerized tomography), an EEG and potentially other tests.

Physical examination: The patient was an alert but inattentive, overweight 14 y o boy. During the evaluation he repeatedly rose from the stretcher, walked stiffly to the door, stared at it for seconds, and then returned to his stretcher without any comment.

Vital signs: the temperature was 36.8 °C, the blood pressure was 95/65 mmHg, the pulse was 106/min, the respiratory rate was 22/min. He had no dysmorphic features. The head, neck, and lungs appeared normal, as did his heart, abdomen, and extremities. However, his conjunctivae had a yellowish tinge [tindʒ].

The neurological examination showed the following: the cranial nerves were normal; the speech varied: he appeared to stutter at times, then he would speak rather clearly although in a scanning rhythm. At other times some words would be completely unintelligible. The gait was stiff; it looked as if he was trying to walk on his toes. The reflex activity was generally increased but symmetric. The muscle mass was normal, the muscle tone was increased. Sensation appeared intact. The Babinski reflexes were pathologic. The Rorschach test and the MMPI (Minnesota multiphasic personality inventory test) were unremarkable. He repeated 5 digits forward and 3 digits backward. He was oriented to time, place, and his own person. He could not describe however how he got from his home to the next supermarket. He recalled 2 digits out of 2 at 5 and 15 min. Stereognosis [stiəriə'gnousis] was normal.

Fragen

1. Welche besonderen Aberrationen liegen bei diesem Patienten vor?
2. Welche Differenzialdiagnosen würden Sie in Betracht ziehen und wie würden Sie diagnostisch vorgehen?

Antworten

1. Verflachtes Affektverhalten, fehlendes Interesse, fehlende Ausdauer, unangemessenes Verhalten; gesteigerte Nahrungsaufnahme; Bewegungsstörungen und Schluckstörungen.
2. Einige der vorgenannten Aberrationen wären vereinbar mit einer Frontalhirndemenz. Darüber hinaus sollte man bei den beschriebenen Veränderungen grundsätzlich folgende Diagnosen in Betracht ziehen:
   A) eine psychiatrische Krankheit (Depression, Soziopathie);
   B) eine neurologische Krankheit (Temporallappenepilepsie; Hydrozephalus; chronisches Subduralhämatom; Wilson-Krankheit; subakute sklerosierende Panenzephalitis).

Weiteres Vorgehen: sorgfältige neurologische und psychiatrische Untersuchung; Lumbalpunktion, Computertomogramm, EEG und möglicherweise andere Tests.

Körperliche Untersuchung: Der Patient, ein übergewichtiger 14-jähriger Junge, war bei vollem Bewusstsein, aber unaufmerksam. Während der Untersuchung stand er wiederholt von der Liege auf, stelzte zur Tür, starrte sie einige Sekunden lang an und kam dann wortlos zu seiner Krankentrage zurück.

Vitale Messwerte: Körpertemperatur 36,8 °C, Blutdruck 95/65 mmHg, Puls 106 Schläge/min, 22 Atemzüge/min, keine auffälligen körperlichen Missbildungen. Kopf, Hals und Lungen waren unauffällig, Herz, Abdomen und Glieder ebenfalls. Allerdings waren die Bindehäute gelblich verfärbt.

Das Ergebnis der neurologischen Untersuchung war wie folgt: Hirnnerven unauffällig; Sprache variabel: er schien manchmal zu stottern, dann sprach er wieder ziemlich klar, wenngleich in einem mechanischen Rhythmus; dann wiederum waren einige Worte völlig unverständlich. Der Junge hatte einen steifen Gang, als ob er auf Zehenspitzen laufen wollte. Die Muskelreflexe waren allgemein symmetrisch verstärkt. Die Muskelmasse war unauffällig, der Muskeltonus erhöht. Die Sensibilitätsprüfung war unauffällig. Es lagen pathologische Babinski-Reflexe vor. Der Rorschach-Test und der MMPI boten keine Besonderheiten. Er konnte eine 5-ziffrige Zahl vorwärts wiederholen, aber bei der Wiederholung in umgekehrter Reihenfolge der Ziffern brachte er es nur auf 3 Stellen. Er war zeitlich, örtlich und zu seiner eigenen Person orientiert. Er konnte jedoch nicht angeben, welchen Weg er von seiner Wohnung zum nächsten Geschäft benutzen musste. Er konnte sich an 2 Ziffern (von 2) nach 5 und 15 Minuten erinnern. Das räumliche Erkennungsvermögen war normal.

A lumbar puncture yielded clear colorless CSF (cerebrospinal fluid) at normal pressure. The CSF contained no cells, but the protein concentration was mildly elevated. The CSF grew out no bacteria. A CT scan showed decreased tissue absorption around the white matter of the frontal lobes. The lateral ventricles and the 3rd and 4th ventricles were of normal size. An EEG (awake) showed continuous irregular slowing over both hemispheres, frequent paroxysmal runs of sharp slowing, and spike-and-wave activity.

A therapeutic trial of anticonvulsants [æntikən'vʌlsənt] was unsuccessful.

Questions

In view of this information what might be a good diagnostic [daiəg'nɔstik] possibility at this time?

Answers

A Kayser-Fleischer ring was searched for and found. There were also abnormal liver function tests, an elevated bilirubin, very low plasma ceruloplasmin levels, and elevated concentrations of copper in urine, plasma, and skin. Therefore, the child was diagnosed as suffering Wilsons's disease, presenting primarily c̄ (with) frontal dementia ['frʌntəl] [di'menʃ(i)ə].

Expressions Used by Patients and Relatives in Pediatrics

a chubby child; a thin, skinny child
a shy child; a friendly child; an extrovert child
a sibling, a twin (e.g. a twin brother)
an independent, submissive [səb'misiv], or difficult child
a child that is clinging to his mother

temper tantrums ['tæntrəmz]
nail biting, thumb sucking
bed wetting, snoring, nightmares
a food dislike
a mother's lap

to nurse a child (breast feeding, breast pump)
to bottlefeed
formula
weaning
the playground, the toys

Die Lumbalpunktion ergab klaren, farblosen Liquor cerebrospinalis mit normalem Eröffnungsdruck. Der Liquor enthielt keine Zellen, aber seine Eiweißkonzentration war leicht erhöht. Aus dem Liquor konnten keine Bakterien angezüchtet werden. Im Computertomogramm beobachtete man verminderte Absorption in der Gegend der weißen Hirnsubstanz der Frontallappen. Der 1. und 2. sowie der 3. und 4. Ventrikel hatten normale Größe. Im EEG (im wachen Zustand) zeigten sich kontinuierliche, unregelmäßige Verlangsamungen über beiden Hirnhälften, häufige paroxysmale Einbrüche scharf abgesetzter Verlangsamung sowie Spike-and-wave-Aktivität.

Ein Behandlungsversuch mit Antiepileptika verlief erfolglos.

Fragen

Was käme in Anbetracht dieser Ergebnisse jetzt diagnostisch in Frage?

Antworten

Man suchte und fand einen Kayser-Fleischer-Ring. Der Patient hatte außerdem Leberfunktionsstörungen, erhöhtes Bilirubin, sehr niedrige Plasmaspiegel an Caeruloplasmin und erhöhte Kupferspiegel in Urin, Plasma und Haut. Es wurde daher die Diagnose der Wilson-Erkrankung gestellt mit dem Hauptsymptom einer Frontalhirndemenz.

Umgangssprachliche Ausdrücke in der Pädiatrie

ein dickes pausbäckiges Kind; ein dünnes, mageres Kind
ein schüchternes, freundliches, lebhaftes Kind
ein Geschwister, ein Zwilling (z. B. ein Zwillingsbruder)
ein selbstständiges, gehorsames oder schwieriges Kind
ein Kind, das seiner Mutter an den Rockschößen hängt

Wutanfälle
Nagelbeißen, Daumenlutschen
Bettnässen, Schnarchen, Albträume
eine unbeliebte Speise
der Schoß der Mutter

---

ein Kind stillen (Brusternährung, Brustpumpe)
mit der Flasche aufziehen
künstliche Babymilch
der Brust (der Flasche) entwöhnen
der Spielplatz, die Spielzeuge

the lollipop, the pacifier [ˈpæsifaiə]
a sugar nipple
the teddy, the doll, the pet
the special blanket
the pyjamas

the diaper
(during the physical examination:)
to squint
fear of the instruments
to become chilled

to frown, to smile
to gag
to have wax in the ears
"Pant like a puppy!" (during pulmonary evaluation)
bowlegs, knock-knees

flat feet
a tuft of hair, a spot, a birthmark
a child's feelings of modesty
a disagreeable examination

Specific Medical Terms in Pediatrics

an apprehensive child
to restrain a child
to place a child prone [proun]
to examine a child erect
the head circumference

nature of cry
stance
the degree of prostration
head molding
the Mongolian slant [slaːnt]

strabismus
a grunting voice
low set ears
the child's inability to support its own head
webbing of the child's neck

dimpling of the dorsum of the hand
the Simian crease [ˈsimiən] [kriːs]
congenital malformations
failure to grow/unusual growth
the Mongolian spot

der Lutscher, der Schnuller
ein gesüßter Schnuller
der Teddybär, die Puppe, das Lieblingstier
das Schmusetuch
der Schlafanzug

---

die Windel
(Ausdrücke bei der körperlichen Untersuchung:)
schielen
Angst vor den Instrumenten
frieren

---

die Stirn runzeln, lächeln
würgen
Schmalz in den Ohren haben
„Atme wie ein hechelndes Hündchen!" (bei der Lungenauskultation)
O-Beine, X-Beine

Plattfüße
ein behaartes Muttermal, ein Muttermal
das Schamgefühl des Kindes
eine unangenehme Untersuchung

Spezielle medizinische Ausdrücke in der Pädiatrie

ein ängstliches Kind, besorgtes Kind
ein Kind festhalten
ein Kind auf den Bauch legen
das Kind aufrecht untersuchen
der Kopfumfang

Art des Schreis
die Haltung
das Ausmaß der körperlichen Schwächung
Kopfverformung
die Mongolenfalte

---

das Schielen
eine grunzende Stimme
tief sitzende Ohren
Unfähigkeit des Kindes, den Kopf zu halten
seitliche Hautfalten am Hals des Kindes

Vertiefungen anstelle von Handknöcheln
die mongoloide Handlinie
angeborene Missbildungen
Gedeihstörung/übermäßiges Wachstum
hämatomähnliche Stelle am Rücken des Neugeborenen (normal)

the nevus ['ni:vəs]
the bulging fontanelle/depressed fontanelle
the harelip; the cleft palate ['pælit]
the clubfoot
palsy ['pɔ:lzi]

the neonate (the newborn), the premature baby
genetic counseling
Down's syndrome
hereditary [hi'reditəri] conditions
teratogenic [terətou'dʒenik] agents

the sequelae [si'kweli:] of an illness
thrush
scarlet fever
typhoid ['taifɔid] fever
bacillary dysentery [bəsiləri] ['disəntri]

whooping cough ['hu:piŋ] [kɔf]
measles
rubella
chicken-pox
worms

4.3 A breathtaking problem

A 65-year old white man was referred to pulmonary outpatients because of unexplained dyspnea [dis'niə] on exertion [ig'zə:ʃən] (DOE) getting worse. The dyspnea troubled him most when walking up. Recently he was surprised that the shortness of breath caused him to stop after one flight of stairs. There were no problems with his sleep at night. He did not report any nocturia [nɔk'tuəriə]. He did not have a fever. He did complain of a dry cough [kɔf] which had worsened steadily over the last six months.

He worked as a truck driver for an oil company. He had been married for 31 years and he had two healthy children. Six years ago he suddenly sustained a myocardial [maiə'ka:diəl] infarction (MI). The left anterior [æn'tiəriə] descending (coronary artery; LAD) had to be dilated [dai'leitid] and was stented ['stentid]. It turned out that he had two risk factors for coronary artery disease (CAD): mild primary hypertension of unknown duration and a 12 packyear history of smoking (cigarettes). After the MI he had been given ramipril 2.5 mg b.i.d., metoprolol 100 mg q.d., hydrochlorothiazide 25 mg q.d. and acetylsalicylic acid, 100 mg q.d.. He also gave up smoking. On this regimen he did well.

As for his hobbies he liked to go hiking ['haikiŋ] including in the mountains. Over the preceding ten months or so he often felt a weakness during those hikes.

der Nävus
die pralle Fontanelle, die eingezogene Fontanelle
die Hasenscharte, die Gaumenspalte
der Klumpfuß
Lähmung

---

das Neugeborene, das Frühgeborene
genetische Beratung
der Mongolismus
Erbkrankheiten
teratogene Substanzen

---

die Spätfolgen einer Krankheit
der Soor
der Scharlach
die Salmonellose
die Shigellose

---

der Keuchhusten
die Masern
die Röteln
die Windpocken
Würmer

4.3 Ein „atemberaubendes“ Problem

Ein 65-jähriger Weißer wurde in die Lungenambulanz überwiesen wegen unklarer Belastungsdyspnoe. Die Atemnot machte ihm am meisten beim Aufwärtsgehen zu schaffen. Seit kurzem musste er erstaunt feststellen, dass er wegen Luftmangel schon nach einem Stockwerk auf der Treppe anhalten musste. Er hatte keine Probleme mit seinem Nachtschlaf. Er litt nicht unter Nykturie, er hatte kein Fieber. Er klagte jedoch über einen trockenen Husten, der in den letzten sechs Monaten beständig schlimmer wurde.

Er arbeitete als LKW-Fahrer bei einer Ölfirma. Er war seit 31 Jahren verheiratet und hatte zwei gesunde Kinder. Vor sechs Jahren erlitt er plötzlich einen Herzinfarkt. Die LAD (ramus interventricularis) musste dilatiert werden und es wurde ein Stent gelegt. Es stellte sich heraus, dass bei ihm zwei Risikofaktoren für koronare Herzkrankheit vorhanden waren: eine milde primäre Hypertonie unbekannter Dauer und eine Vorgeschichte von 12 packyears (Zigaretten). Nach dem Herzinfarkt wurde er auf folgende Medikation gesetzt: Ramipril 2,5 mg 2 x/Tag, Metoprolol 100 mg 1 x/Tag, Hydrochlorothiazid 25 mg 1 x/Tag und Aspirin 100 mg 1 x/Tag. Außerdem gab er das Rauchen auf. Unter diesen Maßnahmen ging es ihm gut.

Was seine Hobbys betraf, so ging er gerne wandern, auch im Gebirge. In den letzten zehn Monaten fühlte er sich oft schlapp bei diesen Wanderungen. Die

The weakness was associated with shortness of breath and this would start whenever the trail was leading upwards. He would then have to pause [pɔːz] and wait for his strength and breath to return – usually within a few minutes. Often this shortness of breath came together with a dry hacking ['hækiŋ] cough, which troubled him a lot. His wife had insisted that he ought to see their family-physician for the cough and the weakness. When the patient finally did go the doctor performed cardiac ultrasound. He documented normal findings and no changes since the year before. He pointed out that the shortness of breath and the other problems did not seem to be cardiac in origin. He therefore referred the patient to a pulmonary specialist.

After obtaining the history as described above the pulmonologist asked questions about the patient's environment. He learned that the patient's family had a cat, but there were no other pets in the household. In addition the patient mentioned having worked many times in an old shed that was quite damp; however the patient denied any direct association between his complaints and being in the shed.

Next the pulmonologist proceeded to the physical examination.

Questions

1. At this point what aspects of the physical examination would you be most interested in?
2. What would be your differential diagnosis based on the information provided so far?
3. Which further tests would you consider to clarify the diagnosis (based on (2.))?

Answers

1. Given the past and present history (MI six years ago, hypertension; DOE, weakness and cough), congestive cardiac failure is high on the list of differential diagnoses. Admittedly, the absence of nocturnal discomfort (orthopnea [ɔːr'θɔpniə], paroxysmal nocturnal dyspnea) and the reportedly normal cardiac ultrasound by the family-physician argue against congestive cardiac failure. None the less in the physical examination attention should be paid to subtle [sʌtl] degrees of pitting ankle or pretibial [pri'tiːbiəl] edema, jugular ['dʒʌgjələ] venous distension, any irregularities of the pulse and the presence or absence of bibasilar symmetric rales over the bases of both lungs.

In addition I would focus on any possible indications of lung disease, such as cyanosis of the lips and fingers and an abnormal respiratory rate; I would listen to the patient coughing (dry or moist), I would ask him to do a maximal

Schlappheit war begleitet von Atemnot, sobald es bergauf ging. Dann musste er eine Pause machen und warten, bis sein Atem und seine Kräfte zurückkehrten, was gewöhnlich nach wenigen Minuten geschah. Oft war die Kurzatmigkeit begleitet von einem trockenen, abgehackten Husten, der ihm beträchtlich zusetzte. Seine Frau hatte darauf bestanden, dass er wegen des Hustens und der Schlappheit den Hausarzt aufsuchte. Endlich ging er hin, und der Arzt machte eine Herz-Ultraschalluntersuchung. Er konstatierte normale Befunde und keine Veränderungen seit dem vergangenen Jahr. Er erklärte dem Patienten, dass die Atemnot und die anderen Probleme anscheinend nicht von seinem Herzen kämen. Deshalb überwies er ihn an einen Lungenspezialisten.

Nachdem er die Krankengeschichte des Patienten erfahren hatte, erkundigte sich der Lungenarzt nach der privaten Umgebung des Patienten. Er erfuhr, dass die Familie eine Katze hatte, aber sonst weiter keine Haustiere. Außerdem erwähnte der Patient, dass er sehr oft in einem alten Schuppen gearbeitet hatte, welcher sehr feucht war. Eine direkte Verbindung zwischen seinen Beschwerden und dem Aufenthalt in dem Schuppen verneinte er jedoch.

Als nächstes schritt der Pulmonologe zur körperlichen Untersuchung.

Fragen

1. An welchen Aspekten der körperlichen Untersuchung wären Sie zu diesem Zeitpunkt am meisten interessiert?
2. Was wäre Ihre Differenzialdiagnose angesichts der vorliegenden Information?
3. Welche weiteren Tests würden Sie in Erwägung ziehen, um die Diagnose von (2.) weiter abzuklären.

Antworten

1. Angesichts der früheren und jetzigen Krankengeschichte (Herzinfarkt vor sechs Jahren, Bluthochdruck, Belastungsdyspnoe, Schwäche und Husten) steht Herzinsuffizienz an erster Stelle der Differenzialdiagnose. Das Fehlen von nächtlichen Beschwerden (Orthopnoe, paroxysmale nächtliche Dyspnoe) und der vom Hausarzt attestierte normale Befund der Herz-Ultraschalluntersuchung sprechen gegen Herzinsuffizienz. Nichtsdestoweniger sollte bei der körperlichen Untersuchung darauf geachtet werden, ob folgendes vorliegt: diskrete Knöchel- oder prätibiale Ödeme, Stau der Vena jugularis interna, unregelmäßiger Puls und das Vorhandensein oder Fehlen beidseitiger basaler Rasselgeräusche über der Lunge.
Darüber hinaus würde ich mich auf mögliche Anzeichen von Lungenkrankheiten konzentrieren, wie Zyanose der Lippen und Finger und veränderte Atemfrequenz. Ich würde mir den Husten des Patienten anhören (evtl. trocken oder

inhalation and then blow out the air as fast as possible against my hand (held in front of his mouth) and of course I would concentrate on percussion and auscultation [ɔːskəl'teiʃən] (Rhonchi [rɔŋ'kai]? Wheezes ['wiːzəz]? Rales? Crackles? Diminished breath sounds? Increased or decreased percussion note?)

Furthermore I would check the patient's neck (any masses?), I would exclude the presence of a high grade stridor, as well as that of major hoarseness ['hɔːsnis] ; I would wonder about any signs of major anemia [ə'niːmiə] (pallor of the skin, mucous ['mjuːkəs] membranes and the palm); and I would test the legs, especially the lower legs for any palpable cords.

2. a) Congestive cardiac failure
b) Pulmonary disease, e. g. asthma, COPD, recurrent pulmonary embolism, exogenic allergic alveolitis, infiltrative diseases such as sarcoidosis and pleural disease with chronic effusion.

c) Paralysis of the vocal cord; large goiter ['gɔitə]; anemia from any cause; lower leg thrombophlebitis [θrɔmbouflə'baitis] with recurrent pulmonary emboli ['embəlai].

3. Complete blood count (CBC);
arterial blood gases on room air at rest and after exercise;
chest X-ray; EKG; perhaps echocardiogram [ekou'kaːdiəgræm] under stress;
pulmonary function studies; perhaps a high-resolution pulmonary CT study.

Continuation of the case: The physical examination showed a patient with moderate cyanosis of the lips, the tongue and the fingers, together with a mild degree of clubbing. There was no acute distress (NAD), but he exhibited [ig'zibitid] a respiratory rate of 26/min. Otherwise he was a normal appearing man of 65 years of age, weighing 63 kg at a height of 1.78 m. The blood pressure was 145/90 mm Hg and he was borderline tachycardic at 102 beats/min. He had no peripheral edema. There was no jugular venous distention. He did not have any stridor.

The pulmonary examination showed an increased percussion note and there were rales and rhonchi audible over all lung fields; there were no wheezes though. The force of maximal expiration was reduced. The examination of the neck was normal, there was no goiter nor any lymphadenopathy. All peripheral pulses were felt normally. The abdominal examination was entirely normal. There were no changes of the neurological exam.

Laboratory results: The CBC was normal.

feucht), ich würde ihn bitten, so tief wie möglich einzuatmen und dann die Luft so schnell wie möglich gegen meine Hand (die ich vor seinen Mund halte) auszustoßen; und natürlich würde ich mich auf die Auskultation konzentrieren. (Giemen? Spastische Atemgeräusche? Rasselgeräusche? Knistern? Verminderte Atemgeräusche? Vermehrte oder verminderte Resonanz der Lungen bei Perkussion?)
Weiterhin würde ich den Hals des Patienten untersuchen (tumoröse Vergrößerungen?), ich würde das Vorhandensein eines lauten Stridors ausschließen, ebenso starke Heiserkeit; ich würde nach Zeichen einer deutlichen Anämie suchen (Blässe der Haut, der Schleimhäute und der Handinnenflächen); und ich würde die Beine, besonders die Unterschenkel, nach tastbaren Strängen abtasten.

2. a) Herzinsuffizienz
b) Lungenkrankheiten, z. B. Asthma, COLD (chronisch obstruktive Lungenkrankheit), wiederholte Lungenembolien, exogene allergische Alveolitis, gewebeinvasive Krankheiten wie Sarkoidose und Rippenfellkrankheiten mit chronischer Ergussbildung
c) Stimmbandlähmung; Kropf; Anämie jedweder Ursache; Unterschenkelthrombophlebitis mit rezidivierenden Lungenembolien

3. Blutbild;
Blutgase bei Raumluft in Ruhe sowie nach körperlicher Belastung.
Thorax-Röntgenaufnahme; EKG; vielleicht ein Belastungs-Echokardiogramm; Lungenfunktionstests; vielleicht ein hochauflösendes Lungen-CT.

Fortsetzung der Fallgeschichte Bei der körperlichen Untersuchung wies der Patient eine leichte Zyanose an Lippen, Zunge und Fingern auf, zusammen mit mäßig ausgeprägten Trommelschlegelfingern. Er wirkte nicht akut krank, aber er wies eine Atemfrequenz von 26/Minute auf. Ansonsten war er ein normal erscheinender 65-Jähriger mit einem Gewicht von 63 kg und einer Körpergröße von 1,78 m. Der Blutdruck betrug 145/90 mm Hg, der Patient war grenzwertig tachykard mit 102 Schlägen pro Minute, er hatte keine gestauten inneren Jugularvenen, keinen Stridor.

Die Lungenuntersuchung ergab eine verstärkte Resonanz bei der Perkussion. Rasselgeräusche und Giemen waren in allen Lungenfeldern zu hören, jedoch keine spastischen Atemgeräusche. Die maximale Ausatmungsgeschwindigkeit war vermindert. Die Untersuchung des Halses ergab nichts Auffälliges, weder Kropf noch Lymphadenopathie. Die peripheren Pulse waren sämtlich normal. Die Untersuchung des Abdomens war vollständig unauffällig. Die neurologische Untersuchung war ebenfalls unauffällig.

Laborergebnisse: Das Blutbild war normal.

Arterial blood gases: PaO_2 8.1 kPa (normal range: 10.7 – 13.3)
$PaCO_2$ 4.1 kPa (4.7 – 6.0)
HCO_3 22 mmol/L (23 – 32)
pH 7.44 (7.40 – 7.45)
Arterial blood gases after 5 min of bicycle ergometry (40 Watt, 60 Watt), which had to be discontinued due to dyspnea: PaO_2 6.4 kPa, $PaCO_2$ 3.7 kPa.

Chest X-ray: Normal sized and normal appearing cardiac shadow. Bilateratelly symmetric increase of interstitial markings (punctate infiltrates and fine horizontal lines). In the lower lung fields bilaterally moderate cystic changes. In the left upper lung field there was an infiltration that was suggestive of atelectasis.

Pulmonary function studies: Vital capacity (VC): 2.7 L (expected 4.35)
FEV1: 2.3 L (expected 4.18)
TLCO/VA: 0.93 mmol/min/kPa/L (expected 1.48)
Additional tests for CMV infection (pp 65 antigen), sarcoidosis (ACE), SLE (ANA) and Wegener's granulomatosis (cANCA, PR-3 ANCA) were all negative.
A high resolution thoracic CT demonstrated increased interstitial markings primarily over the middle and lower lung fields bilaterally. There were honeycomb [ˈhʌnikoum] abnormalities in the lower lung fields. It failed to show changes of lymphatic [limˈfætik] tissues.

Questions

1. What is the abnormality in the patient's blood gases?
2. Considering the lab results what is your diagnosis of the patient's lung disease?
3. What would you do to definitively prove the patient's diagnosis?
4. How should the patient be treated?

Answers and continuation of the case

1. Hyperventilation [haipəventiˈleiʃən] (mild respiratory alkalosis), probably due to hypoxia.
2. Taken together, the history, the physical examination and the lab results suggest a diagnosis of pulmonary fibrosis [faiˈbrousis] (arterial blood gases, at baseline and after ergometry; chest X-ray; pulmonary function tests; CT). However there was no obvious cause of pulmonary fibrosis, in other words we may be dealing with primary pulmonary fibrosis.
3. Lung biopsy; bronchoscopy [brɔŋˈkɔskəpi] and broncho-alveolar lavage [ˈlævidʒ] (BAL).
4. The BAL was done and excluded infectious etiologies of the patient's pulmonary problem. An open lung biopsy was performed on the left side in the OR

Arterielle Blutgase: PaO_2 8.1 kPa (normal 10.7 – 13.3)
$PaCO_2$ 4.1 kPa (4.7 – 6.0)
HCO_3 22 mmol/L (23 – 32)
pH 7.44 (7.40 – 7.45)
Arterielle Blutgase nach 5 Minuten auf dem Fahrradergometer (40 Watt, 60 Watt), wobei dann abgebrochen werden musste wegen Atemnot: PaO_2 6.4 kPa, $PaCO_2$ 3.7 kPa.

Thorax-Röntgenbild: Normale Herzsilhouette. Bilateral symmetrisch verstärkte interstitielle Lungenzeichnung (zahlreiche punktierte und linienförmige diskrete Infiltrate); in den unteren Lungenfeldern beidseits moderate zystische Veränderungen. Im linken oberen Lungenfeld ein Infiltrat, möglicherweise Atelektase.

Lungenfunktionstests: Vitalkapazität (VC): 2.7 L (erwartet 4.35)
FEV1: 2.3 L (erwartet 4,18)
TLCO/VA: 0.93 mmol/min/kPa/L (erwartet 1.48)
Weitere Tests auf CMV-Infektion (pp 65 Antigen), Sarkoidose (ACE), SLE (ANA) und Wegener'sche Granulomatose (cANCA, PR-3 ANCA) waren alle negativ.
Ein hochauflösendes Lungen-CT zeigte vermehrte interstitielle Veränderungen, in erster Linie beidseitig über den mittleren und unteren Lungenfeldern. Die unteren Lungenfelder zeigten eine Honeycomb-Struktur. Es waren keine Lymphgewebe-Veränderungen erkenntlich.

Fragen

1. Was für eine Störung zeigte sich in den Blutgasen des Patienten?
2. Wenn Sie die Laborergebnisse zugrunde legen, was ist Ihre Lungendiagnose?
3. Was würden Sie tun, um die Diagnose zu beweisen?
4. Wie sollte der Patient behandelt werden?

Antworten und Fortsetzung des Falles

1. Hyperventilation (milde respiratorische Alkalose), wahrscheinlich Hypoxiebedingt.
2. Alles zusammengenommen – die Vorgeschichte, die körperliche Untersuchung und die Laborwerte – läuft die Diagnose auf eine Lungenfibrose hinaus (die arteriellen Blutgase mit und ohne Ergometerbelastung; die Thoraxröntgenaufnahme; die Lungenfunktionstests; das CT). Allerdings war keine direkte Ursache der Lungenfibrose zu erkennen, d. h. wir haben es hier wahrscheinlich mit einer primären Lungenfibrose zu tun.
3. Lungenbiopsie; Bronchoskopie und broncho-alveoläre Lavage (BAL).
4. Die BAL wurde durchgeführt und zeigte, dass keine infektiösen Ursachen zu finden waren. Es wurde operativ eine linksseitige offene Lungenbiopsie vor-

(operating room). It showed an advanced degree of interstitial fibrosis without any indication of the etiology. The final diagnosis therefore was: usual interstitial pneumonitis (UIP).

The patient was given glucocorticoids [glu:koukɔ:təkɔidz] (prednisolone, 1 mg/kg p.o. and q.d. for 4 weeks initially, followed by stepwise reduction of the prednisolone to 0.2 mg/kg over 6 months), oral cyclophosphamide, tablets containing calcium and vitamin-D, oral amphotericin-B suspension and H_2-blocker for gastric protection. In addition he received home-oxigen.
On this regimen his pulmonary condition remained stable over 1 year of observation in pulmonary outpatients. He was then transferred back to the care of his family physician.

Language Used by Patients with Diseases of the Chest

to be out of breath
to be unable to catch a breath
to have a hard time breathing
to run out of air
to feel a tightening of the chest

to cough up a lot of spit
to raise yellow phlegm
I bring up phlegm only in the morning
I cough all the time
my phlegm is so hard I cannot spit it out

I have to sleep on some pillows to have enough air
I have a hurt in my windpipe when I cough
my chest catches on the right side when I cough
I hurt when I breathe in
I have to stop breathing because of the pain

I have always been chesty
I had a choking sensation
my chest rattles
my wife says I forget to breathe at night
my wife complains about my snore

Specific Medical Terms in Patients with Pulmonary Diseases

bronchoscopy, the bronchoscope
broncho-alveolar lavage
lung function tests

genommen. Sie ergab eine interstitielle Lungenfibrose im fortgeschrittenen Stadium ohne Hinweise auf eine mögliche sekundäre Ursache. Die Abschlussdiagnose lautete daher: usual interstitial pneumonitis („interstitielle Lungenfibrose“).

Dem Patienten wurde folgende Medikation verabreicht: Glukokortikoide (Prednisolon, 1 mg/kg oral, 1x/Tag über 4 Wochen, danach über 6 Monate schrittweise Reduktion auf 0.2 mg/kg), orales Cyclophosphamid, Tabletten, die Kalzium und Vitamin-D enthielten, orale Amphotericin-B Lösung, sowie H_2-Blocker zum Schutz des Magens. Außerdem bekam er zu Hause Sauerstoff. Er wurde ein Jahr lang in der Lungenambulanz weiterbetreut. Seine Lungenkrankheit blieb während dieses Zeitraums stabil. Die weitere Behandlung wurde daraufhin dem Hausarzt übertragen.

Umgangssprachliche Ausdrücke bei Lungenkrankheiten

Atemnot haben
kurzatmig sein
Atemschwierigkeiten haben
in Atemnot geraten
das Gefühl einer Atembeklemmung bekommen

---

eine Menge Schleim aushusten
gelbes Sekret abhusten
ich habe nur morgendlichen Auswurf
ich habe ständiges Husten
das Sekret ist so zäh, dass ich es nicht aushusten kann

---

ich muß mit mehreren Kopfkissen schlafen, damit ich Luft bekomme
ich habe Schmerzen in der Luftröhre, wenn ich huste
beim Husten bekomme ich plötzliche Brustschmerzen auf der rechten Seite
ich bekomme Schmerzen, wenn ich tief einatme
ich kann nicht tiefer einatmen wegen der Schmerzen

---

ich hatte es mein ganzes Leben mit der Lunge
ich hatte Erstickungsgefühl
meine Lunge rasselt
meine Frau sagt, ich würde nachts aufhören zu atmen
meine Frau klagt über mein Schnarchen

Spezielle medizinische Ausdrücke bei Lungenkrankheiten

die Lungenspiegelung, das Bronchoskop
die broncho-alveoläre Lavage
die Lungenfunktionsprüfung

the oxygen mask
the tube for nasal oxygen

the inhalation of mist
the inhalation of medicine by a spray
to tap a pleural effusion (to drain it)
to vibrate the chest wall (in the treatment of C.O.P.D.)
to clap the chest (in the treatment of C.O.P.D.)

to put in a chest tube (suctioning of the chest tube)

to breathe a patient; to ventilate a patient
the respirator, the setting of the respirator, the tidal volumes

the arterial blood gases
the earlobe oximetry

4.4 A Female with Multiple Skin Problems

A 24 y o white female was admitted to the hospital because of a rash and fever.

She had been well until 2 weeks earlier when she noticed the onset of anorexia, malaise, fatigue, and morning stiffness. Her temperature rose to 37.9 °C. This was associated with headaches, chills and sweats. She developed a nocturnal cough and noticed a tinge of blood in her sputum. She became listless. She vomited several times. One week before admission her right hand swelled and became painful. Three days prior to admission the fever had risen to over 39 °C. When the patient's husband noticed her to be confused about common events he took her to the hospital.

The past medical history revealed a skin change at age 17. At the time she was being treated for urinary tract infection and received penicillin. About 5 days into her course of penicillin she broke out in a rash. The lesions were confined to the back of the hands, the forearms, and the mouth. They consisted of a sudden eruption of raised, erythematous plaques of varying sizes: the smallest were pinhead spots while the largest were about 2 cm in diameter. They remained for several days. Their color was pink and they had a velvety, urticarial appearance. In some of the bigger ones the center would form a blister which would then dry up and leave a flat yellow crust. There had been no constitutional symptoms; however, the patient had been troubled by the itching of the lesions. In her mouth the patient had developed sodden white patches that tended to bleed. When the penicillin was stopped new crops of similar lesions continued to break out for another 10 days. Thereafter, the rash subsided without any scars. Since then the patient had experienced 2 recurrences of this disturbance. They occurred in the

die Sauerstoffmaske
die Sauerstoffkanüle

Einatmungsbehandlung mit angefeuchteter Luft
die Inhalation eines Medikamentes vermittels eines Sprays
einen Rippenfellerguss punktieren (drainieren)
die Thoraxwand in Vibration versetzen (bei der COPD-Behandlung)
die Throaxwand (rhythmisch) beklopfen (bei der COPD-Behandlung)

(... einen Rippenfellerguss) mit einem Drainagetubus versorgen, (das Absaugen des Drainagetubus)
einen Patienten beatmen
die Beatmungsmaschine, die Einstellung der Beatmungsmaschine, die Atemzugsvolumina
die Blutgase
die periphere Sauerstoffmessung (am Ohrläppchen)

4.4 Eine Patientin mit zahlreichen Hautproblemen

Eine 24-jährige Patientin weißer Abstammung wurde wegen Hautausschlag und Fieber im Krankenhaus aufgenommen.

Sie hatte sich bis vor 2 Wochen wohl gefühlt; dann bemerkte sie zunehmenden Appetitverlust, Krankheitsgefühl, Ermüdbarkeit und morgendliche Steifheit. Die Körpertemperatur betrug 37,9 °C. Gleichzeitig traten täglich Kopfschmerzen, Frösteln und Schweißausbrüche auf. Sie bekam nächtliches Husten und bemerkte etwas Blut im Auswurf. Sie wurde teilnahmslos. Sie erbrach mehrere Male. Eine Woche vor Krankenhausaufnahme schwoll die rechte Hand schmerzhaft an. 3 Tage vor der Krankenhausaufnahme stieg das Fieber auf über 39 °C. Als dem Ehemann der Patientin deren Desorientiertheit bei alltäglichen Dingen auffiel, brachte er sie ins Krankenhaus.

In der medizinischen Vorgeschichte wurde über Hautveränderungen im Alter von 17 Jahren berichtet. Damals wurde die Patientin wegen eines Harnwegsinfektes mit Penicillin behandelt. Etwa am 5. Tag der Penicillineinnahme trat ein Hautausschlag auf. Die Läsionen beschränkten sich auf Handrücken, Unterarme und Mund und zeigten sich in einer plötzlich aufbrechenden Aussaat von erhabenen, geröteten Plaques verschiedener Größe: die kleinsten waren stecknadelkopfgroß, die größten ungefähr 2 cm im Durchmesser. Diese Läsionen blieben einige Tage lang bestehen, hatten eine rosige Farbe und erschienen samtig, urtikariell. In einigen größeren Läsionen bildete sich im Zentrum eine Blase, die dann austrocknete und eine flache gelbliche Kruste hinterließ. Die Patientin hatte damals keine konstitutionellen Beschwerden. Sie litt unter dem Jucken der Läsionen. Im Mund der Patientin entwickelten sich aufgedunsene, weiße Flecken, die leicht bluteten. Auch nach Absetzen des Penicillins kam es während der folgenden 10 Tage noch zu neuen Schüben mit ähnlichen Läsionen. Danach verschwand der Hautausschlag,

fall of the next 2 years. Since the initial attack she had never taken penicillin again.

About 2 years before this admission the patient developed skin changes again. They involved her lips, nose, scalp, and fingers. The changes had remained stationary for many months. On the lips she broke out in patches of erythema and telangiectasia, covered by adherent scales. These assumed a milky purple tinge. The lips would become swollen and were quite uncomfortable. On her scalp the changes consisted of areas of stippled telangiectasias and there was abundant follicular plugging. This was later followed by round patches of permanent baldness. On her nose the skin change had a clear margin separating it from normal skin. The affected patches of skin would be raised above the level of the surrounding skin. The lesions looked erythematous and had a number of plaster-like scales firmly attached to them. There were telangiectasias within these lesions. The patient used to experience a burning or itching sensation in these lesions. At one spot near the tip of the nose the erythema had disappeared over a few months and left a depressed scar that was pigmented at its periphery. According to her report the skin changes on the nose worsened during summer and improved in winter. There were skin changes on the index finger and the middle finger of the right hand, too. They had come up in conjunction with the skin changes on the nose. They had been erythematous, assuming a purplish cyanotic shade. Telangiectasias had been visible within them. Much of this had subsequently disappeared from the right index finger, though a reduced range of motion remained.

There was no relevant family history of skin diseases.

Physical examination: This 24 y o white female appeared acutely ill. She was thin and febrile with an oral temperature of 39.4 °C. The respirations were 24/min and shallow, the blood pressure was 160/100 mmHg, the pulse rate was 110/min, and the patient was diaphoretic.

She had small erythematous macules on her face, neck, shoulders, and upper arms. The lesions were pink and slightly raised. They were about 0.5 to 1.5 cm in diameter. Around the light-exposed area of the neck and chest the lesions were confluent. There were clearly visible telangiectasias seen in many of these spots. The lower lip was markedly swollen, the patient could barely open her mouth, and the lip had several bluish lesions. The patient reported a burning sensation in all of these cutaneous alterations. On the face, the rash was confluent on the cheeks, covered by crusts and desquamated skin. In between these desquamations the affected skin showed a glazed dull-red surface and there was oozing of droplets of plasma. The right hand showed skin changes of the index and middle fingers that resembled the lesions on the cheeks but there was no oozing. The

ohne Narben zu hinterlassen. Seitdem erlitt die Patientin noch 2-mal ähnliche Hautveränderungen. Sie traten in den folgenden Jahren im Herbst auf. Die Patientin hatte seit dem ersten Mal nie wieder Penicillin eingenommen.

Etwa 2 Jahre vor der jetzigen Krankenhauseinweisung traten bei der Patientin Hautveränderungen an Lippen, Nase, Kopfhaut und an den Fingern auf. Die Veränderungen bestanden viele Monate lang unverändert. Auf den Lippen bildete sich ein fleckiger, erythematöser Ausschlag mit Teleangiektasien, der von fest haftenden Schuppen bedeckt wurde. Die Schuppen wirkten milchig-violett. Die Lippen schwollen an und schmerzten. Auf der Kopfhaut zeigten sich die Veränderungen als Flecken mit punktförmigen Teleangiektasien und in Form von zahlreichen verstopften Follikeln. Diese Läsionen gingen dann in runde Flecken mit dauerhaftem Haarverlust über. Die Hautveränderungen auf der Nase hoben sich durch einen klaren Rand von der gesunden Haut ab. Die betroffenen Hautstellen waren über das Niveau der umgebenden Haut erhaben. Den geröteten Läsionen hafteten zahlreiche gipsfarbene Schuppen fest an. Innerhalb dieser Läsionen befanden sich Teleangiektasien. Die Patientin verspürte in den Läsionen Brennen oder Jucken. An einer Stelle nahe der Nasenspitze war das Hauterythem im Laufe einiger Monate verschwunden und hatte eine eingezogene Narbe mit Pigmentierung des Narbenrandes hinterlassen. Nach den Angaben der Patientin verschlechterten sich diese Hautveränderungen auf der Nase im Sommer und besserten sich im Winter. Hautveränderungen traten auch an Zeigefinger und Mittelfinger der rechten Hand auf und erschienen gleichzeitig mit den Hautveränderungen auf der Nase. Sie waren gerötet und von zyanotisch purpurner Farbe. In den Läsionen zeigten sich Teleangiektasien. Die meisten Veränderungen des rechten Zeigefingers bildeten sich später weitgehend zurück. Es verblieb jedoch eine eingeschränkte Bewegungsfähigkeit.

Es bestand keine einschlägige Familienanamnese für Hauterkrankungen.

Körperliche Untersuchung: Die 24-jährige Patientin weißer Abstammung war akut krank. Sie war abgemagert und fiebrig, mit einer oralen Körpertemperatur von 39,4 °C. Die Atemzüge waren flach, 24/min, der Blutdruck betrug 160/100 mmHg, der Puls 100/min; die Patientin schwitzte sichtbar.

Sie hatte kleine gerötete Maculae auf Gesicht, Hals, Schultern und Oberarmen. Die Läsionen waren hellrot, leicht erhaben und im Durchmesser etwa 0,5–1,5 cm groß. An den lichtexponierten Stellen von Hals und Thorax konfluierten die Läsionen. Viele Flecken ließen deutliche Teleangiektasien erkennen. Die Unterlippe war stark geschwollen, die Patientin konnte den Mund kaum öffnen. Auf der Lippe zeigten sich mehrere bläuliche auffällige Veränderungen. Die Patientin berichtete, in allen Hautveränderungen ein Brennen zu verspüren. Im Bereich des Gesichtes konfluierten die Flecken des Hautausschlags auf beiden Wangen, der Ausschlag war mit Krusten und abgeschilferter Haut bedeckt. Zwischen den Desquamationen zeigte die betroffene Haut eine glasiert wirkende dunkelrote Oberfläche mit kleinen ausgetretenen Plasmatröpfchen. An Zeige- und Mittelfinger der rechten

back of the hand was swollen and painful. The right index finger appeared stiff. The patient's scalp showed patchy hair loss in two circumscribed areas over the back of the scalp. Cervical, axillary, and inguinal lymph nodes were palpable and enlarged but not tender. The lungs were unremarkable to percussion, but auscultation revealed a friction rub over the right lower lung field. Cardiac auscultation revealed a two component friction rub. The liver was unremarkable. The tip of the spleen was palpated 2 cm below the left costal margin.

The patient appeared generally euphoric and was not fully oriented to time and place. Her neck was supple. The eyegrounds and the peripheral nervous system were unremarkable.

Questions

1. What was the diagnosis of the patient's skin disorder at age 17 (reaction to penicillin)?
2. How do you explain the two recurrences of the aforementioned skin change over the next 2 years when the patient had not taken penicillin?
3. What was the diagnosis of the patient's skin disorder that began 2 years before the present illness?
4. What organs are involved in the present illness?
5. What diagnoses do you consider to account for the present illness? What tests would you order to work them up?

Answers

1. Erythema multiforme [erə'θiːmə] ['mʌltifɔːm].
2. Recurrences of erythema multiforme may occur even in the absence of renewed exposure to the allergen. It is said that such recurrences are more common in spring and fall.
3. Discoid ['diskɔid] lupus erythematosus.
4. The following organs are probably involved: the skin, the lungs (abnormal auscultation), the lymph nodes (swelling), the central nervous system (euphoria and disorientation) and possibly the joints (changes of the right hand), the kidneys (high blood pressure), the heart (friction rub), and the spleen (enlargement).
5. The following diagnoses should be considered: immunoblastic lymphadenopathy; septicemia [septi'siːmiə] from common bacterial pathogens; miliary tuberculosis; rat bite fever (leptospirosis [leptəspai'rousis]); systemic lupus erythematosus ['luːpəs] [erəθiːmə'tousəs] following discoid lupus.

Hand waren ähnliche Hautveränderungen wie am Kopf vorhanden, jedoch ohne austretendes Plasma. Der Handrücken war schmerzhaft geschwollen. Der rechte Zeigefinger erschien steif. An 2 umschriebenen Stellen des Hinterkopfes bestand fleckenförmiger Haarausfall. Die Lymphknoten des Halses, der Axillen und der Leistenbeugen waren tastbar vergrößert, aber nicht schmerzhaft. Die Lungenperkussion war unauffällig. Die Auskultation erbrachte jedoch den Nachweis eines Reibegeräuschs über dem rechten unteren Lungenfeld. Bei der Herzauskultation zeigte sich ein Reibegeräusch mit 2 Komponenten. Die Leber war unauffällig. Der Milzrand konnte 2 cm unterhalb des linken Rippenrandes getastet werden.

Im Allgemeinen erschien die Patientin euphorisch und war zeitlich und örtlich mangelhaft orientiert. Der Nacken war frei beweglich. Augenhintergrund und peripheres Nervensystem waren unauffällig.

Fragen

1. Wie lautete die Diagnose der Hautkrankheit, welche die Patientin im Alter von 17 Jahren hatte (Penicillinreaktion)?
2. Wie erklären Sie die beiden Rückfälle der Hautstörung, die in den 2 folgenden Jahren auftraten, obwohl die Patientin kein Penicillin nahm?
3. Welches war die Diagnose der Hautkrankheit vor 2 Jahren?

4. Welche Organe sind von der augenblicklichen Krankheit betroffen?
5. Welche Diagnosen müssen bei der augenblicklichen Krankheit in Betracht gezogen werden? Welche Laboruntersuchungen würden Sie anordnen, um die Diagnose abzuklären?

Antworten

1. Erythema multiforme.
2. Das Erythema multiforme kann selbst bei fehlender erneuter Allergenexposition wieder aufflammen. Derartige Rückfälle sollen im Frühling und Herbst gehäuft vorkommen.
3. Lupus erythematodes discoides.
4. Wahrscheinlich sind die folgenden Organe betroffen: Haut, Lungen (Auffälligkeiten bei der Auskultation), Lymphknoten (Vergrößerung); Zentralnervensystem (Euphorie und mangelnde Orientiertheit) sowie möglicherweise die Gelenke (Veränderungen der rechten Hand), die Nieren (Hochdruck), das Herz (Perikardreiben) und die Milz (Vergrößerung).
5. Die folgenden Diagnosen sollten in Betracht gezogen werden: immunoblastische Lymphadenopathie; Sepsis mit einem der üblichen Bakterien; Miliartuberkulose; Leptospirose; systematischer Lupus erythematodes nachfolgend auf einen vorangegangenen Lupus erythematodes discoides.

The following tests would be useful: CBC (*c*omplete *b*lood *c*ount), UA (*u*rin*a*lysis), blood cultures, lumbar puncture, ANA (*a*nti*n*uclear *a*ntibodies), anti single strand DNA- and anti double strand DNA-antibodies, complement, CXR (chest X-ray), tests for leptospirosis and tuberculosis, cardiac ultrasound.

Continuation of the case: The CBC showed a WBC of 1800 with 55% lymphocytes. The platelet count was 62 000 and the hematocrit was 26%. The direct Coombs test was positive. The UA was normal, as were the BUN (blood urea nitrogen) and creatinine. The tuberculin skin test was negative as were two blood cultures obtained when the patient had fever. On CXR the heart appeared normal, but there was an infiltrate in part of the right lower lobe. There was no pleural effusion. The lumbar puncture was unremarkable. The erythrocyte sedimentation rate was 80/110 mm. The complement was reduced. ANA: positive at a dilution of 1:1024 in a speckled pattern, and at 1:128 in a homogeneous pattern.

Questions

What is the patient's diagnosis in view of this information?

How does the diagnosis explain the individual laboratory abnormalities?

Answers

The patient most likely suffers from disseminated lupus erythematosus. This diagnosis is convincingly supported by the clinical syndrome in conjunction with the results of the blood test. However, the possibility of an associated infection is not yet completely excluded. The diagnosis of systemic lupus erythematosus (SLE) could explain all the physical findings. SLE is associated with leukopenia, thrombocytopenia, and hemolytic Coombs-positive anemia. In addition, cerebritis, pneumonitis, pericarditis, lymphadenopathy, baldness, splenomegaly, arthropathy, fever, and general malaise have been observed to occur in this disease.

Clinical outcome: This patient had SLE. She was treated with 80 mg of prednisolone daily and within 10 days improved symptomatically and clinically. Additional blood cultures failed to show evidence of bacteremia. Three weeks after admission the patient was discharged from the hospital. Many of her symptoms and findings had disappeared or improved. Her skin rash was still visible; however, it was much improved.

Die folgenden Untersuchungen könnten nützlich sein: Blutbild, Urinstatus, Blutkulturen, Lumbalpunktion, antinukleäre Faktoren, Anti-Einzelstrang- und Anti-Doppelstrang-DNS-Antikörper, Komplement, Thorax-Röntgenbild, Tests auf Leptospirose und Tuberkulose, Herz-Ultraschall.

Fortsetzung der Fallgeschichte: Das Blutbild zeigte eine Leukozytenzahl von $1.8 \times 10^9/l$, zu 55% Lymphozyten. Die Plättchenzahl betrug $62 \times 10^9/l$ und der Hämatokrit 26%. Der direkte Coombs-Test war positiv. Der Urinstatus war unauffällig, ebenso die Harnstoff-Stickstoff-Konzentration (≈ 50% der Harnstoffkonzentration) und das Kreatinin. Ein Tuberkulinhauttest fiel negativ aus, ebenso 2 während des Fiebers abgenommene Blutkulturen. Das Thorax-Röntgenbild zeigte ein normales Herz, aber ein Infiltrat im rechten Unterlappen. Es bestand kein Pleuraerguss. Die Lumbalpunktion war unauffällig. Die Blutkörperchensenkungsgeschwindigkeit betrug 80/110 mm. Komplement war vermindert. Antinukleäre Faktoren: positiv bei einer Verdünnung von 1:1024, gesprenkeltes Muster, sowie positiv bei einer Verdünnung von 1:128 bei homogenem Muster.

Fragen

Welche Diagnose folgt aus diesen Daten?

Wie würde die Diagnose die einzelnen pathologischen Labortestresultate erklären?

Antworten

Sehr wahrscheinlich leidet die Patientin an einem systemischen Lupus erythematodes. Diese Diagnose wird durch die Resultate der Blutuntersuchungen überzeugend gestützt. Allerdings ist die Möglichkeit einer gleichzeitigen Infektion noch nicht vollständig ausgeschlossen. Die Diagnose eines SLE könnte alle körperlichen Befunde erklären. Der SLE ist häufig vergesellschaftet mit Leukopenie, Thrombozytopenie und einer Coombs-positiven hämolytischen Anämie. Außerdem sind auch folgende Funde bei SLE beschrieben: Meningoenzephalitis, Lungenveränderungen, Perikarditis, Lymphknotenvergrößerung, Haarausfall, Splenomegalie, Gelenkbefall, Fieber und allgemeines Unwohlsein.

Klinischer Verlauf und Ergebnis: Diese Patientin hatte einen SLE. Sie wurde mit 80 mg Prednisolon täglich behandelt. Innerhalb von 10 Tagen besserte sich ihr Zustand subjektiv und objektiv. Zusätzliche Blutkulturen erbrachten keinen Anhalt für eine Bakteriämie. 3 Wochen nach der Aufnahme wurde die Patientin aus dem Krankenhaus entlassen. Zahlreiche ihrer Symptome und Befunde waren verschwunden oder gebessert; der Hautausschlag war noch sichtbar, hatte sich jedoch deutlich gebessert.

Language Used by Patients with Skin Diseases

wheal
boil
blister
rash
itch

---

to scratch
lump
bump
bruise
sore

---

pimple
spot
blotch
oily skin
hardening of the skin

---

weeping of the skin
dandruff
hair loss
freckles
wart

---

corn
bunion [ˈbʌnjən]
mole
chilblains
sunburn

---

bad veins
sting
lice
thrush

Specific Medical Terms in Dermatologic Illnesses

ulcer, erosion
petechiae [piˈtiːkiiː]
eruption
palpable purpura
denudation of the skin

---

bulla [ˈbulə]
primary lesion

Umgangssprachliche Ausdrücke bei Hautkrankheiten

gerötete, erhabene Hautschwellung mit hellem Zentrum
Furunkel
Bläschen
Hautausschlag
Hautjucken

---

kratzen
Knoten
Beule
Bluterguss
Hautgeschwür

Pickel
Fleck
Ausschlag
fettige Haut
Hautverhärtung

Plasmaausschwitzungen der Haut
Schuppen
Haarausfall
Sommersprossen
Warze

Hühnerauge
Fußballenentzündung
Muttermal
Frostbeulen
Sonnenbrand

Krampfadern
Stich
Läuse
weiße Beläge bei Candida-Entzündung

Medizinische Termini bei Hautkrankheiten

Hautgeschwür, Hauterosion
Petechien
Ausschlag, Aussaat von Hautläsionen
tastbare Hautknötchen der Purpura
Zustand bei Verlust der Oberhaut

Blase
Primärläsion

papular/vesicular/macular lesions
puckering of the skin, peau d'orange
tightness of the skin

induration of the skin
sloughing ['slʌfiŋ] of a skin lesion
masculine escutcheon [is'kʌtʃən]
hirsute ['həːsjuːt]

frontal balding, male-pattern baldness, temporal recession
solar sensitivity
self-mutilation
impetigo
alopecia [ælo'piːʃə]

seborrhea [sebə'riə]
hyperhidrosis [haipəhai'drousis]
onychia
verruca [və'ruːkə]
pruritus

clavus
skin tests (for allergens)
scratch test

topical treatments

powders, lotions, ointments, creams, paste
sun-barrier cream
atopic [ei'tɔpik] disease
urticaria [əːti'kɛəriə]
stasis eczema ['steisis] ['ekzəmə]

Besnier's prurigo
lichen simplex
erysipelas
scabies ['skeibiːz]
anthrax

pediculosis capitis
tinea
leprosy
vitiligo [vitə'laigou]
basal cell carcinoma

papuläre/vesikuläre/makuläre Hautveränderungen
Peau-d'orange-Veränderung der Haut
Unverschieblichkeit der Haut

Hautverhärtung
Abstoßung toten Gewebes in einer Hautläsion
männliche Haarlinie (der Schamhaare)
stark behaart (hirsut)

„Geheimratsecken“
Sonnenlichtempfindlichkeit
Selbstverstümmelung
multiple eiternde Herde in der Haut
Haarausfall

übermäßige Talgabsonderung
übermäßiges Schwitzen
Panaritium
Warze
Hautjucken

Hühnerauge
Hauttests (auf Allergene)
Hauttest, bei dem das Allergen durch eine Kratzwunde in die Haut eingebracht wird
lokale Behandlungsmethoden

Puder, Lotionen, Salben, Cremes, Pasten
Sonnenschutzcreme
Neurodermitis
Nesselfieber
Beinekzem bei Varizen

---

atopisches Ekzem bei Kindern
Neurodermitis
Erysipel
Krätze
Milzbrand

Läuse
Hautpilze
Lepra
weiße Hautflecken
Basaliom

4.5 A Patient with Obsessions

Adam was a 30 y o mathematician who sought psychiatric help because of occasional stuttering, "strange thoughts", obsessive ideas, compulsions, and a lack of emotion. All of these distressed him.

For some time he had noticed that he was sometimes unable to think normally. When lying in bed, long strings of words would pour into his mind. He would be unable to interrupt or to stop these. He had observed an occasional inability to read words correctly. He would see in a newspaper the word "triumph" but he would read "trumpet". Or, it would say in a book "camera shop" while he would read "cannon shot". – He had to give people he knew his own fancy names instead of their real names. He thought that these suited people better than their real names. E. g., one of his colleagues whose name was "Tom Collins" he would have to call "Ron Killer". – He once saw a letter on his desk which contained the words "lyon's velvet". He immediately concluded that the letter had come from England, although the stamp showed it to come from the United States. The word "lyon's" suggested England to him because of a chain of restaurants in London called "Lyon's Restaurants". In addition, he always associated the manufacture of textiles such as velvet with England. – The patient frequently used the bus to get to his work. Often, when he saw people talking on the bus he believed they were talking about him. On several occasions he felt that they planned his abduction. – The patient also complained that he had lost all his emotions. He would be unable to feel any joy when people congratulated him on his birthday or when they sang "Happy Birthday" to him. Similarly he was unable to feel any sadness when his father died. – He often could not force himself to do anything. On account of this apathy he could not concentrate on his studies. He finally had to give up the idea of getting a degree in mathematics.

Adam fell in love with girls periodically. These loves were never manifest. The girls were usually unattainable, e.g., they lived in cities far away. The imagined love was so intense as to cause important changes in the patient's life. E.g., in college he took courses unnecessary to his own curriculum, wasting time and energy, only because a girl he imagined he loved was taking them.

Questions

1. At this point, what are the abnormalities reported by the patient? List them.
2. What possible diagnoses would you think of?
3. What information could be of further help to you?

4.5 Ein Patient mit Zwangsvorstellungen

Adam, ein 30-jähriger Mathematiker, suchte psychiatrischen Rat wegen gelegentlichem Stottern, merkwürdigen Gedankenstörungen, Wahnvorstellungen, Zwängen und dem Verlust von Emotionen. Dies alles störte ihn.

Er hatte seit einiger Zeit bemerkt, dass es ihm manchmal unmöglich war, normal zu denken. Wenn er im Bett lag, pflegten lange Wortketten auf ihn einzustürmen. Es war ihm dann nicht möglich, diese Gedankenbildungen zu unterbrechen oder zu beenden. Manchmal war es ihm unmöglich, Worte korrekt abzulesen; z. B. sah er in einer Zeitung das Wort „Triumph", las es aber als „Trompete". Oder stand in einem Buch „Camera-Shop", las er „Kanonenschuss". – Außerdem musste er Bekannten anstelle ihrer wirklichen Namen Fantasienamen geben, weil er meinte, sie passten besser zu ihnen als ihre richtigen Namen. Einer seiner Kollegen hieß z. B. „Tom Collins", aber er musste ihn „Ron Killer" nennen. Als er einmal auf einem Tisch einen Brief mit den Worten „lyon's velvet" sah, war ihm sofort klar, dass dieser Brief aus England kommen musste, obwohl er anhand der Briefmarke aus den Vereinigten Staaten stammte. Das Wort „lyon's" erinnerte ihn an England, weil es in London eine Restaurantkette „Lyon's Restaurants" gab. Außerdem verband er immer die Herstellung von Textilien wie Samt mit England. – Der Patient fuhr häufig mit dem Bus zur Arbeit. Sah er im Bus Leute im Gespräch, glaubte er häufig, sie redeten über ihn, oder er glaubte zu spüren, dass seine Entführung geplant werde. – Der Patient klagte auch, seine Emotionen vollständig verloren zu haben; z. B. empfände er keine Freude, wenn man ihm zum Geburtstag gratulierte oder seinetwegen „Happy Birthday" sang. Er konnte auch keinerlei Trauer empfinden, als sein Vater starb. – Oft fiel es ihm schwer, sich zu etwas aufzuraffen. Wegen dieser Apathie konnte er sich nicht auf sein Studium konzentrieren. Er musste schließlich sein Vorhaben aufgeben, sein Mathematikstudium mit dem Examen abzuschließen.

Adam verliebte sich periodisch in Mädchen. Diese Liebeleien führten niemals zu etwas. Meistens waren die Mädchen unerreichbar, z. B. weil sie in weit entfernten Städten wohnten. Diese imaginären Verliebtheiten wurden so intensiv empfunden, dass sie das Leben des Patienten entscheidend veränderten. So besuchte er z. B. auf dem College für sein eigenes Studium überflüssige Kurse, nur weil ein Mädchen, das er zu lieben glaubte, sie belegt hatte, und verschwendete dadurch Zeit und Energie.

Fragen

1. Stellen Sie eine Liste der bis jetzt vom Patienten berichteten Störungen auf!
2. An welche möglichen Diagnosen würden Sie denken?
3. Welche Angaben könnten Ihnen weiterhelfen?

Answers

1. Ideas of reference; loss of emotions; apathy; thought disorders; delusions [di'l(j)u:ʒən].
2. These abnormalities are compatible with early schizophrenia [skitsou'fri:niə]; however, they might also be the result of a severe neurotic development.
3. At this point the family history and an account of the patient's emotional development would be of help.

Continuation of the case: There was no past history of mental or nervous disorders in the patient's family.

The patient's father had died about 10 years before. During his childhood the patient's father occasionally used to take him to movies or he would tell him stories. However, when the patient started to feel a little warmer toward him his feelings were usually changed by his father's nagging attitude. Adam felt that it was better not to confide in him. During adolescence, Adam's father always appeared to be after him to investigate whether he had masturbated or not. If the patient had a pimple on his face, his father would say that this was a sign of masturbation. He would say that terrible things would happen to him. Because the patient had actually masturbated he felt guilty.

The patient rarely saw his mother during childhood. He was cared for by a governess. He did not remember any personal affection from his mother. The governess later developed paranoid schizophrenia. During adolescence, the patient had more contact with his mother. However, he felt that his mother was more concerned with his sister than with him. The sister was 5 years younger than he and his only sibling. Adam considered his mother a weak person. She never came to his defense but always took his father's side. The patient did not trust her.

Adam remembered both parents with a sense of annoyance and disgust. He felt that they were ugly and even had the impression that an awful odor emanated from their bodies. He had to obey them all the time and never put up a fight. He rather tried to detach himself from them and never felt himself understood by them.

He did not play much with children his own age but kept to himself much of the time. He had vivid fantasies that kept him busy when he was alone. In his mind he had constructed an imaginary world of countries in different periods. He would feel that he lived in these different countries during different periods.

Ever since childhood the patient had been very impressed by religion. He had obsessions, consisting of horrible ideas about Jesus Christ. The patient often felt that he should urinate or excrete upon Jesus Christ or on Jesus' mother. He often fantasized that Jesus Christ, Jesus' mother, and God would perform similar defiling [di'failiŋ] actions upon one another.

Antworten

1. Beziehungsideen; Verlust der Emotionen; Antriebslosigkeit; Gedankenstörungen; Wahnvorstellungen.
2. Derartige Störungen kommen vor bei beginnender Schizophrenie; es könnte sich jedoch auch um eine neurotische Entwicklung handeln.
3. Jetzt könnten die folgenden Angaben hilfreich sein: die Familienvorgeschichte und die Beschreibung der emotionalen Entwicklung des Patienten.

Fortsetzung der Fallgeschichte: Es bestand keine Familienanamnese von Geistes- oder Nervenkrankheiten.

Der Vater des Patienten war vor 10 Jahren gestorben. In der Kindheit war der Vater mit dem Patienten manchmal ins Kino gegangen oder er hatte ihm Geschichten erzählt. Begann sich der Patient für den Vater zu erwärmen, änderten sich seine Gefühle bald wieder durch die nörgelnde Haltung des Vaters. Adam hielt es für besser, dem Vater nicht zu vertrauen. In seiner Jugend war der Vater ständig hinter ihm her, um herauszufinden, ob er onanierte. Wenn der Patient einen Pickel im Gesicht hatte, pflegte der Vater zu sagen, dass dies ein Anzeichen für Onanieren sei. Er setzte dann gewöhnlich hinzu, dies werde schlimme Folgen haben. Da der Patient wirklich onaniert hatte, fühlte er sich schuldig.

Während seiner Kindheit hatte der Patient kaum Kontakt mit der Mutter. Ein Kindermädchen kümmerte sich um ihn. Er konnte sich an keinerlei Zuneigung vonseiten seiner Mutter erinnern. Das Kindermädchen erkrankte später an paranoider Schizophrenie. Als Jugendlicher hatte der Patient mehr Kontakt zu seiner Mutter. Es schien ihm jedoch, dass sich die Mutter mehr um seine Schwester kümmerte. Sie war 5 Jahre jünger und sein einziges Geschwister. Adam hielt seine Mutter für eine schwache Person. Sie verteidigte ihn nie, sondern war immer auf der Seite seines Vaters. Der Patient vertraute ihr nicht.

Der Patient erinnerte sich an seine Eltern mit einem Gefühl von Ärger und Abscheu. Sie schienen ihm hässlich zu sein. Er hatte sogar den Eindruck, dass von ihren Körpern ein gemeiner Geruch ausging. Er musste ihnen immer gehorchen. Er ließ es nie zu einer Auseinandersetzung kommen, sondern zog sich lieber von ihnen zurück. Er fühlte sich von ihnen nicht verstanden.

Er spielte nicht sonderlich viel mit anderen Kindern seiner Altersgruppe, sondern blieb meist für sich allein. Wenn er allein war, beschäftigte er sich mit seinen lebhaften Fantasien. In seiner Vorstellung konstruierte er sich eine Fantasiewelt aus anderen Ländern in verschiedenen Epochen. Er bildete sich ein, dass er in diesen anderen Ländern während der verschiedenen Epochen lebte.

Seit seiner Kindheit war der Patient von religiösen Themen tief beeindruckt. Er hatte Zwangsvorstellungen, die schreckliche Ideen über Jesus Christus beinhalteten. Oftmals hatte er das Gefühl, dass er auf Jesus Christus oder auf die Mutter Maria urinieren oder Stuhlgang machen sollte. In seiner Fantasie stellte er sich vor, dass Jesus Christus, die Mutter Maria und Gottvater die gleichen schändlichen Handlungen aneinander vollführten.

He also had compulsions to perform all kinds of actions an even number of times, e.g., if he spilled some soup by accident and was reprimanded by his parents he would nevertheless have to repeat the act to make it an even number.

Questions

What is your diagnosis based on this information?

Answers

The patient's emotional development has many traits that have been described in patients with schizophrenia. They are: rejection by both parents, development of a schizoid personality, and autistic phenomena. The patient was given psychoanalytical treatment for 3 years. This was followed by an improvement of his condition. It was eventually concluded that he suffered from schizophrenia.

Language Used by Patients that have Psychiatric Illnesses

to slow down a patient (to calm down a patient)
to be edgy, nervous, irritable ['iritəbl]
to feel jittery, nervous
I was scared to death
he is a high-strung ['hai-strʌŋ] person

I feel quivery
I feel groggy, exhausted [ig'zɔːstid]
to feel low
to be grumpy
he is a placid soul

he is an odd character
to feel queer
to feel limp
to be fed up with something
to break down

to take things to heart
to be on the same wavelength with someone
to be on the ball
to feel dreadful
I am unable to keep on like this

Er hatte auch den Zwang, alle möglichen Tätigkeiten geradzahlig auszuführen. Wenn er z. B. aus Versehen etwas Suppe verkleckerte und ihn seine Eltern ermahnten, musste er es trotzdem noch einmal wiederholen, um es geradzahlig oft getan zu haben.

Fragen

Was ist Ihre Diagnose aufgrund dieser Angaben?

Antworten

Die emotionale Entwicklung des Patienten zeigt viele Merkmale, die auch bei schizophrenen Patienten beschrieben werden: z. B. Ablehnung durch beide Eltern, Entwicklung einer schizoiden Persönlichkeit, autistische Züge. Der Patient wurde 3 Jahre lang psychoanalytisch behandelt. Sein Zustand besserte sich. Abschließend folgerte man, dass der Patient an einer Schizophrenie litt.

Umgangssprachliche Ausdrücke in der Psychiatrie

einen Patienten beruhigen, ruhig stellen
nervös und reizbar sein
sich unruhig und nervös fühlen
ich war zu Tode erschrocken
er ist eine gespannt-nervöse, überempfindliche Person

---

ich fühle mich erregt, zittrig
sich k. o. fühlen
deprimiert sein
schlecht gelaunt sein, pampig
er ist ein ruhiger Mensch

---

er ist ein merkwürdiger Kerl
sich komisch, krank fühlen
schwach sein
von etwas die Nase voll haben
in Tränen ausbrechen

---

sich etwas zu Herzen nehmen
sich mit jemandem gut verstehen
aufgeweckt sein
sich schlecht fühlen
ich kann so nicht weitermachen

to have a hangover
to be mad, crazy, goofy, nuts, to go haywire
funny farm, looney bin
fits
the shakes, the D. T.s

I did not know whether I was standing on my head or my heels
this problem was completely over my head
the problem came to a head
to keep one's head
to lose one's head
to be out of one's mind
to get on one's nerves

Specific Medical Terms in Psychiatric Illnesses

volition
ideas of reference
delusions
abnormal cognition
denial [di'naiəl]

a character trait
coping mechanism
deviant ['diviənt] sexual activity
neatness, cleanliness, orderliness
hostility, aggression

fear of reprisal [ri'praizl]
penis envy ['piːnis] ['envi]
feelings of inferiority
exploration of past history
suicide

to ramble
to be taciturn ['tæsitəːn]
patient's judgement
speech disturbance
self-esteem

indecision
threat, fear
sexual desires
sexual curiosity
rewards [ri'wɔːdz], gratification

einen Kater haben
verrückt sein
Irrenanstalt, „Klapsmühle“
Anfälle
Delirium tremens

---

ich war völlig durcheinander
dieses Problem war mir viel zu schwierig
das Problem spitzte sich zu
einen kühlen Kopf behalten
seinen Kopf verlieren
außer sich sein
einem auf die Nerven gehen

Spezifische medizinische Ausdrücke in der Psychiatrie

Willensanstrengung
Beziehungsideen
Illusionen, Wahn
gestörtes Denken
die Verleugnung (z. B. eines Symptoms)

---

ein Charakterzug
Verarbeitungsmechanismus
abnormes Sexualverhalten
Sauberkeit, Ordnung
Feindschaft und Aggressivität

Furcht vor Vergeltung
Penisneid
Minderwertigkeitskomplexe
Erhebung der Vorgeschichte
Selbstmord

---

quasseln
wortkarg sein
die Urteilsfähigkeit des Patienten
Sprachstörung
Selbstvertrauen

---

die Unentschiedenheit
Bedrohung, Furcht
sexuelle Wünsche
sexuelle Neugier
Belohner und Befriedigung

vocational activities (U.S.)
maladaptive behavior
comprehension
nightmares
apprehensive

to be despondent about something
embarrassment [im'bærasment]
mentally retarded
organic brain syndrome

manic-depressive illness
anxiety neurosis
obsessive-compulsive neurosis
drug dependence, addiction

4.6 A Woman with Diabetes Mellitus [daiə'bi:ti:z] ['melitəs]

A 24 year old type I diabetic patient came to see her physician because of a pregnancy. She had never been pregnant before. At the time of the present visit she was at 10 weeks of gestation. She was on an intensified insulin regimen ['redʒimen] taking 10 units of regular insulin ['insjəlin] plus 8 units of a long acting preparation subcutaneously [sʌbkju:'teiniəsli] in the a.m., followed by 8 units at noon (regular insulin) and 6 +10 units in the evening (regular insulin + long acting preparation). She also adhered to a 1800 cal diabetic diet. On this regimen her diabetic condition had been fairly stable. She tested her fasting blood glucose concentrations daily, and the readings were mostly between 110 and 150 mg/dl. She reported occasional turns of inability to concentrate, irrational bursts of temper, and sudden waves of anxiety and nervousness.

PMH (past medical history): Her diabetes mellitus had been discovered at age 12. Physical development had been normal. She had required insulin from age 12 onward. At age 19 she refused insulin treatments. She treated herself with diet and oral antidiabetic [æntidaiə'betik] agents. This regimen failed after 2 weeks B/O weight loss, hyperglycemia [haipəglai'si:miə], glycosuria [glaikə's(j)u:riə] and nocturia [nək't(j)u:riə]. – She had required one hospitalization at age 20. – She had required one hospitalization at age 20. At that time she suffered an ache to her shoulders, low back pains, myalgias [mai'ældʒiəz], headache, a low-grade fever, vomiting, nausea, excessive thirst, and polyuria [pɔli'(j)u:riə] and she became somnolent. – Otherwise, her treatment had been uneventful over the years. – She had been married for 2 years and was a housewife. Her family history was remarkable in that her mother and her grandmother were also diabetics.

Berufstätigkeit
unangepasstes Verhalten
das Verständnis
Albträume
ängstlich

---

wegen etwas niedergeschlagen sein
die Verlegenheit
geistig behindert
organisches Psychosyndrom

---

die manische Depression
Angstneurose
Zwangsneurose
Medikamentenabhängigkeit, Sucht

4.6 Eine junge Frau mit Diabetes mellitus

Eine 24-jährige Frau mit Diabetes mellitus suchte ihren Arzt auf, weil sie schwanger war. Sie war bisher noch nie schwanger gewesen. Zum Zeitpunkt des Praxisbesuches war sie in der 10. Schwangerschaftswoche. Sie spritzte morgens subkutan 10 IE Altinsulin plus 8 IE eines lang wirksamen Insulins, gefolgt mittags von 8 IE Altinsulin und am Abend von 6 + 10 IE (Altinsulin und lang wirksames Präparat). Außerdem hielt sie eine 1800-Kalorien-Diät für Diabetiker ein. Mit diesen Maßnahmen war ihr Zustand recht stabil gewesen. Sie testete täglich ihre Nüchtern-Blutzuckerkonzentrationen, die Testergebnisse lagen meist zwischen 110 und 150 mg/dl. Sie hatte aber gelegentlich Konzentrationsschwäche, unberechenbare Gefühlsausbrüche, plötzliche Ängste und Nervosität.

Medizinische Vorgeschichte: Ihr Diabetes mellitus war im Alter von 12 Jahren entdeckt worden. Die körperliche Entwicklung war normal verlaufen. Die Patientin musste ab dem Alter von 12 Jahren mit Insulin behandelt werden. Im Alter von 19 Jahren weigerte sie sich, weiter Insulin zu nehmen. Sie stellte die Behandlung selbst auf orale Antidiabetika und Diät um. Nach 2 Wochen schlug diese Therapie fehl, denn es traten Gewichtsverlust, Hyperglykämie, Glykosurie und nächtliches Wasserlassen auf. – Im Alter von 20 Jahren wurde sie einmal ins Krankenhaus eingewiesen. Zu diesem Zeitpunkt litt sie an Gliederschmerzen, Rücken- und Muskelschmerzen, Kopfschmerzen, leichtem Fieber, Erbrechen, Übelkeit, starkem Durst, häufigem Wasserlassen, und Benommenheit trat auf. – Im Übrigen aber war ihre Behandlung regelrecht verlaufen. Sie hatte vor 2 Jahren geheiratet und war seitdem Hausfrau. Ihre Familienvorgeschichte war insofern bemerkenswert, als auch Mutter und Großmutter der Patientin Diabetiker waren.

Physical examination: The patient was found to be a rather average young female in no acute distress. She was knowledgeable about her diabetes mellitus, but appeared compulsively concerned with the control of her blood glucose [ˈgluːkous] concentration.

The physical examination was consistent with a pregnancy of 2 months' duration. The vital signs including the blood pressure were normal. Her skin was in good condition, including her injection sites. She had no ankle edema. A careful evaluation of the peripheral nervous system disclosed no detectable abnormalities. Visual acuity was normal and there were no cataracts. Fundoscopic evaluation disclosed rare scattered microaneurysms [maikrouˈænjərizəmz].

Lab: Renal function was normal as evidenced by: BUN and creatinine [kriˈætəniːn]. However she did show a microalbuminuria [maikrouælˈb(j)uːmiˈn(j)uːriə] of 220 mg/24 hrs. There was no bacteriuria [bæktiəriˈ(j)uːriə] and plasma lipids were normal. A fasting morning blood sugar was 150 mg/dl. At that time the urine contained trace amounts of glucose and was free of ketones [ˈkiːtounz].

Questions

1. In the account of the patient's history what was the most likely cause of the turns consisting of deficient concentration, bursts of temper, waves of anxiety, and subsequent short duration hyperglycemia?
2. Which diabetic complication do you suspect caused the patient's hospitalization at age 20? What precipitated [priˈsipiteitid] this event?
3. What is the meaning of the microalbuminuria at the time of the present evaluation?

Answers

1. This chain of events is most suggestive of hypoglycemic episodes.
2. At the time of hospitalization the patient suffered an episode of ketoacidosis [kiːtouæsiˈdousis]. The low-grade fever, the headache, the myalgias, the low back pain and the aches to her shoulders suggest that a viral infection could have precipitated the ketoacidosis.
3. The advent of microalbuminuria > 30 mg/24 hrs in a diabetic heralds diabetic nephropathy. It is usually associated with hypertension and hyperfiltration [haipəfilˈtreiʃən] of the kidney (low values of BUN/creatinine). In the present case the physiologic decrease of the blood pressure in the first trimenon [traiˈmiːnɔn] may have obscured any increase of blood pressure from diabetic nephropathy [neˈfrɔpəθi]. The normal daily excretion of "microalbumin" is < 12 mg/24 hrs.

Körperliche Untersuchung: Die Patientin war eine normale junge Frau ohne akute Beschwerden. Sie war über ihren Diabetes mellitus gut informiert. Sie schien jedoch bezüglich einer Vermeidung von Hyperglykämien zwanghaft besorgt zu sein.

Die körperliche Untersuchung war mit einer 2 Monate alten Schwangerschaft vereinbar. Die vitalen Körperfunktionen (Blutdruck, Puls, Temperatur) waren unauffällig. Die Haut war in Ordnung, ebenso die Injektionsstellen. Sie hatte keine Knöchelödeme. Eine sorgfältige Untersuchung des peripheren Nervensystems zeigte keine Störungen. Die Sehschärfe war normal und sie hatte keine Katarakte. Am Augenhintergrund fielen einzelne verstreute Mikroaneurysmen auf.

Labor: Die Nierenfunktion war unauffällig. Plasma-Harnstoff-Stickstoff-Konzentration und Kreatinin waren normal. Es lag keine Bakteriurie vor. Die Plasmalipide waren normal. Ein Nüchtern-Blutzuckerwert am Morgen betrug 150 mg/dl. Zum gleichen Zeitpunkt fanden sich in einer Urinprobe nur Spuren von Glukose und keine Ketonkörper.

Fragen

1. Was kommt aufgrund des Berichtes der jetzigen Vorgeschichte als wahrscheinlichste Erklärung für die Attacken mit Konzentrationsschwäche, Gefühlsausbrüchen, Angstanfällen und nachfolgenden kurzen Hyperglykämien in Betracht?
2. Welche Komplikation des Diabetes vermuten Sie als Ursache der stationären Aufnahme im Alter von 20 Jahren? Was war der Auslöser dieser Komplikation?
3. Was bedeutet die Mikroalbuminurie zum Zeitpunkt der gegenwärtigen Evaluation?

Antworten

1. Diese Reaktionen waren höchstwahrscheinlich hypoglykämische Anfälle.
2. Die Patientin musste wegen einer Ketoazidose ins Krankenhaus. Aufgrund des leichten Fiebers, der Kopfschmerzen, der Muskelschmerzen sowie der Kreuz- und Schulterschmerzen kann man annehmen, dass eine Virusinfektion die Ketoazidose ausgelöst hatte.
3. Das Auftreten von Mikroalbuminurie > 30 mg/24 Stdn bei Diabetikern ist die erste Stufe der diabetischen Nephropathie. Die Mikroalbuminurie geht gewöhnlich einher mit Bluthochdruck und Hyperfiltration der Niere (niedrige Werte bei Harnstoff(-Stickstoff) und Kreatinin). Im vorliegenden Fall wurde durch die physiologisch bedingte Abnahme des Blutdrucks im ersten Schwangerschaftsdrittel eine tatsächlich erfolgte Zunahme des Blutdrucks aufgrund der diabetischen Nephropathie wohl verdeckt. Die normale tägliche Exkretionsrate von „Mikroalbumin" ist < 12 mg/Stdn.

Continuation of the case: The patient was advised to continue on the same regimen and to see the doctor at weekly intervals.

In the 6th month of pregnancy she developed hyperglycemia. Thus, her morning fasting blood sugar concentration ranged between 160 and 220 mg/dl. Because of the hyperglycemia her total dose of insulin had been increased and eventually reached 70 units per day. This was followed by complaints of frequent night sweats and morning headaches. Her pregnancy appeared to develop normally. Inspections of the eye-grounds at that time disclosed more abundant microaneurysms than before. A morning urine contained 1 + acetone, but no glucose. She had a proteinuria [prouti:'n(j)u:riə] of 1.4 gm/24 hrs. A fasting morning blood glucose obtained the following day showed 320 mg/dl. A simultaneous spot urine showed 4 + glucose.

Questions

1. How do physiological [fiziə'lɔdʒikl] insulin levels change in a normal pregnancy?
2. What is the significance of the proteinuria (1.4 gm/24 hrs) in the 6th month of pregnancy?
3. What counselling would you give to a diabetic female that asks about the possibility of becoming pregnant?
4. What was wrong with the patient's diabetic condition in the 6th month?
5. How would you treat the patient now?
6. When should the patient be delivered?

Answers

1. During pregnancy in a normal or diabetic patient plasma insulin concentrations increase. This is caused by insulin antagonists secreted by the placenta. Another factor is relative insulin resistance.
2. Vascular ['væskjulə] changes similar to those of the eye-grounds (background retinopathy [reti'nɔpəθi]) may be anticipated in the patient's kidneys. The urinary protein excretion rate (normal: < 150 mg/24 hrs) obviously progressed from microalbuminuria to pathologic proteinuria. This is indicative [in'dikativ] of a progression of the diabetic nephropathy in the patient. (By the way, some centers consider background retinopathy in pregnancy an indication for treatment by insulin pump.)

3. Diabetic nephropathy is known to worsen during pregnancy. Therefore a diabetic with evidence of nephropathy (microalbuminuria, hypertension; perhaps even proteinuria and renal insufficiency [insə'fiʃənsi]) should be dissuaded from pregnancy.

Fortsetzung der Krankengeschichte: Die Patientin erhielt Anweisung, die gegenwärtige Behandlung fortzusetzen und den Arzt wöchentlich aufzusuchen.

Im 6. Schwangerschaftsmonat entwickelte die Patientin eine Hyperglykämie. Ihre morgendlichen Nüchtern-Blutzuckerwerte lagen zwischen 160 und 220 mg/dl. Wegen der Hyperglykämie wurde die Gesamtdosis von Insulin schließlich bis auf 70 IE pro Tag gesteigert. Das führte nachfolgend zu Beschwerden häufiger nächtlicher Schweißausbrüche und morgendlicher Kopfschmerzen. Gleichzeitig schien sich die Schwangerschaft normal zu entwickeln. Bei der Untersuchung des Augenhintergrundes zeigte sich jetzt eine Zunahme der Mikroaneurysmen. Eine morgendliche Urinprobe enthielt 1+ Aceton, aber keine Glukose. Die Proteinurie betrug 1,4 mg/24 Stdn. Am darauf folgenden Tag war der morgendliche Nüchtern-Blutzucker 320 mg/dl, der gleichzeitige Spontanurin zeigte 4+ Glukose.

Fragen

1. Wie verändern sich die physiologischen Insulinspiegel bei der normalen Schwangerschaft?
2. Was bedeutet die Proteinurie (1,4 gm/24 Stdn) im 6. Schwangerschaftsmonat?
3. Was würden Sie einer Diabetikerin empfehlen, wenn Sie von ihr gefragt würden, ob sie schwanger werden kann?
4. Was stimmte nicht mit dem Diabetes der Patientin im 6. Monat?
5. Wie würden Sie die Patientin jetzt weiterbehandeln?
6. Wann sollte die Patientin entbunden werden?

Antworten

1. Während der Schwangerschaft steigt der Plasmainsulinspiegel bei normalen und diabetischen Patientinnen. Die Ursache sind Insulinantagonisten aus der Plazenta. Außerdem liegt eine relative Insulinresistenz vor.
2. Ähnliche Gefäßveränderungen wie am Augenhintergrund („Background-Retinopathie") sind in den Nieren der Patientin zu erwarten. Die Urin-Eiweiß-Ausscheidung (normal < 150 mg/24 Stdn) hat sich offenbar von einer Mikroalbuminurie in eine pathologische Proteinurie verändert. Dies zeigt an, dass die diabetische Nephropathie bei der Patientin progredient verläuft. (Nebenbei bemerkt: Es gibt einige Zentren, die in der „Background-Retinopathie" bei Schwangerschaft eine Indikation zur Behandlung mit Insulinpumpe sehen.)
3. Von der diabetischen Nephropathie weiß man, dass sie sich während der Schwangerschaft verschlechtert. Einer Diabetikerin mit nachgewiesener Nephropathie (Mikroalbuminurie, Bluthochdruck; vielleicht sogar Proteinurie und Niereninsuffizienz) sollte man von einer Schwangerschaft abraten.

4. The patient exhibited the Somogyi effect. This term is used to describe a vicious [ˈviʃəs] circle: excessive exogenous [ekˈsɔdʒinəs] insulin (and in addition given at inappropriate [inəˈproupriit] intervals) precipitating hypoglycemia, followed by endogenous regulatory phenomena causing hyperglycemia and glycosuria which make the patient take even higher doses of insulin. In the case of this patient, the compulsiveness about control of hyperglycemia probably initiated this cycle. A second explanation is possible (DAWN-syndrome), but less likely, because it is not associated with ketones. The DAWN-syndrome is caused by a surge of counterregulatory hormones after about 4 am. It is characterized by early morning hyperglycemia.

5. Measure the blood glucose concentration more often. Attempt to increase the number of daily injections of insulin, including a night-time injection at 4 a.m. At the same time the physician should seek to decrease the total amount of insulin injected/24 hrs if possible.
6. Ideally the patient should deliver spontaneously. Delivery should not be permitted to take place after week 40; if that situation is threatening labor and delivery should be induced medically. Early delivery (i.e. before week 35) is complicated by a high rate of fetal [fiːtl] loss from prematurity [preməˈtjuəriti], while late delivery (after week 40) risks intrauterine [intrəˈjuːtərin] death.

Continuation of the case: On the more intensified treatment regimen the patient's insulin requirements were decreased to 55 units/day. From then on the further course of the pregnancy was uneventful and the patient delivered a healthy baby weighing 9 lbs. (approx. 4 kg; 1 lb = 0,45 kg) in the 38th week.

Language Used by Patients with Endocrine Diseases

giving oneself shots
to test one's own water
puffy face
chipped nails

my weight went down
cerebral palsy [səˈriːbrəl] [ˈpɔːlzi]
to get fits
bow legs

to crack a bone
hearing loss, deafness
to throw tantrums [ˈtæntrəms]

4. Die Patientin zeigte den Somogyi-Effekt. Damit umschreibt man einen Circulus vitiosus. Exzessive exogene Insulinzufuhr (obendrein in ungünstigen Intervallen gegeben) und dehalb Hypoglykämie, gefolgt von einer endogenen Gegenregulation mit Hyperglykämie und Glukosurie, die den Patienten veranlasst, noch höhere Insulinmengen zu spritzen. Im vorliegenden Fall wurde der Circulus vitiosus wahrscheinlich durch das zwanghafte Verhalten der Patientin, eine Hyperglykämie zu vermeiden, ausgelöst. Eine andere denkbare Erklärung ist das DAWN-Phänomen. Es ist aber weniger wahrscheinlich, da es nicht mit Ketonkörperbildung einhergeht. Das DAWN-Phänomen beruht auf dem Anstieg hormoneller Gegenregulatoren etwa um 4 Uhr früh. Es zeichnet sich aus durch frühmorgendliche Hyperglykämie.
5. Häufigere Insulininjektionen, darunter eine nächtliche Injektion um 4 Uhr morgens. Gleichzeitig sollte der Arzt die Gesamtmenge des täglich gespritzten Insulins nach Möglichkeit zu reduzieren versuchen.
6. Die Patientin sollte idealerweise in der 38. Schwangerschaftswoche entbinden. Die Entbindung sollte keinesfalls nach der 40. Woche stattfinden; droht ein solcher Fall einzutreten, sollte die Geburt medizinisch eingeleitet werden. Einer frühzeitigen Entbindung (d. h. vor der 35. Woche) steht die hohe Inzidenz des Kindstodes aufgrund von Unreife entgegen, während eine späte Entbindung (nach der 40. Schwangerschaftswoche) mit dem Risiko eines intrauterinen Fruchttodes belastet ist.

Fortsetzung der Fallgeschichte: Unter weiter intensivierter Insulintherapie sank der Insulinbedarf der Patientin auf 55 IE pro Tag. Von da an war der weitere Verlauf der Schwangerschaft regelrecht. Die Patientin entband in der 38. Schwangerschaftswoche. Das Neugeborene war gesund und wog 8,3 Pfund.

Einige umgangssprachliche Ausdrücke bei endokrinen Erkrankungen

sich spritzen
den eigenen Urin testen
aufgedunsenes Gesicht
abgebrochene Fingernägel

ich verlor an Gewicht
Hirnschaden
Anfälle bekommen
O-Beine

sich einen Knochen brechen
Gehörverlust, Schwerhörigkeit
Gefühlsausbrüche haben

Specific Medical Terms in Endocrinology

the pituitary [pi'tjuitəri]
the "panhypopit" ['pænhaipou'pit]
emaciation
fatiguability [fəti:gə'biliti]
inanition

---

the severing of the pituitary stalk in a skull fracture
the flabby musculature of panhypopituitarism [pænhaipoupi'tju:ətərizm]
the failure of lactation in post-partum panhypopituitarism

pallor of the skin

---

the gigantism of acromegaly [ækrou'megəli]
the tufting of the terminal phalanges [fə'lændʒi:z] in acromegaly

---

the aberrant localization of a thyroid gland
thyroid ['θairɔid] nodules
pretibial myxedema
the muscle wasting of hyperthyroidism
the facial flushing and warm, velvety skin of Graves' disease
an exophthalmos should be tested for resiliency
the brittle hair, slow cerebration, and deep coarse voice of myxedema

---

the moon face, buffalo hump, and pendulous abdomen of Cushing's syndrome

the recession of the hairline caused by 17-ketosteroids
baldness
the intracellular K^+ shift of periodic paralysis

---

epinephrine/adrenaline (Brit.)
the wrist drop and foot drop of long-standing diabetes
the hyperalgesia or hyperesthesia of long-standing diabetes

---

the mental retardation of long-standing hypoparathyroidism
the glove-and-stocking skin lesions of pellagra

the pigeon breast of vitamin D deficiency

---

dwarfism
goiter
Graves' disease
scurvy
gout

Spezifische medizinische Ausdrücke bei endokrinologischen Erkrankungen

die Hirnanhangsdrüse
der Patient mit Panhypopituitarismus
Abmagerung
Ermüdbarkeit
Schwäche, Entkräftung

---

die Durchtrennung des Hypophysenstiels durch eine Schädelfraktur
die wabbelige Muskulatur bei Panhypopituitarismus
die ausbleibende Milchproduktion (der Brustdrüse) bei postpartalem Panhypopituitarismus
Hautblässe

---

der Riesenwuchs der (jugendlichen) Akromegalie
die knöchernen Auftreibungen der Fingerendglieder bei Akromegalie

---

die ektopische Lage einer Schilddrüse
Schilddrüsenknoten
prätibiales Myxödem
der Muskelschwund bei Hyperthyreoidismus
die Gesichtsröte und die warme, samtene Haut bei Morbus Basedow
bei Exophthalmus die Elastizität des retroorbitalen Gewebes testen
das brüchige Haar, die Schwerfälligkeit im Denken und die tiefe, raue Stimme bei Myxödem

---

das Mondgesicht, der Büffelnacken und die abdominelle Fettschürze des Cushing-Syndroms
das Zurückweichen der Haarlinie durch 17-Ketosteroide
die Glatze, Haarverlust
die Kaliumumverteilung in die Zellen bei der periodischen (hypokaliämischen) Paralyse

---

Adrenalin
die Fallhand und der Fallfuß nach langem Diabetes
die Schmerzüberempfindlichkeit oder Gefühllosigkeit bei langem Diabetes

---

die Verblödung bei chronischem Hypoparathyreoidismus
die pellagrabedingten Hautveränderungen in einem Strumpf- und Handschuhmuster
die Hühnerbrust, welche bei Vit.-D-Mangel zu beobachten ist

Zwergwuchs
Kropf
Morbus Basedow
Skorbut
Gicht

4.7 A Policeman with Chest Pain

A 47 y o policeman was taken to the emergency room because of substernal chest pains.

The attack began 45 min before admission, while he was on the phone. The pain radiated to his back and did not budge until admission. It was accompanied by shortness of breath, dizziness, and nausea; he vomited once.

The patient's wife reported that he had had a similar attack 2 hours before while lifting a case of beer. Furthermore, on the morning of this day the patient had had a fainting spell, followed by palpitations and restlessness.

The patient had a past medical history of high blood pressure. Family history: his father died suddenly at 51 years of age.

Physical examination: In the emergency room the patient was in acute distress from severe chest pain. He moaned and groaned continually and was profusely diaphoretic and cyanotic. The temperature was 97 °F (36.8 °C).

The patient was an obese [ou'bi:s] male (148 lbs/5'2") looking much older than his stated age. During the exam he temporarily lost consciousness.

The BP was 70/40 mmHg, the pulse rate was 134/min and irregular.

The physical exam of heart, skin, lung, abdomen, and extremities was unremarkable. Cardiac auscultation was also unremarkable.

Lab: EKG was normal.

Question

What possible diagnoses do you think of and what would you do to confirm them at this point?

Answers

Myocardial infarction (EKG, cardiac enzymes, monitoring in the coronary care unit);

Pulmonary embolism (arterial blood gases, examine legs);

Pericardial tamponade (search for a pericardial friction rub in different positions of the patient in bed; search for "square root" abnormality of the internal jugular venous pulse.

4.7 Ein Polizist mit Brustschmerzen

Ein 47-jähriger Polizist wurde in die Notaufnahme eingeliefert wegen substernaler Brustschmerzen.

Der Anfall hatte vor 45 Minuten plötzlich während eines Telefongespräches eingesetzt. Der Schmerz strahlte in den Rücken aus und hielt unvermindert an. Gleichzeitig traten Kurzatmigkeit, Schwindel und Übelkeit auf; der Patient erbrach einmal.

Seine Ehefrau berichtete, dass 2 Stunden vorher ein ähnlicher Anfall aufgetreten sei, als der Patient einen Kasten Bier hob. Am Morgen hatte der Patient einen Ohnmachtsanfall gehabt, gefolgt von Herzklopfen und Ruhelosigkeit.

In der Vorgeschichte des Patienten war ein Hochdruck bekannt. Familienvorgeschichte: Der Vater des Patienten war im Alter von 51 Jahren plötzlich verstorben.

Körperliche Untersuchung: In der Notaufnahme wirkte der Patient akut krank und klagte über schwere Brustschmerzen. Er jammerte und stöhnte ständig, war schweißgebadet und zyanotisch. Seine Körpertemperatur betrug 36,8 °C.

Der Patient, ein korpulenter Mann (67 kg/1,55 m), wirkte deutlich vorgealtert. Während der Untersuchung verlor er vorübergehend das Bewusstsein.

Der Blutdruck betrug 70/40 mmHg, der Puls war unregelmäßig und betrug 134/min.

Im Übrigen war die körperliche Untersuchung von Herz, Haut, Lunge, Abdomen und Extremitäten unauffällig. Die Auskultation des Herzens ergab ebenfalls kein pathologisches Ergebnis.

Laborergebnisse: Das EKG war unauffällig.

Fragen

An welche Diagnose denken Sie, und was würden Sie jetzt tun, um diese zu erhärten?

Antworten

Herzinfarkt (EKG, Herzmuskelenzyme, Beobachtung auf der Intensivstation);

Lungenembolie (arterielle Blutgase, Beinuntersuchung auf Venenthrombose);

Perikardtamponade (Suche nach perikardialem Reibegeräusch, dabei den Patienten in verschiedenen körperlichen Haltungen im Bett auskultieren; prüfen, ob ein sog. Quadratwurzelpuls der inneren Jugularvenen vorliegt).

Dissecting aneurysm of the aortic arch (compare the arterial pulses in both arms and both carotid arteries, search for vascular bruits; chest X-ray to assess widening of the mediastinum; ultrasound of aortic valve).

Continuation of the case: 15 min after admission to the emergency room while the medical staff was pondering the best mode of action the patient lost consciousness. He was found to have no pulse and no measurable blood pressure. Therefore the patient was given cardiopulmonary resuscitation (CPR).

During the attempted resuscitation the patient had a sinus tachycardia by EKG, but the tracing was otherwise unremarkable. He continued to be without measurable blood pressure and was also apneic [æp'ni:ik]. Attempts at raising his blood pressure by treatment with intravenous normal saline, dopamine, and angiotensin II were all unsuccessful.

The patient's pupils remained dilated and unresponsive to light throughout the CPR. After 20 min of treatment the CPR was therefore stopped and the patient pronounced dead.

Question

Which of the above mentioned differential diagnoses offers the best explanation for this clinical course?

Answer

A postmortem examination was performed. The patient was found to have a dissecting aneurysm of the aortic arch. The aneurysm stretched to involve the area of the aortic valve, but it did not extend into the abdomen. The aneurysm was fresh, and bleeding had occurred into the pericardial sac. In the initial evaluation in the emergency room, it might have been helpful to examine the radial pulses more carefully. It remained unclear why there was neither an aortic regurgitation heard during the initial cardiac auscultation, nor a square root abnormality of the internal jugular venous pulse recognized.

Specific Terminology a Cardiac Patient May Use

I became sick to my stomach
I felt like suffocating ['sʌfəkeitiŋ]
I felt this terrible ache
...like someone standing on my chest
...like someone gripping my chest

Dissezierendes Aneurysma des Aortenbogens (man vergleiche die Arterienpulse beider Arme und Karotisarterien, man suche nach Gefäßgeräuschen; Thorax-Röntgenbild, um eine Mediastinalverbreiterung erkennen zu können; Ultraschall der Aortenklappe).

Fortsetzung der Krankengeschichte: 15 Minuten nach Eintreffen des Patienten in der Notaufnahme verlor der Patient abermals das Bewusstsein, während die Dienstärzte noch über die beste Vorgehensweise berieten. Er hatte jetzt keinen tastbaren Puls und keinen messbaren Blutdruck mehr. Daraufhin wurde eine Wiederbelebungsbehandlung durchgeführt.

Während dieser Maßnahmen zeigte das EKG eine Sinustachykardie, aber sonst keine Auffälligkeiten. Der Patient blieb jedoch ohne messbaren Blutdruck und ohne Spontanatmung. Flüssigkeitsgabe in Form von intravenöser isotonischer Kochsalzlösung sowie intravenöses Dopamin und Angiotensin II waren alle erfolglos.

Die Pupillen des Patienten blieben dilatiert und starr (sie zeigten keine Lichtreaktion während der Wiederbelebung). Nach 20 Minuten wurden die Wiederbelebungsversuche beendet und der Patient für tot erklärt.

Frage

Welche der oben genannten Differenzialdiagnosen bietet die beste Erklärung für diesen klinischen Verlauf?

Antwort

Der Patient wurde obduziert. Man fand ein dissezierendes Aneurysma des Aortenbogens. Das Aneurysma hatte sich bis in die Gegend der Aortenklappe ausgedehnt, aber es reichte nicht bis in das Abdomen. Das Aneurysma war frisch und hatte in die Perikardhöhle geblutet. Bei der Erstuntersuchung in der Notaufnahme wäre es sinnvoll gewesen, die Radialispulse sorgfältiger zu tasten. Es blieb unklar, weshalb klinisch weder eine auskultatorische Aorteninsuffizienz noch ein „Quadratwurzelpuls" der inneren Jugularvenen aufgefallen war.

Umgangssprachliche Ausdrücke von Herzpatienten

mir wurde übel
mir war, als ob ich erstickte
ich fühlte einen schrecklichen Schmerz
… als ob einer auf meinem Brustkorb stünde
… als ob jemand meinen Brustkorb umklammerte

I had a crushing [krʌʃiŋ] chest pain
I was dizzy, I felt woozy, I had a blackout
I had butterflies in my chest, my heart made funny jumps
I had a throbbing in my chest

my pain felt like a pin, a stab, a tear…
my pain disappeared when I rested
swollen ankles, down in the morning, worse in the evening
dry, hacking cough, especially at night

I sleep on several pillows
I have lost my appetite for all kinds of food and my weight has gone down by 15 pounds in 3 weeks
my belly swelled up a lot recently
I have low blood; I have high blood; I have bad blood

I have had a coronary before
I had cold sweats all over
I take water pills (diuretics)
I felt weak and dizzy all over

Specific Medical Terms in Cardiac Illnesses

pericardial effusion, empyema [empai'iːmə], tamponade
cardiac valves, leaflets of the valves
valvular stenosis, valvular insufficiency
the cardiac conduction system, intraventricular bundles, bundle branches

sinus node ['sainəs] [noud], AV node
cardiac shadow (with specific curvatures) on chest X-ray
cardiac catheter, coronary catheter
pulmonary artery wedge pressure, Swan-Ganz catheter

EKG: limb leads, precordial leads, main QRS axis, left/right anterior hemiblock, bundle branch block [bʌndl] [braːntʃ] [blɔk]
atrial premature beat
atrial fibrillation ['eitriəl] [faibri'leiʃən]
pacemaker for complete heart block

cardiac auscultation; blowing murmur: high frequency (e.g. AI *a*ortic *i*nsufficiency)
rumbling murmur: low frequency (e.g. mitral stenosis)
harsh murmur: crescendolike (e.g. aortic stenosis)
sounds, extra sounds, murmurs, clicks, pericardial friction rub

ich hatte erdrückende Schmerzen in der Brust
mir war schwindlig, komisch, mir wurde schwarz vor den Augen
ich hatte so ein Flattern in der Brust, mein Herz machte so komische Sprünge
ich hatte ein dumpfes Klopfen in der Brust

Schmerzen wie Nadelstiche, wie ein Messerstich, wie ein Reißen
die Schmerzen verschwanden, wenn ich mich ausruhte
geschwollene Füße, morgens nur wenig, abends stärker
trockener Husten, besonders nachts

ich schlafe auf mehreren Kopfkissen
ich bin völlig appetitlos und habe in 3 Wochen 13,6 Pfund an Gewicht verloren

mein Bauch ist seit kurzem sehr aufgeschwollen
ich habe Blutarmut; Bluthochdruck; Diabetes (oder Geschlechtskrankheiten)

ich hatte schon mal einen Herzanfall oder Herzinfarkt
ich war in kaltem Schweiß gebadet
ich nehme Wasser treibende Pillen (Diuretika)
ich fühlte mich total schlapp und schwindlig

Spezielle medizinische Ausdrücke bei Herzerkrankungen

Herzbeutelerguss, -empyem, -tamponade
Herzklappen, Segel der Herzklappen
Herzklappenstenose, Herzklappeninsuffizienz
das kardiale Reizleitungssystem, die Schenkel des Reizleitungssystems, die Ausstrahlungen der Schenkel

der Sinusknoten, der AV-Knoten
der Herzschatten mit seinen speziellen Kurvaturen auf dem Thorax-Röntgenbild
der Herzkatheter, der Koronararterienkatheter
der Lungenkapillardruck, der Swan-Ganz-Katheter

EKG; Extremitätenableitungen, präkordiale Ableitungen, QRS-Achse, überdrehter Rechtstyp und überdrehter Linkstyp, Schenkelblock
atriale Extrasystole
absolute Arrhythmie
Herzschrittmacher für kompletten Herzblock

Herzauskultation; blasendes Geräusch: hochfrequent (z. B. Aorteninsuffizienz)

rumpelnd: niederfrequent (z. B. Mitralstenose)
rau: crescendoähnlich (z. B. Aortenstenose)
Herztöne, Zusatztöne, Herzgeräusche, Klick-Geräusche, perikardiales Reibegeräusch

congestive cardiac failure; engorgement of jugular veins
pleural effusion (free or loculated [ˈlɔkjəleitid])
pulmonary congestion (Kerley B lines), pulmonary edema
orthopnea, paroxysmal nocturnal dyspnea

mitral opening snap
apex beat: e.g. dyskinetic, displaced laterally and thrusting
bicuspid aortic valve

mycotic aneurysm (e.g. of the aortic sinus into the ® atrium) after/during bacterial endocarditis
clubbing [ˈklʌbiŋ] of the fingers
petechiae of skin, splinter hemorrhages of nail beds in subacute bacterial endocarditis

pre-excitation syndrome (WPW)
myocardial infarction [maiouˈkaːdiəl] [inˈfaːkʃən]
HOCM

patent ductus arteriosus
coarctation of the aorta (rib notching)
cystic medial necrosis of the aorta
pericarditis (amebic, ecchinococcal, viral, etc.)

The Following is an Outline of Resuscitation in Adults (CPR)

Call for help, place patient supine [ˈsjuːpain] and on a firm support.

Check the patient's state of consciousness. Then do the following:

A: Airway: open the airway manually, place a mouth tube (Guedel airway (Brit.).

B: Breathing: start rescue breathing, attempt mouth to mouth ventilation or bag-valve-mask technique. Endotracheal intubation as needed.

C: Circulation: in the absence of any spontaneous movements or respirations: perform external chest compression (the cycle ought to consist of 15 compressions followed by breathing two times).
compression rate of 100/min; do not stop CPR > 5 s.

Place a large bore [laːdʒ] [bɔː] iv needle (peripherally or centrally), try to avoid interruption of cardiac compression during any such maneuvres.
Give 100% oxygen at all times.
Try to obtain an EKG.

Give epinephrine in: asystole, electromechanical dissociation (give iv 1 mg = 10 cc of a 1 : 10000 solution). Epinephrine may also be given in ventricular fibrillation after 3 attempts to stabilize the cardiac rhythm by D/C shocks.

An alternative to giving epinephrine consists of injecting vasopressin, 40 I.U. iv.

Herzversagen: Jugularvenenstau
Pleuraerguss (frei oder verkapselt)
Lungenstauung (Kerley-B-Linien), Lungenödem
Orthopnoe, paroxysmale nächtliche Dyspnoe

Mitralöffnungston
Herzspitzenstoß: z. B. dyskinetisch oder nach lateral verlagert und hebend
die biskuspide Aortenklappe

---

mykotisches Aneurysma (z. B. vom Aortenklappensinus in den rechten Vorhof) nach oder während bakterieller Endokarditis
Trommelschlegelfinger
Petechien der Haut, streifenförmige Nagelbetthämorrhagien bei subakuter bakterieller Endokarditis

---

Wolff-Parkinson-White-Syndrom
Herzinfarkt
hypertrophe obstruktive Kardiomyopathie

---

der offene Ductus arteriosus
die Aortenisthmusstenose; Rippenusuren
Marfan-Syndrom
Perikarditis (durch Amöben, Echinokokken, Viren usw.)

Die wichtigsten Vorgänge bei der Wiederbelebung eines Erwachsenen

Zuerst rufe man Hilfe, lege den Patienten auf eine feste Unterlage und auf den Rücken.

Danach wie folgt vorgehen: Bewusstseinszustand des Patienten prüfen.

A: Atemwege: Man öffne den Mund und lege einen oralen Tubus (Guedel-Tubus i. UK) ein.

B: Beatmung: Man beginne mit der Notbeatmung, man versuche zuerst Mund-zu-Mund-Beatmung oder eine Beatmung mit dem Ambo-Beutel; ggf. endotracheale Intubation.

C: Kreislauf: bei Abwesenheit von spontanen Bewegungen und von Spontanatmung: man führe Herzmassage durch (der Zyklus sollte aus 15 Kompressionen bestehen, danach zweimal „Atmen"); etwa 100 Herzmassagen/min anstreben; Herzmassage nicht länger als 5 s unterbrechen.

Einen großkalibrigen peripheren oder zentralen Zugang legen; während solcher Maßnahmen die Herzmassage möglichst nicht unterbrechen.
Während der ganzen Zeit 100% Sauerstoff geben.
Versuchen Sie ein EKG zu machen.

Adrenalin: soll gegeben werden bei Asystolie oder elektromechanischer Dissoziation (man gibt 1 mg = 10 ml einer 1:10 000 verdünnten Adrenalinlösung iv). Bei Ventrikelflimmern kann man Adrenalin geben, nachdem 3 D/C Elektroschocks erfolglos geblieben sind.
Alternativ zu Adrenalin kann man Vasopressin spritzen (40 I.U. iv).

Attempt to obtain blood gases and ventilate appropriately.

R_x atropine iv 0.5 mg in bradyarrhythmia or in asystole; an alternative treatment consists of placing a temporary pacemaker. R_x amiodarone, 5 mg/kg as a bolus in ventricular tachycardia or ventricular fibrillation.
R_x dopamine in hemodynamically significant hypotension, which is not secondary to hypovolemia, give 5–15 µg/kg/min iv of the dopamine.

Electrical defribrillation: termination of an arrhythmia by an unsynchronized D/C shock (usually ventricular fibrillation).
Electrical cardioversion: synchronized D/C current; utilized for the conversion to normal sinus rhythm of arrhythmias other than ventricular fibrillation.

Method: moisten paddles with saline or EKG gel, place one paddle over sternum, the other over the apex of the heart, ask everyone to step back from the patient's bed, and then press the knobs on the handles of the paddles to trigger the discharge [dis'tʃaːdʒ].

4.8 A Young Woman with Thrombocytopenia and Continuing Fever

A 23 year old woman was admitted to the hospital because of persistent fever with diarrhea.

The patient was well until 5 weeks earlier, when nausea, headache, myalgia and watery diarrhea began, and her temperature rose as high as 41 °C. She consulted a physician who made a diagnosis of a viral syndrome and prescribed symptomatic treatment. Fever and diarrhea persisted. Vomiting occurred. She had a sore throat and enlarged, tender cervical lymphnodes. She returned to her physician, who found that the temperature was 40.3 °C. She was admitted to the hospital.

The patient resided in a trailer with her family. In the area, mosquitoes and ticks were abundant and the drinking water often had an unpleasant odour and taste. Two months before the patient had had a miscarriage at home. Four weeks before she was bitten on the hand by a rabbit at a farm fair. Two weeks before entry she ate eggs in a restaurant where 11 persons contracted salmonella infection on the same day from consuming eggs. The patient's husband had used illicit drugs intravenously in the past. Two adult cats, one of which had just delivered a litter, shared the patient's home. There was no history of recent travel, recent exposure to infected persons, use of medications other than penicillin, receipt of

Man sollte versuchen, Blutgase zu bestimmen und den Patienten adäquat zu beatmen.

Atropin: Man gibt 0,5 mg i.v. bei Bradyarrhythmie oder bei Asystolie; alternativ kann man einen temporären Herzschrittmacher legen. Amiodarone: 5 mg/kg als Bolusinjektion bei ventrikulärer Tachykardie oder Kammerflimmern.

Dopamin: 5–15 µg/kg/min i.v. bei signifikantem Blutdruckabfall, sofern dieser nicht auf einen Volumenmangel zurückzuführen ist.

Defibrillation: Beendigung einer Arrhythmie durch einen unsynchronisierten Elektroschock, gewöhnlich bei Kammerflimmern angewandt.

Kardioversion: synchronisierter Elektroschock; wird angewandt für die Umwandlung einer Arrhythmie in normalen Sinusrhythmus, vorausgesetzt, es handelt sich nicht um ein Kammerflimmern.

Durchführung: Man befeuchte die Elektroden mit Kochsalz oder Elektroden-Gel; man platziere eine Elektrode in der Gegend des Sternums, die andere in der Gegend der Herzspitze; man fordere alle Beteiligten auf, vom Patientenbett zurückzutreten; dann drücke man die Elektrodenknöpfe und löse die elektrische Entladung aus.

4.8 Eine junge Frau mit Thrombozytopenie und anhaltendem Fieber

Eine 23 Jahre alte Frau wurde wegen anhaltenden Fiebers mit Durchfällen ins Krankenhaus aufgenommen.

Die Patientin fühlte sich bis 5 Wochen vor Aufnahme wohl. Dann setzten Übelkeit, Kopfschmerzen, Muskelschmerzen und wässrige Durchfälle ein. Sie hatte Fieber bis 41 °C. Sie suchte einen Arzt auf, der ein Virussyndrom diagnostizierte und symptomatisch behandelte. Das Fieber und die Durchfälle hielten jedoch an. Außerdem bekam die Patientin Erbrechen, Halsschmerzen und vergrößerte schmerzhafte Halslymphknoten. Sie stellte sich erneut bei dem Arzt vor, der jetzt eine Temperatur von 40,3 °C feststellte. Er wies die Patientin ins Krankenhaus ein.

Die Patientin lebte mit ihrer Familie in einem Wohnwagen. In der Gegend gab es reichlich Mücken und Zecken. Das Trinkwasser hatte oft einen schlechten Geruch und Geschmack. Vor 2 Monaten hatte die Patientin zu Hause eine Fehlgeburt gehabt. Vor 4 Wochen war sie bei einer Bauernkirmes von einem Kaninchen in die Hand gebissen worden. Vor 2 Wochen hatte sie in einem Restaurant eine Eierspeise gegessen; am gleichen Tag zogen sich 11 Personen in diesem Restaurant eine Salmonelleninfektion aufgrund von Eierspeisen zu. Der Mann der Patientin hatte in der Vergangenheit intravenös Drogen gespritzt. Im Wohnwagen der Patientin gab es zwei ausgewachsene Katzen, von denen eine gerade Junge

blood transfusions, personal abuse of illicit drugs, or recent cat scratches or bites by ticks, rats or bats. The patient denied having sexual partners other than her husband. He and their two children were currently well.

Physical examination: On examination at admission to the hospital the patient appeared pale and acutely ill. She was lethargic but was easily aroused. No rash was detected. The head was normal. The neck was supple. Submandibular lymphadenopathy was noted bilaterally but no abnormal lymphnodes were palpated in the axillary or inguinal regions. The lungs were clear. A grade 2 systolic ejection murmur was heard along the left sternal border. The breasts were normal. Abdominal examination was negative. No organs, masses or costovertebral angle tenderness were detected. There was no peripheral edema, clubbing, or cyanosis, and the peripheral pulses were intact. On neurologic examination the patient was somnolent and unable to give details of her past history. Her speech was fluent and she was oriented to the month but not to the day. Diffuse weakness was noted, without focal abnormalities.

Lab: The urine was normal except that the sediment contained 15 white cells and small numbers of bacteria per high power field. The hematocrit was 41%. The white cell count was 2700, with 60% neutrophiles, 11% band forms, 24% lymphocytes and 6% monocytes. The platelet count was 75 000 and the erythrocyte sedimentation rate was 43 mm/h. The renal function, the liver function tests and the electrolytes were normal. The GGT (gammaglutamyltranspeptidase) was elevated at 295 units/liter. An electrocardiogram showed sinus tachycardia at a rate of 105. X-ray films of the chest revealed a patchy infiltrate in the lingula and the right middle lobe. The heart and mediastinum appeared normal.

Question

How would you proceed at this stage?

Answer

In this situation, cultures should be obtained from all available sites, serologic tests for viral infections should be taken and all suspicious [səs'piʃəs] areas of the body should be evaluated further.

bekommen hatte. In der Vorgeschichte waren keine Hinweise auf kürzlich erfolgte Reisen, sonstige Infektionsexposition, Medikamentengebrauch (außer Penicillin), Bluttransfusionen, persönlichen Drogenabusus, kürzlich erlittene Kratzer durch Katzen oder Bisse von Zecken, Ratten oder Fledermäusen zu verzeichnen. Die Patientin verneinte jeglichen Geschlechtsverkehr außer mit ihrem Ehemann. Der Ehemann und die beiden Kinder waren zurzeit gesund.

Körperliche Untersuchung: Bei der Aufnahmeuntersuchung im Krankenhaus war die Patientin blass und krank. Sie erschien lethargisch, war aber leicht erweckbar. Es wurde kein Hautausschlag beobachtet. Der Kopf war unauffällig. Der Nacken war frei beweglich, man fand submandibulär vergrößerte Lymphknoten. In den Axillen und Leisten waren jedoch keine vergrößerten Lymphknoten tastbar. Die Lungen waren unauffällig. Am linken Sternalrand hörte man ein systolisches Austreibungsgeräusch 2. Grades. Die Brustuntersuchung war normal. Das Abdomen war unauffällig; Organvergrößerungen, Tumoren oder Nierenlagerschmerzen wurden nicht beobachtet. Die Patientin hatte weder Knöchelödeme noch Trommelschlegelfinger oder Zyanose. Die arteriellen Pulse waren normal. Während der neurologischen Untersuchung war die Patientin somnolent, sie konnte keine Details ihrer Vorgeschichte berichten. Ihre Sprache war flüssig, sie war orientiert bezüglich des aktuellen Monats, konnte aber den Tag nicht angeben. Sie hatte eine allgemeine Muskelschwäche. Es waren keine fokalen Störungen vorhanden.

Labor: Bei den Laboratoriumstests war die Urinprobe unauffällig bis auf 15 Leukozyten pro Gesichtsfeld im Urinsediment. Der Hämatokrit lag bei 41%. Die Leukozytenzahl betrug 2700, wovon 60% Neutrophile, 11% Stäbchenformen, 24% Lymphozyten und 6% Monoztyen waren. Das Blutbild zeigte 75 000 Plättchen. Die BSG betrug 43 mm/h. Nierenfunktion, Leberfunktionstests und Elektrolyte waren normal. Die GGT wurde mit 297 U/l erhöht gefunden. Im EKG lag eine Sinustachykardie mit 105 Schlägen/min vor. Auf den Thorax-Röntgenbildern zeigte sich ein fleckiges Infiltrat in der Lingula und im rechten Mittellappen. Herz und Mediastinum waren normal.

Frage

Wie würden Sie an dieser Stelle weiter vorgehen?

Antwort

Es sollten Kulturen aller erreichbaren Körperflüssigkeiten gewonnen werden; man sollte serologische Tests für Virusinfektionen durchführen; alle verdächtigen Organe und Körperteile sollten näher abgeklärt werden.

Continuation of the case: A lumbar puncture was performed and yielded clear, colourless cerebrospinal fluid that contained 2 red cells and 41 white cells /mm^3. 97% of the white cells were lymphocytes. A culture of the cerebrospinal fluid failed to grow out organisms. – Specimens of blood, urine and stool were obtained for culture. Fluid and electrolytes were administered by vein and the patient was observed without antibiotic treatment. During the next 2 days the temperature rose as high as 41.6 °C and antibiotic treatment was begun. During the hospital stay the patient received at various times cefazolin, metronidazole, chloramphenicol, ciprofloxacin, tobramycin, vancomycin, and erythromycin, but she remained febrile. The diarrhea subsided after several days. The patient did not cough or produce sputum. Repeated cultures of blood and urine yielded no microorganisms. The stool culture gave no growth of pathogenic bacteria, and microscopical examination of the stool for ova and parasites was negative. On the 5th hospital day the hematocrit was 30%. The white cell count was 2100, with 52% neutrophiles, 14% band forms, 25% lymphocytes and 9% monocytes. The platelet count was 67 000 and the erythrocyte sedimentation rate was 50 mm/h. A tuberculin skin test was negative. Another X-ray film of the chest showed clearing of the infiltrates and was interpreted as within normal limits. Tests for hepatitis B surface antigen, hepatitis B core antibodies, hepatitis A antibodies, cold agglutinins, antinuclear antibodies, and antimitochondrial antibodies were negative. A computed tomographic scan (CT) of the abdomen and pelvis, performed with intravenous contrast material, disclosed that the spleen was at the upper limit of normal in size, as was the liver. The retroperitoneum, urinary tract, and pelvic organs were normal. An ultrasonographic study of the gall bladder was technically suboptimal because of apparent contraction of the gall bladder, but there was a suggestion of several gall stones giving ultrasonic shadows. On the 12th hospital day a total body gallium scan showed no localization of the radionuclide in a potentially septic source.

Question

What further steps would you take now?

Answer

A bone marrow aspiration might be the most useful test in this situation.

Continuation of the case: Microscopical examination of a biopsy specimen of the bone marrow was reported to be negative. Examination of a cervical lymph-node biopsy specimen was reported to show only lymphoid hyperplasia. Cultures of both biopsy specimens yielded no microorganisms. – A test of the patient's husband for antibodies to human immunodeficiency virus (HIV) was reported to

Fortsetzung der Fallgeschichte: Die Lumbalpunktion erbrachte einen klaren, farblosen Liquor. Er enthielt 2 Erythrozyten und 41 Leukozyten/mm^3. 97% davon waren Lymphozyten. In der Liquorkultur wuchsen keine Bakterien. – Blut-, Urin- und Stuhlproben wurden für weitere Kulturen gewonnen. Die Patientin wurde intravenös mit Flüssigkeit und Elektrolyten behandelt und zunächst ohne Antibiotika beobachtet. Während der folgenden beiden Tage stieg die Temperatur auf 41,6 °C. Man begann mit einer antibiotischen Behandlung. Im Folgenden erhielt die Patientin zu verschiedenen Zeiten Cefazolin, Metronidazol, Chloramphenicol, Ciprofloxacin, Tobramycin, Vancomycin und Erythromycin, ohne dass ihr Fieber verschwunden wäre. Die Durchfälle hörten nach einigen Tagen auf. Die Patientin hatte weder Husten noch Auswurf. Die wiederholten Blut- und Urinkulturen erbrachten kein bakterielles Wachstum. Ebenso fand man in der Stuhlkultur kein Wachstum pathologischer Bakterien. Die mikroskopische Stuhluntersuchung auf Wurmeier und Parasiten war negativ. – Am 5. Krankenhaustag war der Hämatokrit auf 30% gefallen. Das weiße Blutbild ergab 2100 Leukozyten mit 52% Neutrophilen, 14% Stäbchen und 25% Lymphozyten, bei 9% Monozyten. Die Plättchen waren auf 67000 abgefallen und die BSG auf 50 mm/h angestiegen. Ein Tbc-Hauttest war negativ. Wiederholte Thorax-Röntgenbilder waren normal. – Serumtests für das Hepatitis-B-Oberflächenantigen (HB_sAg), HB_c-Antikörper, Hepatitis-A-Antikörper, Kälteagglutinine, antinukleäre und antimitochondriale Antikörper waren sämtlich negativ. Ein CT von Abdomen und kleinem Becken mit intravenösem Kontrast zeigte lediglich eine an der Obergrenze der Norm vergrößerte Milz. Das Gleiche traf auf die Leber zu. Retroperitoneum, Harnwege und Beckenorgane waren unauffällig. Eine Ultraschalluntersuchung der Gallenblase war technisch unbefriedigend wegen kontrahierter Gallenblase, aber man fand Hinweise auf mehrere Gallensteine mit Schallschatten. – Am 12. Krankenhaustag wurde ein Galliumscan durchgeführt. Dabei fand man keine Lokalisation des Galliums über einer potenziellen Sepsisquelle.

Frage

Welche weiteren Schritte würden Sie jetzt vorschlagen?

Antwort

In dieser Situation könnte eine Knochenmarksuntersuchung nützlich werden.

Fortsetzung der Fallgeschichte: Die mikroskopischen Untersuchungen der Knochenmarksprobe waren unauffällig. Untersuchungen einer Halslymphknotenbiopsie zeigten lediglich lymphoide Hyperplasie. Die aus beiden Biopsien gewonnenen Kulturen erbrachten kein bakterielles Wachstum. – Ein HIV-Test des Ehemanns der Patientin war angeblich negativ. – Bei einem oralen Cholezysto-

be negative. – An oral cholecystographic examination revealed faint opacification of the gall bladder, with multiple gall stones. – Assays for the presence of the human immunodeficiency virus type 1 (HIV-1) in samples of the patient's blood and cerebrospinal fluid were obtained. HIV-1 antigen was detected at a level of 9.2 pg/ml in the cerebrospinal fluid but was absent in the serum. Viral cultures of blood and cerebrospinal fluid were positive after 5 days of cocultivation with stimulated normal human peripheral blood leucocytes. An ELISA for HIV-1 was weakly positive on repeated tests and was confirmed by Western-blot analysis. – After the results of those diagnostic studies were discussed with the patient, additional history was obtained of a heterosexual contact with an intravenous drug abuser approximately 4 weeks before the onset of her symptoms.

Comment: The patient's findings are compatible with the diagnosis of acute HIV-1 infection with associated meningoencephalitis. Most symptomatic patients present with a mononucleosis-like illness with fever, lethargy, malaise, pharyngitis, myalgia, arthralgia, headache and lymphadenopathy. Rashes have been observed frequently during primary HIV-1 infection, and include an erythematous macular or mixed macular-papular rash, a roseola-like exanthematous rash, and a vesicular exanthem and enanthem. Gastrointestinal symptoms, including nausea, vomiting, diarrhea and abdominal pain are found in a minority of patients. A spectrum of neurologic involvement ranging from mild headaches and photophobia to severe meningoencephalitis has been observed in patients with acute HIV-1 infection. – Characteristic laboratory findings during primary HIV-1 infection include transient leucopenia, an atypical lymphocytosis, thrombocytopenia, and elevation in the alkaline phosphatase activity, but these abnormalities are nonspecific and may be seen in other acute viral infections.

4.9 A Tramp with Unconsciousness and Renal Failure

An elderly white male was brought to the emergency room because of unconsciousness.

In the emergency room the patient was able to open his eyes upon command; however, he was unable to communicate appropriately. His clothes were torn and filthy. His hair was unkempt. It had grown to his shoulders. He had an ungroomed beard. There was an odor of urine and alcohol about him. His pants and underwear appeared wet.

Physical examination: Vital signs: the patient had an elevated blood pressure of 180/100 mmHg. His pulse rate was 108/min and 3 irregularities/min were noted. The rectal temperature was 94 °F. He had labored deep respirations at a rate of 24/min.

The patient looked emaciated; his estimated weight was less than 110 pounds. (His height was average). There were a number of old scars on the

gramm fand man eine schwache Darstellung der Gallenblase mit multiplen Gallensteinen. – Schließlich wurden Untersuchungen auf das HIV-1-Virus in Blut und Liquorproben der Patientin durchgeführt. Das HIV-1-Antigen wurde in einer Konzentration von 9,2 pg/ml im Liquor entdeckt, aber nicht im Serum. Viruskulturen aus Blut- und Liquorproben wurden 5 Tage nach Kokultivierung mit stimulierten Leukozyten normaler Probanden positiv. Ein ELISA-Test für HIV 1 war bei wiederholter Testung schwach positiv. Dieses Resultat wurde mit der Western-blot-Analyse bestätigt. – Nach Besprechung dieser diagnostischen Ergebnisse ergab sich anamnestisch, dass die Patientin etwa 4 Wochen vor dem Beginn ihrer Symptome Geschlechtsverkehr mit einem Drogenabhängigen gehabt hatte.

Kommentar: Die Befunde der Patientin sind charakteristisch für eine akute HIV-1-Infektion mit Meningoenzephalitis. Derartige Patienten leiden meist an einem Symptombild, welches der infektiösen Mononukleose ähnelt: Fieber, Abgeschlagenheit, Krankheitsgefühl, Halsentzündung, Muskelschmerzen, Gliederschmerzen, Kopfschmerzen und Lymphknotenvergrößerungen. Häufig kommt es während primärer HIV-1-Infektion auch zu Hautausschlägen. Dazu zählen rote Flecken oder rotfleckige Erhabenheiten, roseolenähnliche Exantheme, Bläschen, Pusteln und Exantheme. Bei einer kleinen Zahl von Patienten kommt es auch zu gastrointestinalen Symptomen mit Übelkeit, Erbrechen, Diarrhö und abdominellen Schmerzen. Auch verschiedene Aspekte einer neurologischen Beteiligung sind beschrieben worden. Sie reichen von leichten Kopfschmerzen und Lichtempfindlichkeit bis zur schweren Meningoenzephalitis. – Charakteristische Laborbefunde bei primärer HIV-1-Infektion sind: vorübergehende Leukopenie, atypische Lymphozytose, Thrombozytopenie und erhöhte alkalische Phosphatase. Diese Störungen sind jedoch unspezifisch und kommen auch bei anderen Virusinfektionen vor.

4.9 Ein Obdachloser mit Bewusstlosigkeit und Nierenversagen

Ein älterer Patient weißer Abstammung wurde wegen Bewusstlosigkeit in die Notaufnahme eingeliefert.

Er konnte die Augen auf Befehl öffnen, jedoch nicht angemessen kommunizieren. Seine Kleider waren zerrissen und schmutzig. Das Haar war ungekämmt und reichte bis zu den Schultern. Der Bart war ungepflegt. Der Patient roch nach Urin und Alkohol. Hosen und Unterwäsche waren eingenässt.

Körperliche Untersuchung: Vitale Messwerte: Der Patient hatte einen erhöhten Blutdruck von 180/100 mmHg. Sein Puls betrug 108 Schläge/min mit 3 irregulären Schlägen/min. Die Rektaltemperatur betrug 34 °C. Er atmete schwer und tief mit einer Atemzugrate von 24/min.

Der Patient sah abgemagert aus; er wog wahrscheinlich unter 50 kg (die Körpergröße war durchschnittlich). Auf Stirn, Nase und Armen hatte er mehrere alte

patient's forehead, nose, and forearms. He had tattoos on both arms and all of them read "Jane". – Specific details of the physical examination: the neck was supple and there was no blood behind the tympanic membranes. The right pupil was smaller than the left; it was deformed and looked white. The patient's teeth were stained brown and exhibited an extremely poor condition of dental health. There was blood in the patient's mouth, but its origin was undetectable because of incooperativity.

The patient's conjunctivae showed yellow jaundice. There were no indications of injection sites or needle tracks in the inner elbows or on the forearms. He had several bruises on the skin of both forearms. There were telangiectasias on the patient's forehead, cheeks, shoulders, and chest. There was an old scar below the right nipple over an old osseous deformity. There were neither wheezes nor any rales. A rub was audible in the area of the thoracic scar. The cardiac examination was unremarkable. The abdominal examination showed a firm liver edge reaching 10 cm below the right costal margin. There was a suggestion of ascites, but because of the patient's condition the presence of shifting dullness could not be tested. The bowel sounds were decreased and there was an indication of mild tenderness to deep palpation, particularly around the umbilicus (belly button). The genitourinary examination was unremarkable. Stool obtained at the rectal examination was heme negative.

During the physical examination the patient gradually woke up. He mumbled indistinctly and seemed to indicate the presence of abdominal problems. The remainder of the neurological examination was unremarkable.

Questions

1. At this point what are some potential explanations of the initial unconsciousness [ʌn'kɔnʃəsnis]?
2. What is the most likely cause of the jaundice ['dʒɔːndis]?
3. Why would he have evidence of multiple old trauma ['trɔːmə]?
4. Why does the patient exhibit accelerated breathing ['briːðiŋ]?
5. What is the best explanation for the change of the patient's right pupil?
6. Why is it important to determine the origin of the blood in the patient's mouth?
7. What are some explanations of the abdominal findings?

Answers

1. In view of the circumstances the most likely possibilities are: postictal state (epileptic seizures), intoxication, intracranial bleeding.

Narben. Beide Arme waren mit Tätowierungen bedeckt, alle mit dem Namen „Jane“. – Spezielle Aspekte der körperlichen Untersuchung: der Nacken war frei beweglich und es war kein Blut hinter den Trommelfellen erkennbar. Die rechte Pupille war kleiner als die linke und erschien deformiert und weiß. Die Zähne waren braun gefärbt und in einem äußerst schlechten Zustand. Im Mund des Patienten befand sich Blut; wegen mangelnder Kooperation konnte die Herkunft des Blutes nicht geklärt werden.

Die Bindehäute des Patienten waren gelblich. Es fanden sich aber keine Anhaltspunkte für Nadelstiche oder Injektionsnarben in den Armbeugen oder an den Unterarmen. Der Patient hatte einige blaue Flecken an der Haut beider Unterarme. An Stirn, Wangen, Schultern und Brust fanden sich Teleangiektasien. Bei der Untersuchung der Brust zeigte sich eine alte Narbe unter der rechten Brustwarze über einer alten Knochendeformität. Der Patient hatte keine spastischen Atemgeräusche oder Rasselgeräusche, allerdings hörte man ein Reiben in Höhe der Thoraxnarbe. Die Herzuntersuchung war unauffällig. Bei der abdominalen Untersuchung ließ sich ein verhärteter Leberrand 10 cm unter dem rechten Rippenrand tasten. Man hatte den Eindruck, es bestünde Aszites, jedoch konnte man wegen des Zustandes des Patienten das perkutorische Asziteszeichen nicht austesten. Darmgeräusche waren vermindert und es bestanden Anzeichen für eine leichte Druckschmerzhaftigkeit bei tiefer Palpation, besonders in der Nabelgegend. Die urogenitale Untersuchung war unauffällig. Die bei der rektalen Untersuchung gewonnenen Stuhlreste waren Hämoccult-negativ.

Im Laufe der Untersuchung wachte der Patient allmählich auf. Er murmelte Unverständliches, er schien auf abdominale Beschwerden hinweisen zu wollen. Die übrige neurologische Untersuchung war unauffällig.

Fragen

1. Welche möglichen Ursachen kommen zu diesem Zeitpunkt für die anfängliche Bewusstlosigkeit in Frage?
2. Was ist die wahrscheinlichste Ursache für die Gelbsucht des Patienten?
3. Was könnte der Grund für die multiplen früheren Traumata sein?
4. Warum hat der Patient eine Tachypnoe?
5. Wie erklären sich die Veränderungen der rechten Pupille?
6. Warum ist es von Bedeutung, die Ursache des Blutes in der Mundhöhle festzustellen?
7. Was könnte die abdominellen Befunde erklären?

Antworten

1. In Anbetracht der Umstände haben die größte Wahrscheinlichkeit: Zustand nach epileptischem Anfall, Vergiftung, Hirnblutung.

2. Because of the setting, the patient's smell, his skin changes, and the appearance of the liver this might be secondary to alcoholic liver disease.
3. A likely explanation for this observation is chronic alcoholism.
4. Pain, CNS abnormalities, liver disease, chronic lung disease, and other disturbances can cause accelerated breathing. In this case, the reason is not obvious from the physical examination.
5. Old trauma to the right eye.
6. It might be related to a tongue bite (indicating epilepsy) or to hematemesis (indicating bleeding esophageal varices [isɔfə'dʒi:əl] ['veərəsi:z] or gastric ulcer).
7. Pancreatitis, peptic ulcer disease.

Further hospital course: Over the next 3 h the patient's mental status improved further. He now complained of a nagging pain over his entire abdomen. The pain radiated into his back. Reexamination of the oral cavity revealed several bites of recent origin in the tongue. With external warming by a heating blanket the patient's rectal temperature returned to 98.6 °F.

The patient was now able to give an account of his whereabouts. He admitted to sleeping in parks over the last 6 weeks, where he would occasionally drink "a few drops of wine" together with "friends".

Earlier that day he remembered drinking a sweet fluid from an unlabeled bottle that smelled and tasted like alcohol. It had been given to him by a fellow alcoholic. He had had an argument about money with the other alcoholic the day before.

Over the next 6 h in the hospital it was noticed that the patient failed to produce any urine. The patient's pain remained unaltered.

The following lab data became available:
LP (lumbar puncture): normal.
LFTs (liver function tests): SGOT, SGPT, bilirubin and alkaline phosphatase were elevated.
CBC (complete blood count): the WBC was elevated without left shift; there was a decreased hematocrit of 36 $\overline{c}$ (with) an increased MCH and MCV.
Amylase: mildly elevated.
Abdominal flat plate (plain film): several air-fluid levels in the small intestine.
ABG: pH 7.18; pCO_2 = 24 mmHg; bicarbonate = 11 mM/l; pO_2 = 95 mmHg.

CXR: unremarkable except ® sided healed rib fractures and blunting of the ® costophrenic angle.
Electrolytes were normal, creatinine concentration was 4.2 mg/dl, urea was 142 mg/dl;
CPK was 20000 IU/l.
Toxicology screen showed the presence of ethylene glycol in the serum.

2. Wegen der äußeren Umstände, des Geruchs, der Hautveränderungen und des Leberbefundes muss man am ehesten an eine Alkoholleber denken.
3. Diese Beobachtung könnte gut auf Alkoholismus zurückzuführen sein.
4. Tachypnoe kann verursacht sein durch Schmerzen, zentralnervöse Störungen, Leberkrankheiten, chronische Lungenkrankheit und anderes. Im vorliegenden Fall ist die Ursache aufgrund der körperlichen Untersuchung nicht zu klären.
5. Alte Augenverletzung.
6. Weil es durch Zungenbiss (Epilepsie) oder Bluterbrechen (blutende Ösophagusvarizen oder Magenulcera) ausgelöst sein könnte.
7. Pankreatitis, Ulcuskrankheit.

Weiterer Verlauf: In den folgenden 3 Stunden besserte sich der Bewusstseinszustand des Patienten weiter. Er klagte nun über einen bohrenden Schmerz im gesamten Abdomen. Dieser strahlte in den Rücken aus. Bei erneuter Untersuchung der Mundhöhle fand man jetzt mehrere frische Zungenbisse. Unter äußerlicher Erwärmung mit einer Heizdecke stieg die Rektaltemperatur wieder auf 37 °C.

Der Patient konnte nun Angaben über seine Vorgeschichte machen. Er gab zu, in den letzten 6 Wochen in öffentlichen Anlagen geschlafen zu haben, wo er gelegentlich „einige Tröpfchen Wein" zusammen mit „Freunden" getrunken habe.

Er erinnerte sich, am Tag der Aufnahme eine süße Flüssigkeit aus einer Flasche ohne Etikett getrunken zu haben. Diese Flüssigkeit habe wie Alkohol gerochen und geschmeckt. Die Flasche sei ihm von einem Trinkbruder gegeben worden. Er hatte sich tags zuvor mit dem nämlichen „Kollegen" über Geld gestritten.

Während der folgenden 6 Stunden fiel auf, dass der Patient keinen Urin ließ. Seine Schmerzen blieben unverändert.

Folgende Labordaten wurden erhoben:

Lumbalpunktion: normal.

Leberfunktionstests: es waren erhöht: SGOT, SGPT, Bilirubin, alkalische Phosphatase.

Blutbild: die Leukozytenzahl war erhöht, jedoch ohne Vermehrung unreifer Formen; der Hämatokrit war auf 36% reduziert, MCH und MCV waren erhöht.

Amylase: leicht erhöht.

Abdomenleeraufnahme: mehrere Spiegelbildungen im Bereich des Dünndarms.

Arterielle Blutgase: pH 7,18; pCO_2 = 24 mmHg; Bicarbonat = 11 mmol/l; pO_2 = 95 mmHg.

Thorax-Röntgenbild: unauffällig, jedoch rechts verheilte Rippenfrakturen und Verschattung des rechten Zwerchfell-Rippen-Winkels.

Die Elektrolyte waren unauffällig, die Plasmakeratininkonzentration betrug 4,2 mg/dl, die Plasmaharnstoffkonzentration war etwa 142 mg/dl.

Die CPK betrug 20 000 IE/l.

Bei der toxikologischen Untersuchung fand sich im Serum Äthylenglykol.

Question

With this information how do you put the patient's problems together?

Answer

This patient turned out to be an alcoholic with alcoholic liver disease and multiple alcohol-related old fractures and injuries. He had had an epileptic seizure before admission and this was also related to alcoholism. The elevated CPK was assumed to be caused by rhabdomyolysis, possibly from the epileptic seizure or from lying motionless on the ground for an extended period of time during the unconsciousness. The profound metabolic acidosis explained the initial tachypnea; it caused a search for an etiologic agent and ethylene glycol was detected. Ethylene glycol (antifreeze) poisoning is occasionally seen in alcoholics. Alcoholics may mix up ethylene glycol with alcohol because of the similarities in taste and smell, or they may try to kill someone with ethylene glycol intentionally.

Ethylene glycol in the present case explains the metabolic acidosis, the acute renal failure, the abdominal pain, and the ileus. Finally, the patient's initial hypothermia was attributed to this poisoning together with lying on the street. – The patient was given immediate treatment consisting of infusion of ethyl alcohol combined with dialysis. However he died suddenly 5 days later from an undetermined cause.

Language Used by Patients

I felt nauseated; I was sick to my stomach
I got a bad breath
I have stomach rumbles; I suffer from heartburn
I have had a problem with indigestion
I cannot take coffee anymore

I have frequent hiccups; I do a lot of belching [ˈbeltʃiŋ] (burping)
I am easily stuffed; I have no desire for meat
it hurts to swallow; I have a soreness in my throat
the food seems to get stuck in my throat
I get bellyaches [ˈbeliˈeiks] after alcohol; I like the booze [buːz]

I am often bloated and feel uncomfortable
I have too much gas, too much wind
it feels like knots in my bowels
I've got the shits, the runs
I have a bowel movement every third day

Frage

Was ist Ihre Synopsis des medizinischen Hergangs bei diesem Patienten?

Antwort

Wie sich zeigte, handelte es sich um einen Alkoholiker mit alkoholischer Hepatitis und zahlreichen alkoholbedingten alten Frakturen und Verletzungen. Er hatte vor der Aufnahme einen epileptischen Anfall gehabt. Der epileptische Anfall stand im Zusammenhang mit dem Alkoholismus. Die erhöhte CPK erklärte sich vermutlich aus einer Rhabdomyolyse, wohl aufgrund des epileptischen Anfalls oder durch langes regungsloses Liegen während der Bewusstlosigkeit. Die fortgeschrittene metabolische Azidose führte zu der initialen Tachypnoe; die Suche nach dem Auslöser der metabolischen Azidose ergab eine Äthylenglykolvergiftung. Solche Vergiftungen mit Gefrierschutzmittel beobachtet man gelegentlich bei Alkoholikern. Entweder kommt es dazu aufgrund einer Verwechslung mit Äthylalkohol (beide Flüssigkeiten riechen und schmecken ähnlich) oder es handelt sich um einen vorsätzlichen Mordanschlag.

Im vorliegenden Fall kann die Vergiftung mit Äthylenglykol als Erklärung der metabolischen Azidose, des akuten Nierenversagens, der Bauchschmerzen und des Ileus gelten. Die initiale Hypothermie ging wahrscheinlich auf die Vergiftung und die vorangegangene Auskühlung während der Bewusstlosigkeit zurück. – Der Patient wurde sofort mit Alkoholinfusion und Dialysebehandlung versorgt. Er verstarb jedoch plötzlich nach 5 Tagen aus ungeklärter Ursache.

Umgangssprachliche Ausdrücke bei gastrointestinalen Erkrankungen

es war mir übel; ich musste mich erbrechen
ich habe Mundgeruch
ich habe Magenknurren; ich leide unter Sodbrennen
ich habe Verdauungsstörungen
ich vertrage keinen Kaffee mehr

---

ich habe häufiges Aufstoßen; ich muss viel rülpsen
ich fühle mich schnell voll; ich habe keinen Appetit auf Fleisch
ich habe Schluckbeschwerden; ich habe Halsschmerzen
die Nahrung scheint in meinem Hals stecken zu bleiben
Alkohol macht mir Bauchschmerzen; ich trinke gern Alkohol

---

ich fühle mich oft gebläht und unangenehm
ich habe zu viel Blähungen
es fühlt sich an, als sei mein Darm undurchgängig
ich habe Durchfall
ich habe jeden 3. Tag Stuhlgang

I take medicine for my bowels
I have cramps in my belly
the baby hurts in his tummy
I have bleeding from my piles
my back passage hurts
I gained weight around my bottom

Specific Medical Terms in Gastrointestinal Disorders

stomach, spleen [spliːn]
duodenal cap, duodenal C loop [d(j)uːou'diːnəl] [siː] [luːp]
small and large bowel
portal vein, bile ducts, gallbladder

stages of hepatic coma:
I: vacant stare, personality change
II: lethargy, muscle twitching, flapping tremor
III: abusive, noisy, violent behavior
IV: coma

physical evidence of liver cirrhosis: pectoral alopecia, altered hair distribution, palmar erythema ['pælmər] [erə'θiːmə], testicular atrophy, pruritus
clotting factors, prothrombin time
impacted gallstone

bulky stools of malabsorption
light stools
viral hepatitis, purulent ['pjurələnt] hepatitis
fecal impaction [fiːkl] [im'pækʃən]

motility of the GI tract
food intolerance, food allergy
Weil's disease
hydatid disease

peptic ulcer disease
inflammatory bowel disease (IBD)
pseudomembranous [suːdou'membrənəs] enterocolitis

ich nehme Abführmittel
ich habe Magenkrämpfe
das Baby hat Bauchschmerzen
ich habe Hämorrhoidalblutungen
Schmerzen im After
ich habe am Hintern zugenommen

Spezifische medizinische Termini bei Gastrointestinalkrankheiten

Magen, Milz
Bulbus duodeni, duodenale C-Schlinge
Dünndarm und Dickdarm
V. portae, Gallengänge, Gallenblase

Stadien des Leberkomas:
I: leerer Blick, Persönlichkeitsveränderung
II: Gleichgültigkeit, Muskelzucken, unwillkürliche Handbewegungen
III: ungehöriges Benehmen, laut, Gewalttätigkeit
IV: Koma

---

körperliche Zeichen der Leberzirrhose: Haarverlust auf der Brust, veränderte Haarverteilung, Palmarerythem, Hodenatrophie, Hautjucken
Gerinnungsfaktoren, Quicktest
(im Darm) eingeklemmter Gallenstein

---

voluminöse Stühle bei Malabsorption
helle Stühle
Virushepatitis, eitrige Hepatitis
Undurchgängigkeit der Ampulla recti und des Sigmas durch verhärteten Stuhl

---

Eigenbewegungen des Magen-Darm-Traktes
Nahrungsmittelunverträglichkeit, Nahrungsmittelallergie
Leptospirose
Hundebandwurmkrankheit

Magengeschwüre
chronisch entzündliche Darmerkrankung (CED)
pseudomembranöse Enterokolitis (nach Antibiotika)

5 The Organization of Medical Care and Education in the Teaching Hospital

This chapter is a sketchy outline of the hospital structure, the patient care, and the teaching hospital's training programs. – We will concentrate on the university hospital and its affiliated teaching hospitals.

5.1 US Health Care System

The US health care system is the most expensive and by many technical standards perhaps the best health care system in the world. However it is not equally available to everyone. 16.1% of the population are uninsured and many people are underinsured.

The US health care system is supposed to provide care to the sick and profits to the organizations which assume the financial risk of insuring them. The country's health care bill is shared equally by private sources and the government. Employers pay up to 80% of the health care premiums of their employees, but this is not mandatory. In addition to the work related health insurance there are several federally supported insurance programs: medicaid, medicare, defense and veterans affairs system. Medicaid is fully financed by the federal government. It covers acute and long-term care of aged, blind or disabled people with low incomes as well as poor mothers and children. Medicare is funded by mandatory contributions from employers and employees, general tax revenues, beneficiaries' premiums, and deductibles and copayments by patients. It covers people over 65 years of age, the disabled, and those with end-stage renal disease.

Before the emergence of managed care with health care management organizations (HMOs), it was largely the doctors who decided how to spend the insurance funds on behalf of their patients. Now HMOs control the spending aggressively with preferred insuring of low risk populations, purchasing and merging health care facilities into gigantic alliances, selective contracting of physicians, stringent review of the medical services provided, practice guidelines, fixed per case payments, a numerous jungle of different service options (plans) for patients.

There is a trend towards outpatient medicine with short in-hospital stays. Utilization review boards were introduced in medical centers to review costly

5 Struktur und Organisation von medizinischer Versorgung und Unterricht in einem Lehrkrankenhaus

Das folgende Kapitel gibt einen groben Überblick über den Krankenhausaufbau, die Patientenversorgung und das Ausbildungssystem. – Unsere Beschreibung wird sich auf den Aufbau von Universitätskrankenhäusern und der ihnen angegliederten Institutionen konzentrieren.

5.1 Das Gesundheitswesen in den USA

Das US-Gesundheitswesen ist das teuerste und nach technischem Stand vielleicht auch das beste der Welt. Allerdings steht es nicht allen in gleichem Umfang zur Verfügung. 16,1% der Bevölkerung sind überhaupt nicht versichert, und viele andere sind unterversichert.

Das US-Gesundheitswesen soll einerseits ärztliche Leistungen für die Kranken erbringen und andererseits jenen Organisationen Gewinne erwirtschaften, die die finanziellen Risiken abdecken. Die Gesundheitsausgaben werden zu etwa gleichen Teilen vom Staat und aus privaten Quellen finanziert. Arbeitgeber zahlen bis zu 80% der Krankenversicherung ihrer Angestellten, allerdings gibt es keine Versicherungspflicht. Neben der Krankenversicherung durch den Arbeitgeber gibt es verschiedene andere durch die US-Regierung finanzierte Programme: *Medicaid, Medicare* und ein Programm des US-Verteidigungsministeriums. *Medicaid* wird vollständig von der US-Regierung finanziert und deckt die akute und längerfristige Betreuung von alten, blinden und behinderten Bürgern mit niedrigem Einkommen sowie bedürftigen Müttern und Kindern ab. *Medicare* wird aus den Pflicht-Krankenversicherungsbeiträgen der Arbeitgeber und -nehmer, aus Steuereinnahmen, Versichertenbeiträgen sowie Abschlags- und Zuzahlungen der Patienten finanziert. Es steht allen Bürgern über 65 Jahren zur Verfügung, darüber hinaus den Behinderten und Patienten mit terminalem Nierenversagen.

Vor der Umstrukturierung des Gesundheitswesens nach betriebswirtschaftlichen Aspekten mit der Einführung von Gesundheitsmanagement Organisationen *(HMOs)* haben amerikanische Ärzte frei darüber bestimmt, wie die Versicherungsprämien ihrer Patienten für deren Versorgung eingesetzt wurden. Heute drücken *HMOs* die Ausgaben für medizinische Betreuung durch bevorzugte Versicherung von Patienten mit geringem Krankheitsrisiko, durch Aufkauf und Zusammenschluss von Krankenhäusern und Praxisgemeinschaften zu gewaltigen Kartellen, durch gezielte Auswahl von Vertragsärzten, kritische Prüfung der Indikation von in Rechnung gestellten Leistungen, durch Therapievorschriften, Fallkostenpauschalen und einer verwirrenden Vielfalt von Krankenversicherungsoptionen.

Es gibt einen allgemeinen Trend zur ambulanten Versorgung mit kurzer Klinikverweildauer. Kommissionen wurden eingesetzt, um die kostenintensiven

cases. More and more less expensive ancillary staff is employed, like nurse practitioners, physician assistants, nurse anesthesiologists, clinical technologists, respiratory technologists, case managers, social workers and fewer physicians.

Medical schools reacted quickly. They now offer primary care training tracks beside the categorical programs for post-graduate training of physicians.

5.2 The UK National Health System (NHS)

The NHS is a tax-funded, government-run thrifty health care provider, controlling the medical sector. The National Health System (NHS) was founded in 1946 and united all the voluntary and municipal hospitals. NHS trusts provide a wide range of hospital and community based services – from accident and emergency (A&E) to OBGYN to providing care for people with long-term illness or disability.

Primary Care Groups (PCGs) were introduced in 1999, put doctors, nurses and health professionals in the driving seat, shaping local services.

NHS trusts employ the majority of the NHS workforce including nurses, doctors, dentists, pharmacists, midwives and staff from the professionals allied to medicine (PAMs) such as physiotherapists, radiographers, podiatrists, speech and language therapists, counselors, occupational therapists and psychologists. Trusts also provide services in the community – for example through health centers, clinics or in people's homes. The care and treatment provided by NHS trusts is free to patients. Five percent of specialist care is carried out privately.

Some trusts act as regional or national centers of expertise for more specialized care, while some are attached to universities.

Access to expensive medications / high-tech operations/procedures appears to be more limited with the NHS than in other European countries.

5.3 Physicians, Students, Nurses and other hospital personnel

Medical care is organized in several teams with different tasks and schedules. There are floor (ward) teams, consultation teams and clinic teams. Physicians undergoing postgraduate training are called house officers (*resident* and *fellow* are US specific terms, *trainee* is a UK specific term) and rotate through all the teams regularly.

Fälle zu untersuchen. Mehr mittleres medizinisches Personal wurde eingestellt, wie z. B. *nurse practitioners, physician assistants, nurse anesthesiologists, clinical technologists, respiratory technologists, case managers* und Sozialarbeiter; dafür wurde die Zahl der Ärzte reduziert.

Medizinische Fakultäten haben prompt reagiert und bieten neben der klassischen postgraduierten Ausbildung spezielle Ausbildungsprogramme für Hausärzte an.

5.2 Das nationale Gesundheitssystem in Großbritannien

Das NHS ist ein über Steuern finanziertes, von der Regierung überwachtes und mit beschränktem Budget ausgestattetes Gesundheitssystem, das den medizinischen Sektor kontrolliert. Es ist aus einer Fusion aller freiwilligen und städtischen Krankenhäuser 1946 entstanden und in so genannten *trusts* organisiert. *NHS trusts* decken verschiedene Aspekte der ambulanten und stationären medizinischen Betreuung ab – von der Notfallversorgung über die Geburtshilfe bis hin zur Betreuung chronisch Kranker und Behinderter.

Seit 1999 gibt es *Primary Care Groups (PCGs* – Hausarzt-Praxisgemeinschaften), die für Ärzte, Schwestern und andere Mitarbeiter des Gesundheitswesens mehr Spielraum bei der Patientenbetreuung eröffnen.

Das *NHS* ist der Arbeitgeber für Schwestern, Ärzte, Zahnärzte, Apotheker, Hebammen und sonstige der Medizin angeschlossenen Berufsgruppen wie Physiotherapeuten, MTAs, Fußtherapeuten, Logopäden, Berater, Ergotherapeuten und Psychologen. Das *NHS* operiert in Krankenhäusern, Polikliniken und über Hausbesuche in Städten und Gemeinden. Die Betreuung ist generell kostenlos. Fünf Prozent aller ärztlichen Leistungen durch Spezialisten werden im Rahmen von Privatliquidation erbracht.

Einige Trust-Krankenhäuser fungieren als Spezialkliniken auf nationaler oder regionaler Ebene, andere sind an Universitäten angeschlossen.

Der Zugang zu teuren Medikamenten/high-tech-Operationen/-Therapien scheint vom NHS wesentlich stärker begrenzt zu werden als in anderen europäischen Ländern üblich.

5.3 Ärzte, Studenten, Krankenschwestern und sonstiges Klinikpersonal

Die medizinische Versorgung wird mittels verschiedener Ärzteteams mit unterschiedlichen Aufgaben und Dienstplänen organisiert. Es gibt Stationsteams, Konsultationsteams und Poliklinikteams. Ärzte in der Ausbildung werden *house officers* genannt (*resident* und *fellow* sind Begriffe in den USA; im britischen System ist die Bezeichnung *trainee* gebräuchlich) und rotieren zwischen den einzelnen Teams.

Floor team

A floor team consists of house officers at different levels of their training. In the US they are named according to their year of graduation from medical school PGY-1 (post-graduate year-1) resident, PGY-2 resident etc. The period of post-graduate training is called residency in the US and ends with a board exam. In the UK they are called junior house officer (JHO), senior house officer (SHO) or registrar.

In the US house officers are assigned to cases which may be located in various parts of the hospital. (In the UK house officers are assigned to specific floors in the hospital.) One team usually consists of a senior resident (PGY-2 and up) working with two PGY-1 residents. The floor team is furthermore joined by medical students at different educational levels.

An attending physician (consultant in the UK) or attending surgeon in surgical specialties supervises the team. The PGY-1 residents (junior house officer in the UK) of the floor team pre-round on all their patients in the morning and write progress notes in the chart. They share some cases with students for teaching purposes. Rounds are lead by a senior resident (PGY-2 and up) or the attending. On rounds the PGY-1 residents or students present the cases to the senior resident or attending.

The attending will join the team daily or every other day and see all the team's patients. Attendings are senior subspecialists (consultants or specialists in the UK) of the university or experienced physicians in private practice. They carry the legal responsibility for the team's patients. The floor team is usually on call every 3rd or 4th night. At that time it will accept all new admissions. The care is coordinated with the attending.

Consultation team

If the floor team needs specific advice or wants to schedule a patient for a special procedure, it may call another specialty or subspecialty on the case. Each consulting team is staffed similar to a floor team and has a fellow (trainee in the UK) in addition. Fellows or trainees are house officers who completed general training in a specialty and are undergoing subspecialty training. Consulting teams provide the floor team with an extensive initial consultation and follow the patient daily with the primary team.

Stationsteam

Das Stationsteam setzt sich aus Assistenzärzten verschiedener Ausbildungsstufen zusammen. In den USA werden die Assistenzärzte je nach Ausbildungsjahr als *PGY-1, PGY-2 resident* usw. bezeichnet. Die Weiterbildung in der Klinik heißt in den USA *residency* und endet mit einer Facharztprüfung. In Großbritannien heißen die Assistenzärzte je nach Ausbildungsjahr *junior house officer, senior house officer* oder *registrar.*

In den USA haben es die Ärzte mit Patienten in verschiedenen Abteilungen des Krankenhauses zu tun. (In Großbritannien gehören die Ärzte zu einer bestimmten Station.) Ein Team besteht gewöhnlich aus einem *senior resident (PGY-2* und darüber), der mit zwei jüngeren *residents (PGY-1)* zusammenarbeitet. Darüber hinaus gehören Medizinstudenten verschiedenen Ausbildungsgrades dem Team an.

Ein Oberarzt oder chirurgischer Oberarzt leitet das Team. Die Assistenzärzte im ersten Ausbildungsjahr sehen sich jeden Morgen alle Patienten vor der offiziellen Visite an und schreiben Verlaufsberichte in die Patientenakten. Dabei teilen sie sich einige Fälle mit den Medizinstudenten zu Ausbildungszwecken. Die Visite wird von einem Assistenzarzt im zweiten oder höheren Ausbildungsjahr oder vom Oberarzt geführt. Bei der Visite präsentieren die Assistenzärzte im ersten Ausbildungsjahr oder die Studenten den Fall ihrem *senior resident* oder dem Oberarzt.

Der Oberarzt kommt täglich oder jeden zweiten Tag und sieht sich alle Patienten des Teams an. Meistens handelt es sich um Fachspezialisten der Universität (*consultants* oder *specialists* im britischen System) oder um erfahrene niedergelassene Ärzte mit Belegrechten für das jeweilige Krankenhaus. Die Oberärzte sind Fachärzte und damit juristisch für alle Patienten des Teams verantwortlich. Das Stationsteam hat gewöhnlich alle 3 oder 4 Tage Nachtdienst. Während dieser Zeit nimmt es alle neuen Patienten auf, die in die entsprechende Klinik eingewiesen oder verlegt werden. Die Therapie wird mit dem Oberarzt abgestimmt.

Konsultationsteam

Wenn das Stationsteam fachübergreifenden Rat sucht oder eine spezielle Behandlung anmelden möchte, kann es Konsilarien bestellen. Die Konsultationsteams sind ähnlich wie die Stationsteams besetzt und haben zusätzlich einen Arzt in der Facharztausbildung dabei. Diese Kollegen haben die allgemeine internistische Ausbildung abgeschlossen und sind in der Weiterbildung für ein spezielles Fachgebiet begriffen. Konsilarien helfen den Stationsteams mit einem ausführlichen Konsultationsbericht und nehmen danach täglich an der Betreuung des Patienten teil.

Clinic team

A major part of medical care is provided in the outpatient clinics. House officers usually have two clinics. They see their patients and present them to an attending who is exclusively assigned to precept. This way every patient's care is supervised by a board certified physician.

5.4 The Teaching

The Teaching of Medical Students

Third year medical students assigned to a ward team receive teaching in several ways:

The resident and the attending physician will use the student's write-up of the history and complete physical examination to discuss all medical problems of patients evaluated by the medical student. The medical student is expected to be able to quote the relevant literature.

In "professor's rounds" a medical student will present an interesting case of his team, followed by a very detailed discussion of that case with the professor. While the professor will try to give the medical student a good "grilling", the medical student will have to show a good understanding of the patient and an excellent grasp of the literature.

Most 4th-year medical students (final year of training) will be working on consultation services. Incidentally, most foreigners are commonly assigned to such services also.

Continuing Medical Education of Physicians

Hospitals will frequently offer a daily *noon conference.* These conferences sequentially cover all relevant diseases in a given field, e.g. in internal medicine. They are usually well prepared, competently done, and they go into diagnosis, therapy, and research of a given disease. Such conferences may occasionally have the format of a *morbidity and mortality conference (M & M conference)* which is an analysis of errors that have occurred in a patient's care.

Sometimes the noon conference will be a clinical-pathological conference *(CPC)* or *medical grand rounds* conference. The *CPC* is an exercise in making the

Poliklinikteam

Ein Großteil der medizinischen Betreuung wird in Polikliniken erbracht. Assistenzärzte haben im Allgemeinen zwei Sprechstunden in der Woche. Dabei stellen sie alle Patienten einem Oberarzt vor, dem ausschließlich die Entscheidungsbefugnis zusteht. So wird die Behandlung jedes Patienten durch einen Facharzt sichergestellt.

5.4 Die Ausbildung

Die Ausbildung der Medizinstudenten

Die Medizinstudenten des 3. Ausbildungsjahres, die (wie üblich) einem Stationsteam zugeteilt sind, werden wie folgt unterrichtet:

Der Stationsarzt und der Oberarzt sehen die studentische Niederschrift von Anamnese und Untersuchungsbefund genau durch und besprechen alle medizinischen Probleme des Patienten mit dem Studenten. Es wird vom Medizinstudenten erwartet, dass er einschlägige Literaturstellen zitieren kann.

Bei den *"Professor's rounds"* stellt ein Medizinstudent einen interessanten Fall seines Stationsteams vor. Danach wird eine detaillierte Diskussion des Falls mit dem Professor folgen. Der Professor wird versuchen, den Medizinstudenten tüchtig zu „zwiebeln", vom Medizinstudenten wird ein gutes Verständnis des vorgestellten Problems und eine genaue Kenntnis der relevanten Literaturstellen erwartet.

Die *4th-year medical students* befinden sich in ihrem letzten Ausbildungsjahr. Die meisten sind den Konsultationsteams zugeteilt. Übrigens werden Ausländer im Allgemeinen auch den Konsultationsteams zugeordnet.

Fortbildung der Ärzte

Die meisten Krankenhäuser organisieren eine tägliche *Mittagskonferenz.* Bei diesen Konferenzen werden alle relevanten Krankheitsbilder eines medizinischen Fachgebiets, z. B. der Inneren Medizin, nacheinander besprochen. Gewöhnlich sind diese Konferenzen gut vorbereitet, fachlich hoch stehend und schließen Diagnosestellung, Behandlung und Forschungsergebnisse der jeweils präsentierten Krankheit ein. Diese Konferenzen können auch in Form von *Morbiditäts- und Mortalitätskonferenzen (M+M-Konferenzen)* abgehalten werden, wobei aufgetretene Kunstfehler in der Krankenversorgung besprochen werden.

Manchmal wird anstelle der Mittagskonferenz eine klinisch-pathologische Konferenz *(CPC)* oder eine *Mittagskonferenz vor großem Auditorium* abgehalten.

differential diagnosis. Usually an experienced physician has been given a case history plus some laboratory results of an actual (rather difficult) case but not the final diagnosis. He will then have to analyze these data, discuss the differential diagnosis, and propose a diagnosis. Everybody will be excited to learn whether the discussant is right or wrong. At this moment the pathologist will stand up to report and explain the definitive diagnosis. – Medical grand rounds are often given by invited authorities from other medical centers; they will be dedicated to issues of major relevance.

5.5 Access to Medical Information

The primary sources of medical and scientific information are the hospital's internal computer network (intranet), the biomedical library and the internet. Students and physicians can search and access medical literature from computer terminals throughout the hospital 24 hours a day 7 days a week. Many academic medical centers offer standard textbooks, full text subscriptions to online versions of leading medical journals and drug reference books on their intranet.

Libraries are frequently open around the clock to physicians. Apart from books and journals they hold a variety of other multimedia educational materials. Classes on how to use the various search tools and databases are often available. Please see our internet chapter on how to access medical information on the internet.

Evidence based medicine (EBM) is widely practiced in the US and the UK. Therefore it is a priority to read leading medical journals, i.e. *The New England Journal of Medicine, The Lancet, The Journal of the American Medical Association* or the *British Medical Journal,* to name a few.

Information about drugs in the US may be obtained from either the *PDR® (Physicians Desk Reference),* published by *Medical Economics,* or the *USP DI® (United States Pharmacopoeia Drug Information),* published by *Micromedex.* The *PDR®* is sponsored by the pharmaceutical industry and is available free of charge to practicing physicians. It resembles the German *Rote Liste®*, has limited coverage of generics and only lists *FDA (Food and Drug Administration)* approved indications and dosages. The *USP DI®* is based on national consensus annually reached at the pharmacopoeial convention by independent expert panels. It resembles the *German Pharmacopoeia (DAB)* and includes all drugs, orphan drugs and biologicals available in North America with *FDA* and non-*FDA* approved indications and dosages. It comes in three volumes. Volume I for healthcare professionals is the most important one for the clinician. Volume II

Bei der *CPC* wurde vorher einem erfahrenen Arzt eine tatsächlich vorgekommene (recht schwierige) Krankengeschichte mit einigen dazugehörigen Laborergebnissen zur Verfügung gestellt, jedoch nicht die Diagnose. Er muss dann die vorhandenen Unterlagen analysieren, die Differenzialdiagnose diskutieren und eine Diagnose vorschlagen. Alle sind dann gespannt, ob der Diskutant ins Schwarze getroffen hat oder nicht. Danach wird der Pathologe aufstehen und die definitive Diagnose mitteilen und erklären. – Die *Mittagskonferenz vor großem Auditorium* wird häufig von einem eingeladenen Spezialisten einer anderen Universität abgehalten; bei dieser Art von Vorträgen geht es meistens um Fragen von größerer Bedeutung.

5.5 Zugriff auf medizinisches Wissen

Die Hauptinformationsquellen für medizinische und wissenschaftliche Informationen sind das krankenhausinterne Computernetzwerk (Intranet), die Bibliothek und das Internet. Studenten und Ärzte können rund um die Uhr über die Computer-Arbeitsplätze im Krankenhaus auf medizinische Literatur zugreifen und Recherchen durchführen. Viele Universitätskliniken ermöglichen auch das Nachschlagen in elektronischen Versionen von gängigen Fachbüchern, Volltextversionen von wichtigen Zeitschriften und Medikamentenlisten.

Bibliotheken sind für Ärzte meistens rund um die Uhr zugänglich. Außer Büchern und Zeitschriften halten sie auch verschiedenste multimediale Lehrmaterialien bereit. Einführungskurse zur Benutzung der Datenbanken und Suchprogramme werden oft angeboten. Bitte schauen Sie in unser Internet-Kapitel, wie man medizinische Informationen vom Internet abrufen kann.

Evidence based medicine (EBM) beschreibt die wissenschaftlich fundierte Diagnose und Behandlung von Krankheiten und ist weit verbreitet in den USA und in Großbritannien. Es ist daher sehr wichtig, sich ständig durch Lektüre führender Zeitschriften weiterzubilden, wie z. B. *The New England Journal of Medicine, The Lancet, The Journal of the American Medical Association* oder das *British Medical Journal.*

Informationen über Medikamente in den USA können entweder dem *PDR®*, herausgegeben von *Medical Economics,* oder *USP DI®*, herausgegeben von *Micromedex,* entnommen werden. *PDR®* wird von der pharmazeutischen Industrie erstellt und kostenlos an die in den USA praktizierenden Ärzte abgegeben. *PDR®* ist der deutschen *Roten Liste®* vergleichbar, enthält nur wenige Generika und führt nur die von der *Food and Drug Administration* genehmigten Indikationen und Dosierungen auf. *USP DI®* wird von einer nationalen, unabhängigen Expertenkommission jährlich erstellt. Es erinnert an das *Deutsche Arzneibuch (DAB)* und enthält alle in Nordamerika erhältlichen Medikamente, die von der *FDA* genehmigten und auch die nicht genehmigten, außerdem selten eingesetzte Spezialmedikamente und andere Substanzen, die medizinisch angewendet werden können. Es besteht aus drei Bänden. Band I ist am wichtigsten für den Kliniker.

contains patient information and volume III contains information on drug dispensing and is designed for pharmacists. Both are available online. Please see our internet chapter.

Information about drugs in the UK can be found in the *British National Formulary (BNF)*. It is not currently available online and will be merged with all other European Union drug standards into the *European Pharmacopoeia (E.Ph.)* soon. European drug information can be accessed through the *European Community Pharmacology Information Network (ECPHIN)*. This database is available on the internet. Please see our internet chapter.

Internet Resources

The advent of graphical world wide web browsers such as *Firefox*® have made the internet a powerful media for reference, instruction and learning. Internet and hypermedia technologies can have a profound impact on the way medical training is delivered and received. Hypermedia technology is used to create individual groupings of related information, and provides the ability to branch instantly to the selected content and back to the original document.

Almost every major hospital these days manages at least part of its patient data electronically. Therefore computer terminals with internet access and graphical user interfaces such as *Firefox*® are located in every part of the hospital. To assure an effective use of the internet one must address its limitations. These limitations are: getting lost among the abundance of information, failing to gain an overview of the information, and navigational difficulties when looking for specific information.

To overcome the above limitations, we have compiled a list of bookmarks relevant to medical students and doctors who are planning to study, work and teach in an English speaking environment. The list also includes links to organizations which assist in the administrative planning of such endeavors. We suggest to create an individual free start page and upload the following bookmark list. For details how to create the page please see the browser's help menu.

To avoid the tedious URL typing process this list can be downloaded from the Thieme website *(www.thieme.de)*. An individual start page allows continuous access of relevant data independent from location and browser by establishing links to specific information related to each topic.

Band II enthält Patienteninformationen und Band III Informationen über Medikamenteneinsatz und ist für Apotheker bestimmt. Beide Bücher sind online verfügbar. Die Adressen finden Sie im Internet-Kapitel.

Informationen über Medikamente in Großbritannien finden sich im *British National Formulary (BNF)*. Es ist derzeit nicht im Internet verfügbar und wird bald wie alle anderen Arzneibücher von EU-Staaten in der *Europäischen Pharmakopöe (E.Ph.)* aufgehen. Informationen über in der EU erhältliche Medikamente können über das *EU-Pharmakologie-Informationsnetzwerk (ECPHIN)* abgerufen werden. Die Datenbank ist online erreichbar und in unserem Internet-Kapitel aufgeführt.

Internet Ressourcen

Die Einführung grafischer Benutzeroberflächen wie *Firebox®* hat das Internet zu einer wertvollen Informationsquelle heranwachsen lassen. Internet- und *Hypermedia*-Technologie können die Art und Weise, wie medizinisches Wissen in Ausbildung und Weiterbildung vermittelt wird, entscheidend beeinflussen. *Hypermedia*-Technologie erlaubt die Erstellung von individuellen thematisch gruppierten Verzeichnissen mit sofortiger Verzweigungsmöglichkeit zu ausgewählten Dokumenten.

Fast jedes größere Krankenhaus verwaltet zumindestens einen Teil seiner Patientendaten elektronisch. Daher finden sich überall im Krankenhaus Computer-Arbeitsplätze mit Internetzugang. Um das Internet effektiv nutzen zu können, muss man seine Beschränkungen kennen. Beschränkungen bestehen in der Gefahr, in der Informationsflut unterzugehen, der mangelnden Übersichtlichkeit und in Navigationsproblemen beim Aufsuchen spezifischer Informationen.

Um diese Probleme zu bewältigen, haben wir ein *bookmark*-Verzeichnis zusammengestellt, das Medizinstudenten und Ärzten helfen soll, wenn sie in einer englischsprachigen Umgebung studieren, arbeiten oder lehren möchten. Das Verzeichnis enthält außerdem die Internetadressen von Organisationen, die bei der administrativen Planung solcher Vorhaben helfen können. Wir empfehlen die Erstellung einer individuellen Startseite, in die die folgende *bookmark*-Liste eingebunden werden kann. Für die technischen Details der Erstellung einer solchen Startseite verweisen wir auf das Hilfsmenü des Browsers.

Um sich das mühsame Eintippen der Internetadressen zu ersparen, können die Leser unseres Buches die komplette *bookmark*-Liste von der Internetseite des Thieme-Verlages *(www.thieme.de)* herunterladen. Die Erstellung einer individuellen Startseite erlaubt kontinuierlichen, orts- und browserunabhängigen Zugriff auf alle relevanten Daten durch die Herstellung von Verbindungen zu den themenspezifischen Informationen.

In the following Internet sources providing access to strictly medical knowledge (diseases, published articles, diagnostic tools, recent progress, drugs) are listed under *Medical Libraries. Medline* or *Cochrane* are two frequently used Internet addresses for such purposes. In addition our list under *Medical Journals* provides access to the articles published in those journals.

In den folgenden Abschnitten haben wir unter der Überschrift *Medical Libraries* die wichtigsten Internet-Adressen zusammengestellt, die Ihnen beim Zugang zu medizinischem Fachwissen helfen können (Krankheiten, Artikel, diagnostische Möglichkeiten, neue Fortschritte, Medikamente). *Medline* oder *Cochrane* sind zwei häufig benutzte Internet-Adressen. Außerdem enthält unsere Liste im Abschnitt *Medical Journals* Adressen, welche Ihnen Zugang zu den Artikeln dieser Zeitschriften ermöglichen.

Verzeichnis der Internet-Adressen

Medical Associations and Organizations

http://www.dh.gov.uk/Home/fs/en UK Department of Health
http://www.ahd.com American Hospital Directory
http://www.who.int World Health Organization
http://www.acponline.org American College of Physicians
http://www.ama-assn.org Official American Medical Association (AMA)
http://www.ama-assn.org/ama/pub/category/7634.html National Specialty Societies and Health Related Organizations
http://www.rcplondon.ac.uk Royal College of Physicians of London
http://www.amc.org.au Australian Medical Council
http://www.bma.org.uk British Medical Association (BMA)

Medical Education, Examination and Certification

http://www.lcme.org LCGME – Liaison Committee on Medical Education
http://www.aamc.org/ AAMC – American Association of Medical Colleges
http://www.fsmb.org FSMB – Federation of State Medical Boards
http://www.ecfmg.org ECFMG – Educational Commission for Foreign Medical Graduates
http://www.nbme.org NBME – National Board of Medical Examiners®
http://www.npdb-hipdb.com/ NPDB – National Practitioner Data Bank
http://www.nrmp.org NRMP – National Resident Matching Program
http://www.abms.org ABMS Certified Doctor Home Page
http://www.ama-assn.org/ama/pub/category/2997.html FREIDA – Fellowship and Residency Electronic Interactive Database
http://www.aacom.org/ AACOM – American Association of Colleges of Osteopathic Medicine
http://www.afmc.ca/ ACMC – Association of Canadian Medical Colleges
http://www.who.int/hrh/wdms/en/ WHO – World Directory of Medical Schools
http://www.services.aamc.org/memberlistings/index.cfm?fuseaction=home.search&search_type=MS&wildcard_criteria=&state_criteria=CNT%3AUSA&image=Search US Medical Schools
http://www.services.aamc.org/memberlistings/index.cfm?fuseaction=home.search&search_type=MS&wildcard_criteria=&state_criteria=CNT%3ACanada&image=Search Canadian Medical Schools

Dictionaries

http://www.scit.wlv.ac.uk/wwlib/american.html American English
http://dict.leo.org/?lang=en English Dictionary

Encyclopedias and Textbooks

http://biotech.icmb.utexas.edu/search/dict-search.html BioTech's Life Science Dictionary
http://physician.pdr.net/physician/static.htm?path=controlled/searchstedmans.htm Stedman's Medical Dictionary Search

http://www.emedicine.com/asp/dictionary.asp eMedicine Online Text – Emergency Medicine
http://www.vnh.org/Providers.html Virtual Naval Hospital: Providers HomePage
http://www.spellex.com/speller.htm Spellex Online Medical Dictionary
http://www.merck.com/pubs/mmanual The Merck Manual
http://www.vh.org/Providers/ClinRef/FPHandbook/FPContents.html UIA Family Practice Handbook, 3rd Edition

Medical Libraries

http://www.ncbi.nlm.nih.gov/entrez/query.fcgi Advanced PubMed Search
http://www.update-software.com/cochrane The Cochrane Library
http://www.mdanderson.org/departments/cimer/ Center for Alternative Medicine Research in Cancer

Clinical Practice Guidelines

http://www.ncbi.nlm.nih.gov/books/bv.fcgi?rid=hstat
http://text.nlm.nih.gov/ftjava/gov/nih/nlm/text/ftweb/clientapp/home.html HSTAT – Health Services Technology Assessment Text
http://medicine.ucsf.edu/resources/guidelines Primary Care Clinical Practice Guidelines – Index
http://www.guideline.gov/ National Guideline Clearinghouse
http://odp.od.nih.gov/consensus NIH Consensus Statements Database
http://cebm.net Centre for Evidence-Based Medicine

Medical Coding (ICD etc.)

http://doctorspage.net/coding.asp The Doctors' Page – Coding Resources

Alternative Medicine

http://nccam.nih.gov/ NIH – Office of Alternative Medicine
http://www.rosenthal.hs.columbia.edu/ Rosenthal Center for Complementary and Alternative Medicine at Columbia University

Anatomy, Pathology and Histology

http://www.neuroguide.com Neurosciences on the Internet
http://www.ornl.gov/sci/techresources/Human_Genome/links.shtml Links to the Genetic World
http://www.nlm.nih.gov/research/visible/visible_human.html The Visible Human Project
http://www.med.harvard.edu/AANLIB/home.html The Whole Brain Atlas
http://www-medlib.med.utah.edu/WebPath/webpath.html The Internet Pathology Laboratory

Pharmacology

http://www.mca.gov.uk UK Medicines Control Agency
http://www.ars-grin.gov/duke Phytochemical and Ethnobotanical Databases

http://www.rxlist.com RxList – The Internet Drug Index
http://www.pharmweb.net/ Pharmaceutical Information Network Home Page
http://www.usp.org/ USP DI (US Pharmacopeia Drug Information) Volume I (Health Care Professionals)
http://www.intelihealth.com/IH/ihtIH?t=4631&p=~br,IHW¦~st,408¦~r,WSIHW000¦~b,*¦&st=8124 USP DI (US Pharmacopeia Drug Information) Volume II (Patients)
http://physician.pdr.net/pdrnet/librarian PDR – Physicians Desk Reference
http://www.rxmed.com/ RXmed: Prescribing Information
http://www.physician.pdr.net/physician/static/
htm?path=controlled/searchred=book.htm Drug Pricing Information
http://www.emea.eu.int/ The European Agency for the Evaluation of Medicinal Products

Radiology

http://www.radcentral.com Radiology Central

Toxicology

http://vm.cfsan.fda.gov/~mow/intro.html FDA/CFSAN Introduction to Foodborne Pathogenic Microorganisms and Natural Toxins
http://www.ific.org/ International Food Information Council Foundation (IFIC)
http://www.oshweb.com/s/178-01 Environmental Chemicals Data and Information Network (ECDIN)
http://www.cbiac.apgea.army.mil/ CBIAC – The Chemical Warfare/Chemical and Biological Defense Information Analysis Center
http://vm.cfsan.fda.gov/~dms/chemist.html Center for Food Safety and Applied Nutrition (CFSAN) Chemistry Information
http://vm.cfsan.fda.gov/~frf/biologic.html Center for Food Safety and Applied Nutrition (CFSAN) Biological Collection

Emergency Medicine

http://www.emedicine.com/emerg/index.shtml eMedicine Online Text – Emergency Medicine
http://www.ncemi.org/cgi-ncemi/edhome.pl Emergency Medicine Informatics
http://www.ncemi.org Emergency Medicine

Medical Journals

http://www.jama.ama-assn.org/ JAMA – The Journal of the American Medical Association
http://www.cdc.gov/mmwr/ MMWR – Morbidity & Mortility Weekly Report
http://www.bmj.bmjjournals.com/ BMJ – British Medical Journal
http://www.nature.com/index.html Nature Medicine
http://www.nejm.org New England Journal of Medicine
http://www.thelancet.com The Lancet
http://mulford.mco.edu/instr/ Instructions to Authors in the Health Sciences

Multispecialty Medical Websites

http://www.medscape.com Medscape
http://www.cdc.gov Centers for Disease Control and Prevention
http://www.nhlbi.nih.gov/index.htm National Heart Lung Blood Institute Alerts
http://www.medical-devices.gov.uk Medical Devices Agency – MDA
http://www.nih.gov/news/ NIH Health Information Index
http://www.medslides.com Medslides – Presentation Slides
http://www.ncbi.nlm.nih.gov The National Center for Biotechnology Information
http://cancernet.nci.nih.gov NCI's CancerNet
http://www3.niaid.nih.gov/ National Institute of Allergy and Infectious Diseases
http://www.nih.gov National Institutes of Health (NIH)
http://www.who.int/csr/don/en/ Disease outbreaks reported – index
http://www.quackwatch.com QuackWatch (Medical Quality Control Site)
http://www.fda.gov FDA – Food and Drug Administration

6 How to Talk to Patients

It is not easy for the doctor – let alone for the foreign doctor – to make himself well understood by his patients. In such conversations the physician will try to use the patient's own language. He will also attempt to present the issues in a kind and reassuring manner. The following chapter is therefore intended to give examples that are applicable in common situations as indicated. First, we will comment on the usual style of conversation between patients and physicians.

6.1 Style of Conversation Between Patients and Physicians

Admittedly, the degree of formality in conversations between patients and physicians has its regional variations; nonetheless, the following general remarks seem to be appropriate:

Physicians usually treat patients as their equal partners. They will try to get the patient to cooperate with them by making the patient understand his disease. The physician will almost always listen patiently to all questions and is also willing to discuss controversial medical facts with the patient. At the end of a conversation the physician will often invite the patient to ask further questions.

When major medical procedures, operations, or the dismal prognosis of a patient are involved the discussions are likewise fact-oriented and straightforward. Usually, physicians will not hide an unfavorable prognosis from their patient; however, they will not force it onto the patient if the patient doesn't seem to care.

The language in which they address each other may be quite informal. It is not unheard of that the physician and the patient greet each other by their first names, or even by a nickname.

Some Phrases for the Outpatient Clinic

(Meeting a new patient): "Hello, Mrs. Brendan, I am Dr. Smith. Please, come over to my office. Have a seat, please. How are you?"

(Meeting a new patient): "Good morning, Mrs. Brendan, my name is Dr. Smith; I have been expecting your visit from Dr. Robertson's letter. Come in and bring your sister along if you wish. Sit down right here, please. How do you do?"

6 Ausdrucksweise im Umgang mit Patienten

Es ist nicht leicht für den Arzt – ganz zu schweigen vom ausländischen Arzt –, sich so auszudrücken, dass er von seinen Patienten vollständig verstanden wird. Im Gespräch mit dem Patienten wird der Arzt versuchen, die Ausdrucksweise des Patienten zu benutzen. Er wird sich außerdem in seiner Gesprächsführung um einen freundlichen und beruhigenden Stil bemühen. Im folgenden Kapitel sollen entsprechende Beispiele im Englischen angeführt werden, die in alltäglichen Situationen nützlich sein können. Zunächst einige Bemerkungen über den zwischen Patienten und Ärzten üblichen Gesprächsstil.

6.1 Der bei Patienten und Ärzten übliche Gesprächsstil

Zugegebenermaßen wird die Form des ärztlichen Gesprächs regional variieren; trotzdem scheinen folgende generelle Bemerkungen zuzutreffen:

Die Ärzte behandeln ihre Patienten gewöhnlich als gleichberechtigte Partner. Sie werden versuchen, die Kooperation des Patienten dadurch zu gewinnen, dass sie ihm seine Krankheit verständlich darstellen. Der Arzt wird fast immer bereit sein, sich sämtliche Patientenfragen anzuhören. Dem Arzt macht es auch nichts aus, mit dem Patienten widersprüchliche medizinische Sachverhalte zu diskutieren. Am Ende eines Gespräches wird der Arzt seinen Patienten oftmals auffordern, Fragen zu stellen.

Ebenso ist das ärztliche Gespräch sachbezogen und unverblümt, wenn es um größere medizinische Eingriffe, Operationen oder etwa eine schlechte Prognose geht. Im Allgemeinen werden die Ärzte eine unerfreuliche Prognose ihrem Patienten nicht verbergen; andererseits werden sie sich damit dem Patienten nicht aufdrängen, wenn der Patient kein Interesse an der Sache zeigt.

Die Ausdrucksweise in der gegenseitigen Anrede ist manchmal sehr ungezwungen. Es ist nichts Ungewöhnliches, wenn sich Arzt und Patient gegenseitig mit dem Vornamen oder mit einem Spitznamen anreden.

Einige Sätze für ambulante Patienten

(Begrüßung eines neuen Patienten): „Guten Tag, Frau Brendan, ich heiße Dr. Smith. Bitte, kommen Sie mit in mein Zimmer. Bitte nehmen Sie Platz. Wie geht es Ihnen?“

(Begrüßung eines neuen Patienten): „Guten Morgen, Frau Brendan, ich heiße Dr. Smith; Ihr Besuch wurde mir durch einen Brief von Dr. Robertson angekündigt. Kommen Sie doch mit herein, falls Sie möchten, auch in Begleitung Ihrer Schwester. Nehmen Sie bitte Platz. Wie geht es Ihnen?“

(Meeting a known patient): "Hi, Mrs. Patterson, good to see you again. How have you been?"

(Meeting a known, incapacitated patient): "Hello, Mr. Peterson, let's see how we might get you to the office. I will help you with your crutches. Take your time. Maybe you should lie down on the stretcher right away. Nurse, would you bring a blanket for Mr. Peterson?"

Phrases Used to Start a Conversation with a New Patient

„Well, Mr. Moore, what bothers you?"
"Well, Mr. Moore, what seems to be the trouble?"
"Well now, Mr. Moore, why did you come to see me?"

(To a patient seen in referral): "Well, Mr. Zimmerman, Dr. Robertson says in his letter that your back pain is getting worse. Tell me about it."

(To a sick patient): "Well, Mr. Zimmerman, you are obviously not feeling well. How long has this been going on?"

(To a sick patient): "Well, Mr. Zimmerman, you seem to be quite ill. Let's go over your problems one at a time. Which of your troubles is the most bothersome to you?"

Some Comments to be Used on Ward Rounds

(Intern meeting a patient with **pneumonia**): "Good morning, Mr. Williams, how are you today? How was your night? Do you still cough as much as before? How about your fever and chills, are they gone? In which way do you feel better this morning?"

(Resident meeting a female patient with **Crohn's disease** that he knows well): "Good morning, my dear; how did you like your breakfeast this morning? Can you take meals any better than before? Do you seem to be making any progress?"

(Consulting service student meeting a patient with a **cardiac problem**): "Hello, Mr. Walters, I am Bill Wilder from the cardiology service. I am a medical student. Your doctors have asked our service to come by and find out about your heart murmur. Let me ask you a few questions."

(Physician rounds meeting a patient with **pyelonephritis**): "Good morning, Mrs. Miller. How are you today? Did you have any more night sweats? Are you still

(Begrüßung eines bekannten Patienten): „Tag, Frau Patterson, freut mich, Sie zu sehen. Wie ist es Ihnen in letzter Zeit gegangen?"

(Begrüßung eines bekannten, schwer behinderten Patienten): „Guten Tag, Herr Peterson, was können wir tun, um Sie in mein Zimmer zu bekommen? Ich werde Ihnen mit den Krücken helfen. Nehmen Sie sich Zeit. Vielleicht sollten Sie sich gleich auf die Trage legen. Schwester, bitte bringen Sie doch Herrn Peterson eine Decke."

Sätze, die man zur Einleitung einer Unterhaltung mit einem neuen Patienten verwenden kann

„Nun, Herr Moore, wo drückt der Schuh?"
„Nun, Herr Moore, was sind Ihre Schwierigkeiten?"
„Nun, Herr Moore, weshalb haben Sie mich aufgesucht?"

(Im Gespräch mit einem überwiesenen Patienten): „Nun, Herr Zimmerman, Dr. Robertson schreibt mir, dass Ihre Rückenschmerzen zunehmen. Berichten Sie mir darüber."

(Im Gespräch mit einem leidenden Patienten): „Nun, Herr Zimmerman, es geht Ihnen offensichtlich nicht gut. Wie lange dauert das schon an?"

(Im Gespräch mit einem leidenden Patienten): „Nun, Herr Zimmerman, es scheint ja ziemlich schlimm zu sein. Wir sollten Ihre Probleme nacheinander durchgehen. Was stört Sie am meisten?"

Einige Bemerkungen bei der Visite

(*Intern* im Gespräch mit einem Patienten, der **Lungenentzündung** hat): „Guten Morgen, Herr Williams, wie geht es heute? Wie war die Nacht? Hat sich der Husten gebessert? Ist das Fieber und das Kältegefühl noch da? Was ist alles heute Morgen besser?"

(*Resident* beim Gespräch mit einer ihm sehr gut bekannten Patientin, die die **Crohnsche Krankheit** hat): „Guten Morgen, meine Liebe, wie hat Ihnen heute das Frühstück geschmeckt? Geht es bei den Mahlzeiten etwas besser als vorher? Scheint es jetzt voranzugehen?"

(Student des Konsultationsdienstes bei der Begrüßung eines Patienten mit einem **Herzproblem**): „Guten Tag, Herr Walters, mein Name ist Bill Wilder, ich komme von der kardiologischen Abteilung. Ich bin ein Medizinstudent. Ihre Ärzte haben unsere Abteilung um eine Beurteilung Ihres Herzgeräusches gebeten. Erlauben Sie mir einige Fragen."

(Visite bei einer Patientin mit **Pyelonephritis**): „Guten Morgen, Frau Miller. Wie geht es Ihnen? Hatten Sie wieder Nachtschweiß? Hält das Fieber an? Was ma-

running a fever? How about your flank pain? How often did you get up to pass water during the night? Did you pass a lot of water each time? Did you hurt when you passed the water? Are you still sick to your stomach? Are you still feeling weak and dizzy?"

(Ward rounds meeting a patient with **deep vein thrombosis** and **pulmonary embolus,** receiving heparin): "Hallo, Mrs. Fisher. Is there any improvement in your condition? What about your swollen leg? Is your throbbing pain letting up? How about the tight stockings? Are they helpful to you? Are you still as short of breath as two days ago? Do you still use the nasal oxygen? Do you hurt in your chest when you take a deep breath? Have you coughed up any bloody phlegm?"

(Rounds meeting a patient with a **cardiac arrhythmia,** who is sitting at the table in his room): "Hello, Mr. Koch. It's good to see that you are up and around. Have you had any more dizzy spells? Did you have any blackout? Did you fall to the ground? Do you still have the ringing in your ears? Have you felt any more throbbing of your heart?"

(Rounds meeting a patient with **headaches** and **sinusitis**): "Good morning, Mr. Morris. How about your splitting frontal headaches? Did the painkiller give you relief? Are your nasal secretions clearing up? What was their colour? Did you feel any secretions running down your throat at night? Do you still feel that fullness in your sinus cavity? Is there any tooth-ache? Are you still running a temperature?"

(Rounds meeting a patient who has had **pancreatitis**): "Hi, Mr. Newman. The attack of pancreatitis appears to be all over. Your blood work shows normal results. Have you had any more cramps or pain to your belly? Does your diet agree with you; or have you felt nauseated again? Have your stools become normal? Can you flush down the stool easily – or is it very foamy? Dr. Sidney told us that your abdominal ultrasound study now shows a normal bile duct and pancreas. Maybe we should discharge you soon. How do you feel about going home tomorrow?"

(Physician examining a patient after a **fall on the ward** who is in bed now): "Mrs. Miller, I hear you fell on our stairs a few minutes ago. Where do you hurt? How did it happen? Did you get dizzy or did you trip up? Now let me see your head. You bruised the skin over your nose but the nasal bone does not give. Move your shoulders up and down! O.k., there is nothing wrong here. Oh, I see your elbow is sore and you're unable to stretch your arm. Did you hit the ground with the elbow when you fell? Your elbow is badly swollen and it is blue all over. Let me gently feel the bones of the elbow. Well, there are mobile pieces of bone in here. I think, you cracked the elbow. We need to take an X-ray shortly."

chen die Flankenschmerzen? Wie häufig mussten Sie letzte Nacht aufstehen zum Wasserlassen? Kam jedes Mal eine größere Urinmenge? War das Wasserlassen schmerzhaft? Ist Ihnen noch übel? Fühlen Sie sich noch allgemein schlapp und schwindlig?"

(Visite bei einer Patientin mit **tiefer Venenthrombose** und **Lungenembolie**, die mit Heparin behandelt wird): „Guten Tag, Frau Fisher. Geht es Ihnen besser? Was macht das geschwollene Bein? Lassen die klopfenden Schmerzen nach? Wie ist es mit den Stützstrümpfen? Wird Ihnen dadurch geholfen? Haben Sie noch die Kurzatmigkeit wie vor zwei Tagen? Nehmen Sie noch die Sauerstoffkanüle? Haben Sie beim tiefen Einatmen Brustschmerzen? Haben Sie rotes Sekret hochgehustet?

(Visite bei einem Patienten mit **Herzarrhythmie**, der gerade in seinem Zimmer am Tisch sitzt): „Guten Tag, Herr Koch. Es freut einen zu sehen, dass Sie aufgestanden sind und herumgehen. Hatten Sie noch irgendwelche Schwindelanfälle? Kam es zu einem Ohnmachtsanfall? Sind Sie zu Boden gestürzt? Haben Sie noch das Ohrensausen? Ist es noch einmal zu Herzklopfen gekommen?"

(Visite bei einem Patienten mit **Kopfschmerzen** und **Sinusitis**): „Guten Morgen, Herr Morris. Was machen die Kopfschmerzen, das Gefühl, dass Ihnen der Kopf platzt? Haben die Schmerzmittel Linderung bewirkt? Wird das Sekret aus der Nase klar? Welche Farbe hatte das Sekret? Hatten Sie letzte Nacht Sekret im Rachen? Fühlt sich die Nebenhöhle immer noch voll an? Haben Sie Zahnschmerzen? Hält das Fieber an?"

(Visite bei einem Patienten, der **Pankreatitis** gehabt hat): „Morgen, Herr Newman. Es scheint, als wäre der Pankreatitisschub ganz vorbei. Die Blutuntersuchungen zeigen normale Ergebnisse. Hatten Sie noch einmal Bauchkrämpfe oder Bauchschmerzen? Vertragen Sie die Kost oder ist Ihnen noch einmal übel gewesen? Hat sich der Stuhl normalisiert? Können Sie den Stuhl ohne weiteres (in der Toilette) herunterspülen – oder ist er sehr schaumig? Nach dem Befund von Dr. Sidney beim Ultraschall sind Gallengang und Bauchspeicheldrüse jetzt unauffällig. Vielleicht sollten wir Sie bald entlassen. Was halten Sie davon, morgen nach Hause zu gehen?

(Arzt bei einer Patienten nach **Sturz auf der Station**, die sich jetzt im Bett befindet): „Frau Miller, wie ich höre, sind Sie vor ein paar Minuten auf unserer Treppe gestürzt. Wo tut es weh? Wie ist es passiert? Wurde Ihnen schwindlig oder sind Sie ausgerutscht? Lassen Sie mich mal Ihren Kopf untersuchen. Sie haben eine Prellung auf der Nase, aber die Nasenknochen sind fest. Bewegen Sie die Schultern hoch und runter. Gut, hier fehlt nichts. Sieh da, Ihr Ellbogen schmerzt, Sie können den Arm nicht ausstrecken. Sind Sie mit dem Ellbogen auf dem Boden aufgeschlagen bei dem Sturz? Der Ellbogen ist stark geschwollen und überall blau. Ich möchte vorsichtig die Ellbogenknochen abtasten. Hier drin sind einige bewegliche Knochenteile. Ich glaube, Sie haben sich den Ellbogen gebrochen. Wir müssen gleich ein Röntgenbild machen."

Giving Explanations and/or Getting the Patient's Consent

(Explaining the need for a **CT-scan** in a patient who has weakness of the legs. Neurology consultant speaking): "I cannot find anything wrong with your legs. My bedside evaluation is normal. I expect that you will be all right. However, I think that a CT-scan should be done. This will give you reassurance. The CT-scan is a high-tech kind of an X-ray. It shows important details of your brain. It does not hurt and it is not dangerous. During the study you will be lying on your back on a stretcher. The technician will advance your head into a narrow tunnel for about 8 minutes. There is nothing to be worried about. There will be enough breathing space around your head. You will be able to speak to the technician by a microphone in the CT-tunnel. The tunnel serves to bring electronic imaging machinery close to your head. Have you ever been afraid of tunnels in your life before?"

(Explaining the need for a **central venous catheter**): "We have a little problem with your veins, Mr. Olsson. During your chemotherapy we had to use your veins quite heavily. Most of them are now irritated and not accessible. In the next few days we will have to give you several i.v. drips and a transfusion of blood. We will therefore have to use a vein in your neck. It is not going to hurt. First of all I will numb the skin with an injection. I will then put in a small piece of sterile tubing which can be used for infusions. This is not dangerous. You can take my word for it. We have quite a bit of experience with this approach since we have to use it a lot."

(Explaining **medication for high blood pressure**): "Mrs. Brown, you have had the high blood pressure and the headaches for 3 years. This condition will not go away by itself. All the necessary tests have been done. They did not show a curable cause of your hypertension. But we can treat you with medication. The medicine will bring your blood pressure down to the normal range. It is necessary that you take the medication all the time because its effects expire after about 12 hours. I also recommend a blood pressure cuff of your own. This will allow you to know your blood pressure."

(Explaining the need for **surgery**): "Well, Mrs. Anderson, it is now time for a decision. You have had colics from your gallstones four times in one year. The ERCP and the incision we made in the duct has not helped to prevent the colics. You had jaundice and fever once. The studies have shown many more stones in your gall bladder. Unless we do something these events will just keep repeating themselves. I think the surgeon should remove your gall blad-

Klären von Sachverhalten und/oder Einverständnis des Patienten einholen

(Einem Patienten mit Beinschwäche die Notwendigkeit eines **Computertomogramms** erklären. Der neurologische Konsiliarius): „Ich kann keine Störung Ihrer Beine finden. Meine Untersuchung ist unauffällig. Ich denke, es wird alles in Ordnung kommen. Allerdings sollte meines Erachtens ein Computertomogramm gemacht werden. Das wird Sie beruhigen. Das Computertomogramm ist ein besonders genaues Röntgenbild. Man kann damit wichtige Einzelheiten des Gehirns darstellen. Die Untersuchung ist nicht schmerzhaft und auch nicht gefährlich. Während der Untersuchung werden Sie auf dem Rücken auf einem Untersuchungstisch liegen. Die MTA wird Sie mit dem Kopf in einen schmalen Tunnel schieben, etwa 8 Minuten wird es dauern. Sie müssen sich keine Sorgen machen. Es bleibt genügend Raum zum Atmen frei. Sie können auch über ein Mikrofon mit der MTA aus dem Tunnel heraus sprechen. Der Tunnel dient dazu, die elektronischen Aufnahmegeräte dicht an Ihren Kopf heranzubringen. Hatten Sie schon einmal Angst vor Tunnels?"

(Die Notwendigkeit eines **zentralen Venenkatheters** erklären): „Mr. Olsson, wir haben Probleme mit Ihren Venen. Während der Chemotherapie brauchten wir Ihre Venen ständig. Die meisten Venen sind jetzt gereizt und können nicht mehr benutzt werden. In den nächsten Tagen werden wir Ihnen mehrere Infusionen und eine Bluttransfusion geben müssen. Deswegen müssen wir dafür einen Zugang über eine Halsvene schaffen. Das wird nicht weh tun. Zuerst werden wir mit einer Spritze eine lokale Betäubung machen. Dann werde ich einen dünnen sterilen Katheter einführen, der für Infusionen benutzbar ist. Das ist nicht gefährlich. Sie können mir wirklich glauben. Wir haben ziemlich viel Erfahrung mit dieser Methode, weil wir sie häufig benutzen müssen."

(Erklärung einer **Hochdruckmedikation**): „Frau Brown, Sie haben den hohen Blutdruck und die Kopfschmerzen seit drei Jahren. Diese Krankheit wird nicht von selbst verschwinden. Alle notwendigen Tests sind gemacht worden. Dabei ist nichts herausgekommen, womit man Ihren Hochdruck heilen könnte. Wir könnten ihn aber mit Medikamenten behandeln. Diese Medikamente werden Ihren Blutdruck auf normale Werte absenken. Es wird nötig sein, dass Sie die Medikamente immer einnehmen, weil die Medikamentenwirkung nach ungefähr 12 Stunden aufhört. Ich empfehle Ihnen, auch ein Blutdruckgerät zu kaufen. Das wird Ihnen die Möglichkeit geben, Ihre eigenen Blutdruckwerte selbstständig zu messen.

(Die Notwendigkeit eines **chirurgischen Eingriffs** erklären): „Also, Frau Anderson, jetzt müssen wir zu einer Entscheidung kommen. Ihre Gallensteine haben über das letzte Jahr hinweg viermal zu Koliken geführt. Die ERCP-Untersuchung und die Schlitzung des Ausführungsganges haben nichts dazu beigetragen, die Koliken zu verhindern. Einmal ist es zu Gelbsucht und Fieber gekommen. Wir wissen von den Untersuchungen, dass Sie noch etliche Steine in

der. I will consult with Dr. Richards. I will ask him to come over and see you today."

(Explaining **cancer**): "Mr. Ramsey, I'm afraid the biopsy from your prostate did not show benign tissue. This is not a life threatening disorder. Tissue changes of the prostate gland can almost always be kept in check by therapy. There are several options. We should probably remove the prostate gland by an operation. Thereafter we should consider three courses of chemotherapy. Neither the surgery nor the chemotherapy will be dangerous. In fact, I expect you to do quite well throughout."

Phsyician-Patient conversation in the Outpatient Clinic: Two Actual Cases

Office visit; 51 y o patient with uncontrolled high blood pressure:

Physician: "Why did your doctor send you to my outpatient clinic?"
Patient: "We cannot get the blood pressure down."
Physician: "How long have you had a high blood pressure?"
Patient: "I took medication for 10 years."
Physician: "Is the high blood pressure in your family?"
Patient: "Not that I know of."
Physician: "What did your parents die of?"
Patient: "My father is alive. My mother died of a stroke at seventy. She was a diabetic."
Physician: "Did she take blood pressure pills?"
Patient: "I am not sure; maybe yes."
Physician: "How are you feeling?"
Patient: "I am tired a lot. I forget things. I'm just not up to par."

Physician: "What are your blood pressure readings?"
Patient: "I am often over 200."
Physician: "What is the lower reading?"
Patient: "Sometimes it reaches 110."
Physician: "How about your medication? Does it help?"
Patient: "No. They tried a beta-blocker and I could not climb stairs any more."

Physician: "Now you're on a calcium channel-blocker."
Patient: "Yes, but I get dizzy and my legs swell up."
Physician: "How about the ACE-inhibitor?"

der Gallenblase haben. Wenn wir jetzt nichts unternehmen, dann wird es immer wieder zu diesen Koliken kommen. Ich glaube, der Chirurg sollte Ihre Gallenblase entfernen. Ich werde Dr. Richard befragen. Ich werde ihn herbitten, damit er Sie heute noch untersucht."

(Erklärungen bei **Krebs** geben): „Herr Ramsey, ich fürchte, das Biopsiegewebe aus der Prostata war nicht gutartig. Es handelt sich hier nicht um eine lebensbedrohliche Krankheit. Gewebeveränderungen der Prostata kann man fast immer therapeutisch in den Griff bekommen. Es bestehen mehrere Möglichkeiten. Wahrscheinlich sollte man die Prostata operativ entfernen. Dann sollte man überlegen, ob drei Zyklen einer Chemotherapie angebracht sind. Weder der chirurgische Eingriff noch die Chemotherapie sind gefährlich. Man kann erwarten, dass es Ihnen während der Behandlung im Großen und Ganzen durchaus gut gehen wird."

Arzt-Patientengespräch in der Ambulanz: Zwei Fälle

Ambulante Vorstellung eines 51-jährigen Patienten mit schlecht eingestelltem Hochdruck:

Arzt: „Warum hat Sie der Hausarzt in meine Ambulanz überwiesen?"
Patient: „Wir kriegen den Blutdruck nicht runter."
Arzt: „Wie lange haben Sie schon hohen Blutdruck?"
Patient: „Ich habe zehn Jahre Medikamente genommen."
Arzt: „Ist hoher Blutdruck bei Ihnen in der Familie häufig?"
Patient: „Nicht, dass ich wüsste."
Arzt: „Woran sind Ihre Eltern gestorben?"
Patient: „Mein Vater lebt noch. Meine Mutter ist mit 70 an einem Hirnschlag gestorben. Sie war Diabetikerin."
Arzt: „Nahm sie Blutdrucktabletten?"
Patient: „Da bin ich nicht sicher; vielleicht schon."
Arzt: „Wie fühlen Sie sich jetzt?"
Patient: „Ich bin immer müde. Ich bin vergesslich. Ich bin einfach nicht auf dem Damm."
Arzt: „Was für Blutdruckwerte haben Sie jetzt?"
Patient: „Sie liegen oft über 200."
Arzt: „Wo liegt der untere Wert?"
Patient: „Manchmal ist er bei 110."
Arzt: „Helfen die Medikamente?"
Patient: „Nein. Man gab mir einen Beta-Blocker und ich kam die Treppen nicht mehr hoch."
Arzt: „Jetzt nehmen Sie einen Kalzium-Kanal-Blocker."
Patient: „Ja, aber er macht mich schwindlig und die Füße werden dick."
Arzt: „Wie klappt es mit dem ACE-Hemmer?"

Patient: "It's o.k."
Physician: "So, maybe you cannot take the medication as your doctor prescribed it for you?"
Patient: "That's possible."
Physician: "How about your weight? Any changes?"
Patient: "My weight has gone up."
Physician: "Where do you eat?"
Patient: "Mostly at fast food restaurants."
Phsysician: "Do you smoke?"
Patient: "Well, yes. 5 to 10 (cigarettes) a day."
Physician: "Do you drink?"
Patient: "I have a beer or two in the evening."
Physician: "Have you had a check for diabetes lately?"
Patient: "No."
Physician: "What kind of work do you do?"
Patient: "I am a salesman."
Physician: "Do you enjoy your work?"
Patient: "It gives me a lot of trouble."
Physician: "O.k., let us now do the physical examination."

After the physical examination (Physician): "I am quite satisfied with you, except the blood pressure is very high indeed. You also have changes in your eye grounds from the high blood pressure. We will have to do an EKG, some blood work, and a urine test. I can tell you this: We must bring your blood pressure down. I advise you to add a diuretic. We should switch your calcium channel-blocker to a long acting preparation. I will give you prescriptions for both drugs. You must take them religiously. Can you change your diet and lose weight? Can you stop smoking? I want to see you again in two weeks and we will go from there."

Office visit; 22 y o waitress:

Physician: "What seems to be the trouble?"
Patient: "I keep going to the bathroom. It began two days ago."
Physician: "How did you sleep at night?"
Patient: "I got up every hour."
Physician: "How much water did you pass?"
Patient: "That's what I don't understand: It's just a few drops. And it hurts."

Physician: "Is it yellow?"
Patient: "Sometimes it's brown, sometimes it's red."
Physician: "Did you have a fever?"
Patient: "I didn't take my temperature."

Patient: „Der ist in Ordnung."
Arzt: „Nun ja, vielleicht können Sie die Medikamente nicht wie vorgeschrieben einnehmen?"
Patient: „Schon möglich."
Arzt: „Was macht Ihr Gewicht, hat es sich verändert?"
Patient: „Ich habe zugenommen."
Arzt: „Wo gehen Sie essen?"
Patient: „Meistens in Schnellrestaurants."
Arzt: „Rauchen Sie?"
Patient: „Na ja, also 5–10 Zigaretten pro Tag."
Arzt: „Trinken Sie Alkohol?"
Patient: „Ein bis zwei Bier am Abend."
Arzt: „Haben Sie in der letzten Zeit mal Ihren Zucker prüfen lassen?"
Patient: „Nein."
Arzt: „Was machen Sie beruflich?"
Patient: „Ich bin Vertreter."
Arzt: „Macht die Arbeit Spaß?"
Patient: „Die Arbeit macht mir viel Mühe."
Arzt: „Gut. Jetzt müssen wir eine körperliche Untersuchung durchführen."

Nach der körperlichen Untersuchung (Arzt): „Man kann zufrieden sein, allerdings ist der Blutdruck wirklich hoch. Es bestehen bei Ihnen auch Augenhintergrundsveränderungen aufgrund des Hochdrucks. Man muss jetzt ein EKG machen, Blut abnehmen und eine Urinuntersuchung durchführen. Eines kann ich Ihnen sagen: Wir müssen den Blutdruck unbedingt herunterbekommen. Ich rate Ihnen, zusätzlich ein Diuretikum einzunehmen. Wir sollten den Kalzium-Kanal-Blocker gegen ein lang wirksames Kalzium-Blocker-Präparat austauschen. Ich werde Ihnen für beide Medikamente ein Rezept geben. Sie müssen die Medikamente peinlich genau einnehmen. Könnten Sie nicht auch Ihre Essgewohnheiten ändern und abnehmen? Könnten Sie nicht aufhören zu rauchen? Ich möchte, dass Sie sich in zwei Wochen wieder vorstellen, und dann sehen wir weiter."

Ambulante Vorstellung einer 22-jährigen Bedienung:

Arzt: „Was ist Ihr Problem?"
Patient: „Ich muss die ganze Zeit aufs Klo. Es hat vor zwei Tagen angefangen."
Arzt: „Wie haben Sie nachts geschlafen?"
Patient: „Ganz mies. Ich musste jede Stunde raus."
Arzt: „Wieviel Urin müssen Sie jedes Mal lassen?"
Patient: „Das verstehe ich überhaupt nicht. Es sind immer nur ein paar Tropfen. Außerdem tut's weh."
Arzt: „Ist der Urin gelb?"
Patient: „Manchmal braun, manchmal rot."
Arzt: „Haben Sie Fieber gehabt?"
Patient: „Ich habe es nicht gemessen."

Physician: "Did you feel cold and shivery?"
Patient: "Yes. Certainly."
Physician: "Where do you hurt?"
Patient: "Between my legs. And in my back."
Physician: "How is your appetite?"
Patient: "Poor."
Physician: "Do you throw up?"
Patient: "No, but I felt nauseated ['nɔːsieitid]."
Physician: "Do you drink enough?"
Patient: "No, not much now."
Physician: "Have you had this before?"
Patient: "Yes. I get it two or three times a year. The doctor gave me antibiotics before."
Physician: "When did this trouble first begin?"
Patient: "When I was eighteen."
Physician: "Do you have children?"
Patient: "No."
Physician: "Is your bladder working normally between the attacks?"
Patient: "Almost. Sometimes I lose some water into my pants."
Physician gives the patient a physical exam.

Thereafter (Physician): "You have a temperature and there is obviously a urinary tract infection. I do not think that the bacteria are in your kidneys. But I will do a blood test to rule it out. We will also need a fresh midstream urine for a culture. I will prescribe an antibiotic. I advise you to drink a lot of fluid, maybe tea. I want you to stay in bed for one day. When you are well again I may send you to the urologist for a check up. You're having too many of those infections. Maybe we should then provide prophylactic medication later on."

Some Phrases to Guide and Direct the Patient During the Physical Examination

"I am going to give you a physical examination. Would you mind taking off your clothes except your pants and bra. Then put on this hospital gown, the nurse will help you. When you are done, make yourself comfortable on the examination table and call me."

(To a known patient with long-standing diabetes): "Please take off your shoes and socks. Show me your feet. I'm going to examine your toes and your pulses."

(To a known patient with lung disease): "Take off your sweater and your shirt and let me listen to your lungs."

(Taking the blood pressure): "Roll up your sleeve and let me take your blood pressure."

Arzt: „War Ihnen kalt oder haben Sie gefröstelt?"
Patient: „Ja. Sicher."
Arzt: „Wo tut's weh?"
Patient: „Zwischen den Beinen. Und im Rücken."
Arzt: „Was macht der Appetit?"
Patient: „Habe keinen."
Arzt: „Mussten Sie erbrechen?"
Patient: „Nein, aber mir war schlecht."
Arzt: „Trinken Sie ordentlich?"
Patient: „Nein, ich trinke jetzt nicht viel."
Arzt: „Haben Sie so etwas schon einmal gehabt?"
Patient: „Ja. Ich bekomme diese Geschichten zwei- bis dreimal im Jahr. Früher hat mir der Arzt Antibiotika gegeben."
Arzt: „Wann haben Sie diese Art Störung zum ersten Mal gehabt?"
Patient: „Mit 18."
Arzt: „Haben Sie Kinder?"
Patient: „Nein."
Arzt: „Haben Sie normalerweise Probleme mit der Blase?"
Patient: „Kaum. Manchmal geht ein bisschen Wasser in die Hose."
Der Arzt führt eine körperliche Untersuchung durch.

Danach (Arzt): „Sie haben Fieber und es liegt offenbar ein Harnwegsinfekt vor. Ich glaube, die Nieren sind nicht mit betroffen. Wir werden aber eine Blutuntersuchung machen, um eine Beteiligung der Nieren auszuschließen. Wir brauchen auch einen frischen Mittelstrahlurin für eine Kultur. Ich werde ein Antibiotikum verschreiben. Ich rate Ihnen, viel zu trinken, z. B. Tee. Ich möchte, dass Sie einen Tag im Bett bleiben. Wenn Sie wieder in Ordnung sind, werde ich Sie vielleicht zum Urologen zu einer Untersuchung schicken. Sie haben einfach zu viele Harnwegsinfekte. Vielleicht sollten wir Ihnen dann eine vorbeugende Medikation verschreiben."

Einige Sätze zur Verständigung während der körperlichen Untersuchung

„Ich werde jetzt eine körperliche Untersuchung durchführen. Bitte legen Sie Ihre Kleider bis auf die Unterhose und den BH ab. Dann ziehen Sie dieses Krankenhaushemd an, die Schwester wird Ihnen dabei helfen. Wenn Sie fertig sind, legen Sie sich auf den Untersuchungstisch und geben Sie bitte Bescheid."

(Bei einem bekannten Patienten mit langjährigem Diabetes mellitus): „Bitte ziehen Sie Schuhe und Strümpfe aus. Zeigen Sie mir die Füße. Ich werde die Zehen und die Fußpulse untersuchen."
(Bei einem bekannten Patienten mit einer Lungenkrankheit): „Legen Sie Pullover und Hemd ab, ich möchte Ihre Lungen abhören."

(Blutdruck messen): „Krempeln Sie den Ärmel hoch und lassen Sie mich den Blutdruck messen."

(Weighing patient): "Step on to the scale and let me weigh you."

(Positioning the patient): "Stand up, please. Sit up, please. Bend your knees, please. Lie down on your back, please. Roll over onto your left side, please. Lie on your belly, please."

(Examining the hands): "Let me see your hands. Turn them over. Make a fist."

(Testing the eyes): "Let me test your eyes. Look at the tip of my nose. I will now use some light to test your pupils."

(Examination of the mouth): "Open your mouth wide. Stick out your tongue. Say Aah."

(Examination of the neck): "Now I will step behind you to feel your neck. Give a swallow, please. Let me feel your armpits now."

(Examination of the lungs): "Breathe in and out deeply, I will listen to your lungs. Now hold your breath. Now breathe out as fast as you can. Cough a few times, please."

(Abdominal examination, patient lying on his back): "Fold your hands over your chest and pull up your knees. I will feel your belly. Be sure to let me know when you hurt."

(Examining costovertebral angle): "I will now poke my finger into your back. Does it hurt you?"

(To start an examination of the testicles): "Now I have to feel your testicles. Spread your legs apart. Have you noticed any lumps yourself?"

(Rectal examination): "Now I have to examine your back passage. Roll on your side and come over to the edge of the bed. I will slowly advance my finger. Try to be relaxed and take a few deep breaths."

(To start a pelvic examination): "We should now give you a pelvic examination. I will get the nurse to position you and make preparations. She will then call me."

(During the neurological examination): "I want you to walk on a straight line, heel to toe.

Try to relax, let your muscles go loose, I shall test your reflexes.

Stand up, take your heels together, hold out both arms, palms up, and now close your eyes for a few minutes.

Take your index finger and keep going back and forth between your nose and my finger.

Take your right heel and run it up and down your left shin."

(At the end of the physical examination): "Now we are finished. Is there anything else that you have noticed? If not, get dressed and come over to my desk."

(Wiegen des Patienten): „Treten Sie zum Wiegen auf die Waage."
(Den Patienten in bestimmte Körperlagen bringen): „Bitte stehen Sie auf. Bitte setzen Sie sich auf. Bitte ziehen Sie die Knie an. Bitte legen Sie sich auf den Rücken. Bitte legen Sie sich auf die linke Seite. Bitte legen Sie sich auf den Bauch."

(Untersuchung der Hände): „Zeigen Sie mir Ihre Hände. Drehen Sie die Hände um. Machen Sie eine Faust."
(Untersuchung der Augen): „Ich werde jetzt Ihre Augen untersuchen. Schauen Sie auf meine Nasenspitze. Ich werde jetzt mit einer Taschenlampe Ihre Pupillen testen."

(Untersuchung der Mundhöhle): „Bitte öffnen Sie den Mund und zeigen Sie mir die Zunge. Sagen Sie Aah."
(Untersuchung des Halses): „Zur Untersuchung des Halses werde ich mich hinter Sie stellen. Bitte schlucken Sie. Ich werde jetzt Ihre Achselhöhlen untersuchen."
(Lungenuntersuchung): „Ich werde jetzt die Lungen abhören, atmen Sie tief ein und aus. Jetzt bitte den Atem anhalten. Jetzt so schnell wie möglich ausatmen. Bitte einige Male husten."

(Bauchuntersuchung, Patient liegt auf dem Rücken): „Falten Sie Ihre Hände über der Brust und ziehen Sie die Knie an. Ich werde den Bauch abtasten. Sagen Sie mir gleich, wenn es weh tut."
(Untersuchung der Nierenlager): „Ich werde jetzt mit dem Finger in den Rücken stoßen. Haben Sie dabei Schmerzen?"

(Eine Untersuchung der Hoden beginnen): „Ich muss jetzt Ihre Hoden untersuchen. Spreizen Sie die Beine. Haben Sie selbst irgendwelche Knoten bemerkt?"

(Rektale Untersuchung): „Ich muss jetzt den After abtasten. Legen Sie sich auf die Seite hier an der Bettkante. Ich werde den Finger langsam in den After einführen. Atmen Sie einige Male tief durch und versuchen Sie sich zu entspannen."
(Eine gynäkologische Untersuchung beginnen): „Wir müssen jetzt eine gynäkologische Untersuchung durchführen. Ich werde die Krankenschwester rufen, damit sie Ihnen bei den Vorbereitungen und der Einnahme der Stellung hilft. Sie wird mich dann verständigen."

(Während der neurologischen Untersuchung): „Bitte gehen Sie auf einer geraden Linie, indem Sie einen Fuß vor den anderen setzen.
Versuchen Sie sich zu entspannen, lockern Sie die Muskeln, ich werde Ihre Reflexe testen.
Stehen Sie auf, stellen Sie Ihre Fersen dicht beieinander, strecken Sie beide Arme aus und halten Sie die Handinnenflächen nach oben. Schließen Sie jetzt die Augen für einige Minuten.
Nehmen Sie Ihren Zeigefinger und bewegen Sie ihn zwischen Ihrer Nasenspitze und meinem Finger hin und her.
Fahren Sie mit Ihrer rechten Ferse auf Ihrem linken Schienbein herauf und herunter."
(Am Ende der ärztlichen Untersuchung): „Wir sind jetzt fertig. Gibt es noch irgendetwas, das Sie selbst bemerkt haben? Falls nicht, kleiden Sie sich an und nehmen Sie dann an meinem Schreibtisch Platz."

7 How to Give a Presentation in English

It may happen that you have to present scientific findings at a medical scientific meeting. In such situations it is not helpful to write down the intended talk as you would give it in your native language, and then translate such a talk into English. This way you would probably end up with sentences that are too complicated while your conceptual framework would be difficult to understand. Unless you are an experienced speaker able to converse fluently in English you should adhere to the following rules of thumb:

1. Make simple short sentences, even if this means losing some detail. (Nonessential details can always be shown on your accompanying slides or on the overhead display).

2. Use clear language, avoid ambiguity [æmbi'gjuːiti]. (It is difficult to present a joke in a foreign language well or to make a sarcasm well understood.) Be certain that you understand the meaning of all your words well. (If in doubt ask someone who is a native English speaker.)

3. Follow a logical and straightforward concept for the parts of your presentation. In a talk during a scientific meeting in which you have to present your own findings you may use the following form:

a) Introduction/background: Findings of other authors, relevant data that have been published previously.

b) Question(s) of present study: Clearly state in one sentence why you undertook the present study or which specific question you wanted to answer.

c) Methods: Describe those aspects that are essential for an understanding of the results; point out methods that are new, or which have been modified by you.

d) Results: Present the main findings in the form of tables or diagrams. (Tables should not be overloaded with too much data; about ten lines of data is the limit. Each table should carry a title at the top stating the contents of the table. Use the terms "increased" or "decreased" only in those situations where the change is statistically significant. When using diagrams keep them simple, avoid overly crowded or complicated diagrams. Each diagram should begin with a title above it stating the contents of the work.)

e) Summary: Describe your main findings and how they relate to your initial question(s) in 2–4 sentences.

f) Conclusions: Answer your initial question.

4. Concentrate on established facts and on data, either as they are known from the literature or as they emerge from your own work. Quote the literature and do so correctly. Try to be precise. Avoid speculation and do not propose more

7 Ein Vortrag auf Englisch

Möglicherweise müssen Sie auf einer wissenschaftlichen Veranstaltung einmal Forschungsergebnisse vorstellen. In einer solchen Situation empfiehlt es sich nicht, den Vortrag zunächst in der Muttersprache zu formulieren und dann ins Englische zu übersetzen. Dabei würden wahrscheinlich (im Englischen) zu komplizierte Sätze entstehen und das gedankliche Gerüst Ihres Vortrages könnte schwer verständlich sein. Wenn Sie also wenig Erfahrung in Vorträgen haben und im Englischen nicht sehr versiert sind, sollten Sie die folgenden Faustregeln beherzigen:

1. Benutzen Sie einfache kurze (englische) Sätze, selbst wenn dabei einige Details geopfert werden müssen. (Weniger wichtige Details kann man immer auf dem Begleitdia oder auf der Begleitfolie zeigen).

2. Erstreben Sie eine klare, unzweideutige Ausdrucksweise. (Es ist immer schwierig, in einer Fremdsprache einen Scherz gut rüberzubringen oder eine sarkastische Bemerkung passend einfließen zu lassen.) Stellen Sie sicher, dass Sie die Bedeutung aller der von Ihnen verwendeten Begriffe verstehen. (Bei Zweifeln sollte man immer jemanden fragen, der Englisch als Muttersprache beherrscht.)

3. Bauen Sie Ihren Vortrag logisch und verständlich auf. Auf einem wissenschaftlichen Kongress, bei dem Sie eigene Befunde vorzustellen haben, kann man folgende Gliederung empfehlen:

a) **Einleitung/wissenschaftlicher Hintergrund:** Hier nennt man die Befunde anderer Autoren oder einschlägige früher publizierte Beobachtungen.

b) **Fragestellung(en) der jetzigen Untersuchung:** Formulieren Sie in einem Satz, weshalb Sie die jetzige Studie gemacht haben oder welche spezifische Frage Sie damit beantworten wollten.

c) **Methoden:** Beschreiben Sie vor allem diejenigen Methoden, die man für das Verständnis der Resultate benötigt; beschreiben Sie neue Methoden oder von Ihnen eingeführte Modifikationen.

d) **Resultate:** Präsentieren Sie Ihre hauptsächlichen Befunde in Form von Tabellen oder Grafiken. (Tabellen sollte man nicht mit Daten überladen; etwa 10 Zeilen mit Daten sind das Maximum pro Dia. Über jeder Tabelle sollte sich ein Titel befinden, der den Inhalt verbal beschreibt. Verwenden Sie die Ausdrücke „gesteigert" oder „vermindert" nur dann, wenn die jeweilige Veränderung statistisch signifikant ist. Halten Sie grafische Darstellungen simpel, vermeiden Sie Überfüllung und Kompliziertheit. (Auch über jeder grafischen Darstellung sollte ein Titel stehen, welcher verbal den Inhalt benennt.)

e) **Zusammenfassung:** Beschreiben Sie mit 2–4 Sätzen die hauptsächlichen Befunde unter Bezugnahme auf die Fragestellung.

f) **Schlussfolgerungen:** Beantworten Sie die Fragestellung.

4. Stützen Sie sich auf gesicherte Befunde und Daten, entweder aus der Literatur oder aus Ihrer eigenen Arbeit. Zitieren Sie die Literatur und achten Sie dabei auf korrekte Darstellung. Bemühen Sie sich um Genauigkeit der Aussage.

than one hypothesis to explain your findings – if at all necessary. When you draw conclusions from your work be fact-oriented and modest.

5. Do not exceed the time allotted for your talk in the printed program. The usual time for an oral presentation in a scientific meeting is 10 minutes. In preparing your talk make sure your presentation takes only 8 to 9 minutes, i.e. 10 to 20% less than the allotted time. (In the actual presentation in front of an audience you will almost always take longer than during practice. This is because the laser pointer or the slides may malfunction, or because you may react to the audience and feel obliged to speak more slowly than you had planned).

6. Practice your talk about 5 to 10 times. Use your slides during such practice exactly as you would during the eventual presentation. Initially practice by yourself. For the last two times of practice present in front of a few colleagues.

7.1 Example of an Oral Presentation

Title: Contrast-media induced acute renal failure: Is there a role for hydration?

"Chairpersons (chairmen), ladies and gentlemen!

Acute renal failure is a frequent problem in the hospital. (First slide). Radiocontrast material is a known risk factor for acute renal failure in patients with underlying renal insufficiency. A study by Miller et al. showed last year that pretreatment with loop diuretic increased the incidence of contrast induced acute renal failure. This suggested a detrimental role of dehydration in acute renal failure. (Next slide).

We therefore asked the following question: Is it possible to prevent contrast-media induced acute renal failure by pre-hydration? (Next slide).

We conducted an open, randomized study in 141 patients scheduled for coronary angiography. We enrolled only patients considered to be at risk for radiocontrast induced acute renal failure. By definition we considered patients to be at risk when the plasma creatinine concentration was higher than 160 µmol/l (normal 60–95), or when they had significant proteinuria (more than 2 gm/24 hrs) together with a diagnosis of diabetes mellitus.

Prospective patients were asked to give written informed consent. Thereafter they were randomized to the placebo group or to the hydration group. All previously prescribed medications were continued unchanged in all patients. (Next slide).

In the placebo group usual routine care was given before and after the cardiac catheterization. If possible, diuretics were avoided in all patients. In addition,

Vermeiden Sie Spekulationen und schlagen Sie maximal eine Hypothese zur Erklärung Ihrer Befunde vor – wenn überhaupt. Bei Schlussfolgerungen aus Ihrer eigenen Arbeit: Argumentieren Sie faktenbezogen und zurückhaltend.

5. Überschreiten Sie beim Vortrag nicht die zugeteilte Zeit. Üblicherweise werden einem heute beim Kongress für eine wissenschaftliche Vorstellung 10 Minuten Sprechzeit eingeräumt. Wenn Sie Ihren Vortrag vorbereiten, gestalten Sie ihn so, dass er nicht länger als 8–9 Minuten dauert, d. h. 10–20% kürzer ist als die zugeteilte Zeitspanne. (Bei der eigentlichen Vorstellung vor einem wissenschaftlichen Auditorium wird man fast immer länger brauchen als beim Üben. Das liegt womöglich daran, dass entweder der Laserpointer nicht funktioniert oder ein Problem mit den Dias auftritt. Oder man reagiert auf das Auditorium und fühlt sich genötigt, langsamer zu sprechen als geplant.)

6. Üben Sie Ihren Vortrag ungefähr fünf- bis zehnmal. Benutzen Sie dabei Ihre Dias genauso wie im Vortrag. Üben Sie anfangs für sich selbst, die letzten beiden Male jedoch vor Kollegen.

7.1 Vortragsbeispiel

Titel: Konstrastmittelinduziertes akutes Nierenversagen: Nützt die Hydrierung?

„Vorsitzende (Herren Vorsitzende), meine Damen und Herren!

Das akute Nierenversagen tritt im Krankenhaus häufig auf. (Erstes Dia). Röntgenkontrastmittel stellen einen bekannten Risikofaktor für das akute Nierenversagen bei Patienten mit vorbestehender Niereninsuffizienz dar. In einer Studie von Miller et al. wurde letztes Jahr gezeigt, dass die Vorbehandlung mit einem Schleifendiuretikum die Inzidenz des kontrastmittelinduzierten akuten Nierenversagens steigerte. Daraus war zu schließen, dass die Dehydrierung zum akuten Nierenversagen beiträgt. (Nächstes Dia).

Wir stellten deswegen folgende Frage: Kann das kontrastmittelinduzierte akute Nierenversagen durch Vorbehandlung in Form einer Hydrierung verhindert werden? (Nächstes Dia.)

Wir führten dazu an 142 Patienten, die zur Koronarangiographie eingewiesen worden waren, eine offene randomisierte Untersuchung durch. Wir nahmen nur Risikopatienten in die Studie auf. Wir definierten „Risikopatient“ wie folgt: Plasmakreatinin-Konzentration höher als 160 µMol/l (Normalbereich: 60–95) oder Vorhandensein einer signifikanten Proteinurie (über 2 g/24 Stunden) bei Diabetes mellitus.

Die prospektiven Studienpatienten wurden nach Aufklärung über Ablauf und Ziel der Studie gebeten, ihr schriftliches Einverständnis zu geben. Danach wurde die Randomisierung in die Plazebogruppe bzw. Hydratationsgruppe vorgenommen. Alle vorbestehenden Medikationen wurden bei allen Patienten unverändert fortgeführt. (Nächstes Dia).

Bei Patienten der Plazebogruppe wurde vor und nach Herzkatheter eine routinemäßige medizinische Betreuung vorgenommen. Diuretika wurden nach

patients with recent loss of volume and pathologic orthostatic changes (e.g. following diarrhea or vomiting) were excluded from the study. Patients randomized to the hydration protocol received the same care as described for the placebo group. In addition, they were given 0.5 l of 0.45% saline i.v. during the 8 hrs preceding the cardiac catheterization. In patients with mild to moderate left-sided heart failure only 0.3 l of 0.45% saline were given. (Next slide).

The cardiologist performing the procedure was given information about a patient's participation in the study. He was advised to employ the same contrast agent (iopamidol) in all patients. He was asked to use the smallest possible amount of radiocontrast in each procedure. The cardiologist was blinded as to whether a patient belonged to the placebo group or to the hydration group. (Next slide).

We measured the plasma concentrations of creatinine, urea, urate, and potassium. This was done twice before the catheterization and daily thereafter for 5 days. We determined the creatinine clearance daily over the same 7 days. Acute renal failure was defined as an increase of the plasma creatinine concentration by at least 20% compared to baseline. Similarly, a decrease of the creatinine clearance by 20% or more from baseline was considered evidence of acute renal failure. (Next slide).

We made the following observations: Of the 142 patients initially enrolled 20 dropped out of the study. The reasons were: Noncompliance, necessity for major changes of medication (e.g. diuretics), early discharge from the hospital and miscellaneous causes. As the table shows, 55 of the remaining 122 patients were in the hydration group and 67 were in the placebo control group. The demographic data of all patients are shown in the table of the slide. The two groups of patients were comparable in terms of age, sex distribution, body mass index, mean blood pressure, diagnoses of underlying illnesses and severity of coronary artery disease. (Next slide).

The mean amount of radiocontrast injected was approximately 80 ml in both groups. As the diagram on this slide demonstrates, the mean baseline plasma creatinine concentration was 160 µMol/l in the placebo group and 170 in the hydration group. The mean plasma creatinine concentration did not change significantly over the 5 days after the procedure in either group. The same applied to the mean creatinine clearance. However, in the placebo group there were 4 patients and in the hydration group there was 1 patient who had acute renal failure as defined here. The difference was not statistically significant. The patients with acute renal failure were older and had higher blood pressure than the mean of the groups. There were no side-effects in the placebo group.

Möglichkeit bei allen Patienten vermieden. Patienten, bei denen kurz zuvor ein hoher Flüssigkeitsverlust und pathologische orthostatische Veränderungen (z. B. nach Diarrhoe oder Erbrechen) aufgetreten waren, wurden von der Studie ausgeschlossen. Diejenigen Patienten, welche nach Randomisierung dem Hydratationsprotokoll zugeteilt waren, erhielten die gleiche Betreuung wie die Patienten in der Plazebogruppe. Zusätzlich wurde ihnen 0,5 l einer 0,45-prozentigen NaCl-Lösung i.v. verabreicht, und zwar während der 8 Stunden vor dem Herzkatheter. Bei Patienten mit leichtem bis mittelschwerem Linksherzversagen wurden nur 0,3 l der 0,45-prozentigen NaCl-Lösung verabreicht. (Nächstes Dia.)

Der Kardiologe im Katheterlabor wurde darüber informiert, dass ein Patient an der Studie teilnahm. Er wurde angewiesen, bei allen Patienten das gleiche Röntgenkontrastmittel (Iopamidol) zu verwenden. Er wurde gebeten, den Eingriff mit der kleinstmöglichen Konstrastmittelmenge durchzuführen. Der Randomisierungsstatus (Plazebo- oder Hydratationsgruppe) durfte dem Katheterkardiologen nicht bekannt gegeben werden. (Nächstes Dia.)

Wir führten Messungen der Plasmakonzentrationen von Kreatinin, Harnstoff, Harnsäure und Kalium durch. Diese Messungen wurden zweimal vor dem Herzkatheter und danach 5 Tage lang täglich vorgenommen. Die Kreatinin-Clearance wurde über den gleichen Zeitraum von 7 Tagen täglich bestimmt. Als akutes Nierenversagen definierten wir einen Anstieg der Plasmakreatinin-Konzentration um mindestens 20% des Ausgangswertes. In ähnlicher Weise betrachteten wir eine Abnahme der Kreatinin-Clearance um mindestens 20% des Ausgangsmesswertes als akutes Nierenversagen. (Nächstes Dia).

Wir fanden folgende Resultate: Von den zunächst in die Studie aufgenommenen 142 Patienten schieden 20 Patienten aus. Die Ursachen waren: Mangelnde Kooperation, erforderlich gewordene wesentliche Medikamentenänderungen (z. B. Diuretika), frühzeitige Entlassung aus dem Krankenhaus und verschiedene andere Ursachen. Wie die Tabelle zeigt, erhielten 55 der verbliebenen 122 Patienten das Hydratationsprotokoll und 67 das Plazeboprotokoll. Die demographischen Daten aller Patienten zeigt die Tabelle auf diesem Bild. Die beiden Patientengruppen waren hinsichtlich Alter, Geschlechtsverteilung, Body Mass Index, mittlerem arteriellen Blutdruck, Diagnosen der Grundkrankheiten und Stadium der koronaren Herzkrankheit untereinander vergleichbar. (Nächstes Dia.)

Die mittlere verabreichte Kontrastmittelmenge betrug ungefähr 80 ml in beiden Gruppen. Wie die grafische Darstellung auf diesem Dia verdeutlicht, war die mittlere Plasmakreatinin-Konzentration vor der Kontrastmittelgabe 160 µMol/l in der Plazebogruppe und 170 in der Hydratationsgruppe. Die mittlere Plasmakreatinin-Konzentration zeigte keine signifikanten Veränderungen in den beiden Gruppen während der 5 Tage nach dem Eingriff. Dieselbe Feststellung gilt auch für die mittlere Kreatinin-Clearance. Allerdings entwickelten in der Plazebogruppe 4 Patienten und in der Hydratationsgruppe 1 Patient ein akutes Nierenversagen, so wie es hier definiert wurde. Dieser Unterschied war statistisch nicht signifikant. Die Patienten mit akutem Nierenversagen waren

However, in the hydration group 3 patients had possible side-effects (worsening of dyspnea in 2 patients, new cardiac arrhythmia in 1 patient). (Next slide).

In summary, in a small study of 142 patients at risk, a moderate degree of i.v. hydration using 0.45% saline failed to establish a prophylactic effect for contrast induced renal failure. Whereas 4 patients in the placebo control group had acute renal failure there was only one case of acute renal failure in the hydrated group.

We conclude:

a) Moderate hydration is not detrimental in patients at risk for contrast induced acute renal failure;
b) additional studies should be carried out to test subgroups of patients at risk (e.g. hypertension, higher age group) for possible prophylactic efficiency of hydration.

In closing, I would like to acknowledge the support I received from many colleagues of my hospital in conducting this study. Thank you for your attention."

älter und hatten einen höheren Blutdruck als der Gruppendurchschnitt. Es wurden keine Nebenwirkungen in der Plazebogruppe beobachtet. In der Hydratationsgruppe hatten aber 3 Patienten mögliche Nebenwirkungen (Zunahme der Dyspnoe bei 2 Patienten, neu aufgetretene Herzarrhythmie bei einem Patienten). (Nächstes Dia.)

Zusammenfassend ist festzustellen, dass diese relativ kleine Untersuchung von 142 Risikopatienten, die einer moderaten intravenösen Hydrierung mit 0,45-prozentiger NaCl-Lösung unterzogen wurden, keine prophylaktische Wirkung auf das kontrastmittelinduzierte akute Nierenversagen nachgewiesen hat. In der Plazebo-Kontrollgruppe bekamen 4 Patienten ein akutes Nierenversagen, aber nur ein Patient unter dem Hydrierungsprotokoll.

Schlussfolgerung:

a) Eine moderate Hydratation hat bei Risikopatienten für das kontrastmittelinduzierte akute Nierenversagen keine abträglichen Wirkungen;
b) man sollte sich in weiteren Studien auf Untergruppen der Risikopatienten konzentrieren (z. B. mit Hypertonie oder hohem Alter), um die mögliche prophylaktische Wirkung der Hydratation herauszufinden.

Zum Schluss möchte ich den Kolleginnen und Kollegen im Krankenhaus, die mich bei der Durchführung dieser Studie unterstützt haben, danken. Vielen Dank für Ihre Aufmerksamkeit.“

8 How to write an article and how to present a poster in English

8.1 How to write an article in English

With the advent of the internet – and even before – it became commonplace that German-speaking scientists and students very often would try to publish their work in English. This trend is likely to continue for some time to come, not least because of the generally higher scoring on impact factors of English speaking journals.

The five basic rules of publishing an article are: a) **be brief**; b) **be complete;** c) **present clearly and well to understand**; d) **be fair about the works of others**; e) **don't speculate** (it goes without saying that you should always stick to your original observations; never "make up data").

Step 1: When you sit down to start the write-up of a draft the first thing you ought to do is to conceptualize a firm opinion on what the most important part of your data is and what it means (i. e. how you suggest to interpret it). Speak to your statistician to be quite sure that your statistics are correct and "waterproof". (Maybe you also present your data to an experienced and critical colleague to see if your interpretation is convincing).

Step 2: The next thing ought to be the introduction. It should mainly consist of your rationale. A good rationale explains – step by step and on the basis of previous work by others, which you ought to reference - how you concluded that there was an unanswered question (or several of them). You must try to document that the question(s) of your study are a) important (give reasons for why any study results promise to be important) b) novel or original. Again: be as brief as possible – without being incomplete.

Believe it or not, the introduction, the abstract (and perhaps the results) are the most important parts of your manuscript, because this is where you convince most of the readers of your data. So think hard about the best possible introduction, don't be superficial. (A widely known scientist once said to me that it was okay to spend 30% of the total time of a study on the manuscript alone!)

Step 3: A few journals now report the results right after the introduction – but most do not (yet). Read the "instructions for authors" and do exactly what they want. Let us assume for the present discussion that in your intended journal the 'introduction' is followed by the 'methods' section (sometimes also called 'materials and methods'). In this section you have to describe your protocol in enough

8 Wie man einen Artikel auf Englisch schreibt und ein Poster auf Englisch präsentiert

8.1 Wie man einen Artikel auf Englisch schreibt

Seitdem es das Internet gibt – und sogar schon vorher – ist es üblich geworden, dass deutschsprachige Wissenschaftler und Studenten meistens bestrebt sind, ihre Arbeit auf Englisch zu publizieren. Dieser Trend wird sich wohl für geraume Zeit fortsetzen, nicht zuletzt auch deswegen, weil die Impakt-Faktoren englischsprachiger wissenschaftlicher Zeitschriften im Allgemeinen höher sind.

Die fünf Grundregeln für das Manuskript sind: a) **Fassen Sie sich kurz**! b) **Berichten Sie dennoch vollständig!** c) **Stellen Sie Ihre Arbeit klar und gut verständlich dar!** d) **Seien Sie fair hinsichtlich der Arbeiten anderer!** e) **Spekulieren Sie nicht!** (Es versteht sich von selbst, dass Sie sich immer an Ihre Originalbeobachtungen halten. Erfinden Sie nichts dazu!)

Schritt 1: Wenn Sie sich niedersetzen, um die schriftliche Ausarbeitung zu beginnen, sollten Sie zuerst einmal eine klare Vorstellung darüber entwickeln, welches der wichtigste Teil Ihrer Forschungsdaten ist und was er bedeutet (d. h. wie er Ihrer Meinung nach zu interpretieren ist). Sprechen Sie mit Ihrem Statistiker, um sicherzustellen, dass die Statistik Ihrer wissenschaftlichen Daten korrekt und „wasserdicht" ist. (Vielleicht zeigen Sie Ihre Daten auch einem erfahrenen und kritischen Kollegen, der Ihnen sagt, ob Ihre Interpretation überzeugend ist.)

Schritt 2: Als nächstes kommt die Einleitung. Sie sollte in erster Linie aus Ihrer wissenschaftlichen Rationale bestehen. Eine gute Rationale erläutert schrittweise und bezugnehmend auf die schon publizierte Literatur, die Sie zitieren müssen, wie Sie zu dem Schluss gekommen sind, dass eine (oder mehrere) wissenschaftliche Fragen unbeantwortet ist (sind). Sie müssen versuchen zu belegen, dass die Frage(n) Ihrer Studie a) wichtig sind (geben Sie Gründe, warum Ihre prospektiven Resultate von Bedeutung sein könnten); b) neu oder originell sind. Abermals: Seien Sie so kurz wie möglich, ohne jedoch unvollständig zu werden.

Sie mögen es glauben oder auch nicht, die Einleitung, das Abstract (und vielleicht die Ergebnisse) sind die wichtigsten Teile Ihres Manuskripts, weil Sie mit ihnen die Leser von Ihren wissenschaftlichen Daten überzeugen werden. Geben Sie sich also Mühe, die bestmögliche Einleitung zu finden, seien Sie keinesfalls oberflächlich. (Ein bekannter Wissenschaftler sagte mir einmal, es sei völlig in Ordnung, 30% der Gesamtzeit einer Studie nur auf das Manuskript zu verwenden.)

Schritt 3: Einige wenige wissenschaftliche Zeitschriften bringen neuerdings die Resultate gleich nach der Einleitung – die meisten machen das (noch) nicht. Lesen Sie die „Richtlinien für Autoren", und halten Sie sich genau daran. Nehmen wir für die gegenwärtige Diskussion an, dass in dem von Ihnen gewählten Journal nach der ‚Einleitung' der Abschnitt ‚Methoden' folgt (manchmal heißt er auch ‚Material

detail so that someone else could repeat your work. Again: be as brief as possible, without giving an incomplete description. When possible, use quotations from other publications to abbreviate the description of your techniques. Make sure that your 'methods-section' and your subsequent 'results-section' match exactly (i. e.: do not report parts of study in 'methods' that you later do not wish to present in 'results').

Step 4: Following 'methods' present your 'results'. There are two schools of thought on what belongs here. One group of scientists feels that the author should present the study (including the results of course) exactly in the way the original protocol was written, e. g. as it was presented to the ethics-committee and as it was registered with a major journal. This means that negative results would be reported as well and even parts of a study that later turned out to have been planned in error would be included in the manuscript. This approach is probably a very transparent and truly scientific one. The other school of thought holds that negative or erroneous parts of a study may be deleted from the reported data. (We are not talking about highly relevant negatives there, e. g. if someone proved that H.I.V. was not contagious, but about "normal" negatives – i. e. if in a study of a statin the agent did not cause diarrhea. We are also not talking about negatives that have specific relevance to your study, perhaps because they illustrate that some results of your work are more problematic than other results are, etc.) In this way the scientist actually does some editing of his data after it has been obtained.

This difference is like that between two CD's of Wagner's 'Tannhäuser': one giving the complete 2 1/2 hr opera music, while the other may be limited to 1 hr of the highlights only.

Personally I feel that both approaches are justifyable, as long as they are used in a fair way and the context of the data is not falsified.

As a reader of articles of general interest and as an editorial board member of journals the second approach clearly is preferable to me, because it saves time. However, if it concerns an article (or manuscript) in one of the fields in which I work myself, I would prefer to know every possible detail of a study, even if it was "normal negatives", because in that setting the "normal negatives" might be very instructive to me as a specialist.

und Methoden'). In diesem Abschnitt müssen Sie Ihr Protokoll so detailliert beschreiben, dass ein anderer Ihre Arbeit wiederholen könnte. Auch hier gilt: Seien Sie so knapp wie möglich, ohne eine unvollständige Beschreibung zu liefern. Zitieren Sie andere Publikationen, um die Beschreibung der von Ihnen benutzten Techniken abzukürzen. Stellen Sie sicher, dass der Abschnitt ,Methoden' und der folgende Abschnitt ,Ergebnisse' genau aufeinander abgestimmt sind (d. h. erwähnen Sie keine Untersuchungen in den ,Methoden', von deren Anwendung Sie später nichts in den ,Ergebnissen' berichten möchten.)

Schritt 4: Auf die „Methoden" folgen die „Ergebnisse". Bezüglich deren Inhalten existieren zwei verschiedene Auffassungen. Zum einen gibt es Wissenschaftler die glauben, der Autor sollte die wissenschaftliche Untersuchung (natürlich inklusive der Ergebnisse) genauso darstellen, wie sie im ursprünglichen Protokoll niedergeschrieben wurde, z. B. wie sie dem ethischen Komitee unterbreitet wurde und wie sie bei einem Journal registriert wurde. Das heißt, dass negative Resultate auch berichtet würden; ja, sogar Teile der Studie, von denen es sich im Nachhinein herausstellte, dass sie irrtümlich geplant waren, würden dann in das Manuskript mitaufgenommen. Eine solche Vorgehensweise ist gewiss sehr transparent und wahrhaft wissenschaftlich. Die andere Auffassung geht dahin, dass negative oder irrtümliche Teile einer wissenschaftlichen Untersuchung aus dem wissenschaftlichen Studienbericht herausgenommen werden dürfen. (Es ist hier nicht die Rede von hochrelevanten negativen Ergebnissen, wie wenn z. B. jemand nachwiese, dass H.I.V. nicht ansteckend wäre. Wir meinen hier ,normale' negative Resultate – etwa wenn in einer Studie über ein Statin das Mittel keinen Durchfall verursachte. Wir sprechen hier auch nicht von solchen Negativergebnissen, die für Ihre Studie besonders relevant sind, vielleicht weil sie anschaulich zeigen, dass einige Ergebnisse Ihrer Arbeit problematischer sind als andere, usw.)

Bei dieser Vorgehensweise nimmt der Wissenschaftler eine Aufbereitung seiner wissenschaftlichen Daten vor, nachdem er sie erhoben hat. Das ganze könnte man etwa mit dem Unterschied zwischen zwei verschiedenen CD's von Wagner's ,Tannhäuser' vergleichen: die eine spielt das ganze zweieinhalbstündige Opernwerk, während die andere sich auf eine Stunde Musik nur mit den Highlights beschränkt.

Ich persönlich finde beide Vorgehensweisen gerechtfertigt, solange wie sie in einer fairen Art und Weise benutzt werden und der Kontext der wissenschaftlichen Daten nicht verfälscht wird.

Wenn ich wissenschaftliche Artikel von allgemeinem Interesse lese oder als Mitherausgeber von wissenschaftlichen Zeitschriften fungiere, ziehe ich die zweite Methode vor, weil sie Zeit spart. Handelt es sich jedoch um einen Artikel (oder ein Manuskript) aus einem der Gebiete, auf denen ich selber wissenschaftlich arbeite, dann würde ich gern jedes kleinste Detail einer Untersuchung wissen, sogar wenn es sich um ,normale negative Ergebnisse' handelt, denn in diesem Zusammenhang könnten die ,normal negativen Resultate' für mich als Spezialisten sehr aufschlussreich sein.

Taken together, there is no ideal solution to this problem. I would however recommend – with a lot of caution – to perhaps prefer the second approach when possible.

In the results section you should try to present your most important data in the form of clear diagrams. ("One picture may be more telling than a thousand words"). Don't overload your diagrams with too much information, make them (look) simple. Even presenting your protocol of investigation in diagrammatic form is often more instructive than lots of descriptive text. If it saves space use tables as well. The remainder may be presented as text. Journals like to see 'hard data', e. g. exact numbers. Do not say: "There was a big increase of factor-x". It is better to remark: "Factor-x increased during the study (baseline: 42±15 mmol/L; end of protocol: 87±22; $p < .05$).

Again, be as brief as possible under the circumstances, don't do double-reporting of your data like for instance in a diagram <u>and</u> in a table. Present your results in a stepwise and logical sequence, just like you (hopefully) did in presenting your rationale. Use the term of "a change" that occurred (increase or decrease) only if it was statistically significant. (If you wish to comment on data which do not meet this criterion you may say "… there was a tendency (of these data) to increase numerically though this tendency did not reach statistical significance." You probably should not use this kind of a soft statement much more often than once or twice in any given manuscript.) Do not offer interpretation of your data in the section on 'results'; also abstain from any editorial statements here (e. g. "… therefore these data shall be highly interesting and relevant for the pathogenesis of diabetic retinopathy …").

Step 5: The last section is the 'discussion'. As far as I know the rules about the discussion are less stringent than those on the other sections mentioned previously. It is clear however that the discussion should not just be another repetition of the results. It is okay to start your 'discussion' with a very brief outline of the most important part of your results, but thereafter your discussion ought to concentrate on the following issues: a) how does your data fit with other literature in the field? If there were any discrepancies: read the other authors really well and try to make suggestions as to how the discrepancies might be explained/resolved. Do not make arrogant comments on the work of others (e. g. "… they didn't even think of this issue in their protocol …"); b) try to make proposals on how your data could be refined or substantiated further in the future. Point out any new questions that follow from your data and make suggestions on how they might be approached; c) try to point out what kinds of consequences might follow from your data, what they might mean in the context of everyday clinical medicine, or how they seem to contribute to the resolution of a basic science problem. Be restrained, do not exaggerate and do not speculate (much); d) point out briefly what the limitations of your methods and techniques are and in which way this might lessen the reliability

Alles in allem gibt es keine ideale Lösung für dieses Problem. Ich würde allerdings empfehlen – mit gebührender Vorsicht – vielleicht doch besser die zweite Methode wenn möglich anzuwenden.

Im Abschnitt „Ergebnisse" sollten Sie Ihre wichtigsten Daten in Form von Abbildungen wiedergeben, wo immer möglich. („Ein Bild kann aufschlussreicher sein als als tausend Worte"). Überfrachten Sie Ihre Abbildungen nicht mit zuviel Information, gestalten Sie sie einfach! Sogar ein Diagramm Ihres Untersuchungsprotokolls dürfte verständlicher als eine Textbeschreibung sein. Benutzen Sie auch Tabellen, wenn dadurch Platz gespart werden kann. Der Rest kann in Textform vorgestellt werden. Wissenschaftliche Zeitschriften wollen ‚harte Daten' sehen, z. B. genaue Zahlen. Sagen Sie nicht: „Es kam zu einem starken Ansteigen von Faktor-X." Besser wäre: „Faktor-X stieg während der Studie an" (Ausgangswert: 42±15 mmol/L; Endwert: 87±22; $p < .05$).

Nochmals: Seien Sie so knapp als die Umstände es Ihnen erlauben. Stellen Sie nicht dieselben Daten doppelt dar, wie beispielsweise in einer Abbildung und in einer Tabelle. Berichten Sie Ihre Ergebnisse in einer schrittweisen und logischen Abfolge, genauso wie Sie es (hoffentlich) in ihrer wissenschaftlichen Rationale getan haben. Benutzen Sie den Ausdruck für eine „Veränderung", die auftrat (Zu- oder Abnahme), nur, wenn sie statistisch signifikant war. (Möchten Sie Ergebnisse kommentieren, die nicht statistisch signifikant waren, können Sie sagen „... es fand sich eine numerische Steigerungstendenz bei diesen Werten, aber die Tendenz erreichte keine statistische Signifikanz." in einem Manuskript benutzen.) Bieten Sie keine Interpretation Ihrer Daten im Abschnitt ‚Ergebnisse' an; vermeiden Sie hier auch jeden wertenden Kommentar (z. B. „... daher sollten diese Ergebnisse von großer Bedeutung sein hinsichtlich der Pathogenese der diabetischen Retinopathie ...").

Schritt 5: Der letzte Abschnitt ist die „Diskussion". Meines Wissens sind die Regeln bezüglich der Diskussion weniger stringent als jene, die sich auf die anderen, vorhergehenden Abschnitte beziehen. Es ist jedoch klar, dass die Diskussion nicht etwa eine Wiederholung der Ergebnisse sein sollte. Es ist in Ordnung, wenn Sie Ihre ‚Diskussion' mit einer kurzen Aufzählung der wichtigsten Resultate beginnen, aber danach sollte sich Ihre Diskussion auf folgende Punkte konzentrieren: a) Wie passen Ihre Daten zu anderen Publikationen auf dem Gebiet? Sofern Abweichungen vorliegen: lesen Sie die anderen Autoren gründlich, und machen Sie Vorschläge, wie man die Widersprüche erklären resp. lösen könnte. Machen Sie keine arroganten Bemerkungen über die Arbeiten von anderen (z. B. „... die haben in ihrem Protokoll noch nicht einmal an diesen Punkt gedacht ..."); b) Überlegen Sie sich Vorschläge, wie man Ihre Daten in Zukunft noch verbessern oder erhärten könnte. Weisen Sie auf mögliche neue Fragen hin, die sich aus Ihren Daten ergeben, und machen Sie Vorschläge, wie man an sie herangehen könnte; c) Legen Sie dar, welche Konsequenzen man aus Ihren Ergebnissen ziehen könnte, was sie für den medizinischen Alltag in der Klinik bedeuten, oder wie sie möglicherweise dazu beitragen können, ein Problem der Grundlagenforschung zu lösen. Seien Sie zurückhaltend, übertreiben Sie nicht und vermeiden

of your results. – Again: the discussion ought to be concise and to the point(s); avoid excessive talk.

Most journals also require an abstract. It is often limited to about 200 words. Work hard and think about every single word to condense the abstract to an informative minimum. The reviewers and many of your readers will later study the abstract first or sometimes even exclusively. Start with a one sentence comment on previous literature. Then give the question your study tried to answer. Report only the essentials of your methods, i. e. those which are quite indispensible for understanding your work. Be as explicit as space permits in terms of giving your results. Again: try to report hard data (numbers) and avoid generalizing 'soft' verbal statements. At the end you may offer a one sentence 'summary and conclusion'.

One word about the use of proper English. This often presents some problems. It is certainly helpful if a manuscript makes for pleasant reading as far as the correct use of English is concerned. If you have a colleague whose mother tongue is English you might ask her or him to go over your manuscript in order to improve its language if necessary. However, I feel that the aspect of "English language" is sometimes exaggerated by reviewers. In my experience all editors-in-chief that I know will clearly stress data over language. In other words: if the data are good but the language is flawed they will probably accept the manuscript but request revision of English. It never works the other way round.

The last issue is the accompanying 'letter of submission'. It should be very brief and very dry; please, no apologies, no requests for mercy, and no self-glorifications. You simply ought to state that the authors (give their names) wish to submit a manuscript (entitled: "…") to the journal (give the name) for consideration for publication; period!

You may add that there is no (financial) conflict of interest of any of the authors, and how much each author contributed to the work. It is also acceptable – though not the rule – to add one or two sentences which outline your main finding and why you chose to submit your work to this particular journal.

My very last point concerns the comments by reviewers your manuscript will probably get. Do your best to respond to such comments point-by-point, precisely, using hard data or quotations from the literature, or giving further explanations. Do not fight the reviewers unless you have very good arguments in favour of your own point of view. You should always be diplomatic and polite in your response to reviewers or to an editor. Their comments by and large represent an attempt to improve the presentation of your work – rather than to do you in.

That's it. Good luck!

Sie (nach Möglichkeit) spekulative Vermutungen. d) Besprechen Sie kurz, wo die Grenzen der von Ihnen benutzten Verfahren und Methoden liegen und inwieweit das die Verläßlichkeit Ihrer Daten mindern könnte. Ich wiederhole: Die Diskussion sollte knapp und treffend sein, vermeiden Sie zuviel Gerede.

Die meisten wissenschaftlichen Zeitschriften verlangen auch ein Abstract. Oft ist es auf etwa 200 Wörter beschränkt. Geben Sie sich mit jedem einzelnen Wort Mühe, um das Abstract auf ein informatives Minimum zu reduzieren. Der Reviewer und viele Ihrer Leser werden später zuerst oder ausschließlich das Abstract lesen. Beginnen Sie damit, in einem Satz die schon vorhandene Literatur zu kommentieren. Gehen Sie dann zu der Fragestellung über, auf die Ihre Untersuchung eine Antwort zu finden suchte. Berichten Sie nur das Wesentlichste von Ihren Methoden, d. h. nur das, was zum Verständnis Ihrer Arbeit unbedingt nötig ist. Seien Sie bei der Darstellung Ihrer Ergebnisse ausführlich(er), soweit es vom Platz her gerade noch möglich ist. Abermals: Berichten Sie harte Daten (Zahlen), vermeiden Sie verallgemeinernde, ‚weiche' verbale Aussagen. Zum Schluss können Sie einen Satz als „Zusammenfassung und Schlussfolgerung" anbringen.

Ein Wort zum korrekten Gebrauch von Englisch. Das macht oft Probleme. Sicher hilft es, wenn ein Manuskript hinsichtlich des korrekten englischen Ausdrucks gut zu lesen ist. Wenn Sie einen Kollegen haben, dessen Muttersprache Englisch ist, könnten Sie ihn vielleicht bitten, dass er sich Ihr Manuskript anschaut zwecks Verbesserung des Ausdrucks, wo nötig. Ich meine jedoch, dass der Aspekt des korrekten Englisch manchmal von Reviewern überbewertet wird. Nach meiner Erfahrung ist allen Herausgebern, die ich kenne, das Datenmaterial wichtiger als die Sprache. Mit anderen Worten: Sind die Daten gut, die Sprache aber fehlerhaft, wird das Journal wahrscheinlich das Manuskript akzeptieren, nach Korrektur des englischen Ausdrucks. Umgekehrt funktioniert es nie!

Der letzte Punkt betrifft den „Begleitbrief". Er sollte sehr kurz und sachlich sein; bitte keine Entschuldigungen, kein Ersuchen um Gnade, keine Selbstverherrlichungen. Schreiben Sie einfach, dass die Autoren (geben Sie die Namen an) ein Manuskript (mit dem Titel: „...") bei der Zeitschrift (nennen Sie den Namen) zur Evaluierung und Publikation einreichen. Punkt, aus!

Sie können hinzufügen, dass bei keinem Autor ein (finanzieller) Interessenkonflikt vorliegt; auch, wieviel jeder der Autoren zu der Arbeit beigetragen hat. Zwar ist es nicht die Regel, aber es ist durchaus akzeptabel, mit ein oder zwei Sätzen das Wichtigste an Ihren Ergebnissen zu umreißen, und zu erläutern, warum Sie Ihre Arbeit gerade dieser Zeitschrift zur Publikation anbieten.

Mein allerletzter Punkt betrifft die Kommentare von Seiten der Reviewer, die Sie zu Ihrem Manuskript wahrscheinlich erhalten werden. Bemühen Sie sich, auf die Kommentare Punkt für Punkt einzugehen, und zwar sehr genau, indem Sie harte Zahlen liefern, aus der Literatur zitieren oder zusätzliche Erklärungen geben. Fangen Sie keinen Streit mit den Reviewern an, es sei denn, Sie haben sehr gute Argumente für Ihren eigenen Standpunkt. Im Umgang mit Reviewern oder Herausgebern sollten Sie immer diplomatisch und höflich sein. Im Großen und Ganzen sind deren Kommentare als Versuch gemeint, Ihre Arbeit zu verbessern, und nicht, Sie fertig zu machen.

So, das war's. Viel Glück!

8.2 How to present a poster

Wear comfortable shoes.

Be sure to eat breakfast (and lunch).

Carry a notebook to take down attendees's questions, suggestions and criticisms.

Prepare a summary of your poster and memorize it. Consider preparing a long, very complete summary together with a shorter abbreviated version of your data. Once you introduce yourself to each attendee who stops at your poster, ask whether he/she prefers the long or the short version of your summary.

Walk the attendee through your poster data, focusing on its highlights and importance to your field.

If the attendee does not wish a summary of your data, but prefers to look at it for himself tell him that you would be happy to answer any questions about the data or methodology.

Prepare answers to expected questions and methodological or study design issues.

If there are other posters on similar topics discuss how your poster fits in with them.

Write down any possible future collaborations with attendees. Ask for e-mail addresses or business cards.

Do not be afraid to question attendees as to whether they are working in the same field. They may be a fountain of information.

Always be pleasant, even if negative comments are made about your data.

Remember that you are the sales-person of your data and its message. Enjoy selling your interesting results.

View the poster session as one continuous question and answer period where you will educate others and learn from your audience.

8.2 Vorstellung eines Posters

Tragen Sie bequeme Schuhe.

Essen Sie auf jeden Fall Ihr Frühstück (und Ihr Lunch).

Bringen Sie ein Notizbuch mit, um sich Fragen, Vorschläge und Kritik von seiten der Betrachter zu notieren.

Bereiten Sie eine inhaltliche Zusammenfassung Ihres Posters vor, und lernen Sie diese auswendig. Sie sollten vielleicht eine sehr gründliche Zusammenfassung und daneben eine knappere, verkürzte Version Ihrer Daten vorbereiten. Fragen Sie jeden Betrachter, der bei Ihrem Poster anhält, nachdem Sie sich vorgestellt haben, ob er/sie die lange oder die kurze Zusammenfassung hören will.

Leiten Sie den Betrachter durch die Daten Ihres Posters, und betonen Sie die Highlights und die Bedeutung für Ihr Arbeitsgebiet.

Wenn der Betrachter keine Zusammenfassung Ihrer Daten hören sondern sie sich lieber selber ansehen möchte, sagen Sie, dass Sie gerne Fragen zu den Daten oder Methoden beantworten.

Bereiten Sie Antworten auf zu erwartende Fragen vor, z. B. zur Methodik oder zum Studiendesign.

Sollte es andere Poster zu verwandten Themen geben, diskutieren Sie, wie die Ergebnisse zueinander passen (könnten).

Machen Sie sich Notizen zu möglichen zukünftigen Kooperationen mit anderen. Bitten Sie um die e-mail Adressen oder um Visitenkarten.

Scheuen Sie sich nicht, die Betrachter zu fragen, ob sie auf demselben Gebiet arbeiten. Es könnte sein, dass sie Ihnen jede Menge interessanter Informationen geben können.

Bleiben Sie immer freundlich, auch wenn man negative Kommentare zu Ihren Daten abgibt.

Denken Sie daran, Sie sind der „Verkäufer" Ihrer Daten und von deren wissenschaftlicher Botschaft. Sie sollten das positiv sehen und sich entsprechend verhalten.

Betrachten Sie die Poster-Sitzung als eine fortlaufende Frage-und Antwort-Veranstaltung, Ihre Zuhörer werden von Ihnen, aber auch Sie werden von Ihrer Zuhörerschaft lernen.

9 How to get by in everyday life

(Don't read this unless you are planning to work or study abroad)

How to get there

Most English-speaking overseas countries have special requirements for entry (visas, etc.). The regulations concerning visas are subject to change, especially at the present time (due to terrorism). Find out with your travel agency or with the embassy of the intended country what the most recent regulations are, what kind of visa you are required to present, where and when to get the visa and what kind of ID (passport, ID-card, driver's license) you are required to bring.

Departure

On the day of your departure it is a good idea to come to the airport early to allow enough time for any controls. Answer all questions patiently and correctly, even if they do not seem to make a lot of sense or if you are asked the same questions three times. Do not get irritated by unusual safety requests like getting out of your shoes or taking your jacket off for separate control. That's just the way it is these days and there are no exceptions. (They recently took me aside for an extra interrogation after the X-ray inspection had shown a screw- driver [for my inline skates] in my handbag. I was told that a screw-driver is a potentially dangerous weapon and has to travel with the bulk-luggage, i. e. in the transport compartment of the plane and not in the passenger cabin).

Additional forms

You may receive additional forms from the stewardess to be filled out in flight. These forms are usually necessary for entry into the country of destination. They concern customs related items and visa specifying issues. You may be asked if you bring any food or plants with yourself or if you have more than a certain amount of cash in your luggage. Take care to answer all questions truthfully and carefully to stay out of potential trouble later. If you don't understand a question (they are usually presented in English and German): ask the stewardess or the officer at the port of entry; do not risk giving an erroneous answer. In the questionnaire you may be asked if you ever were a member of

9 Wie man im Alltagsleben zurechtkommt

(Dieses Kapitel ist für diejenigen, die wirklich vorhaben im Ausland zu arbeiten oder zu studieren)

Wie man hinkommt (Einreisemodalitäten)

Die meisten englischsprachigen Länder in Übersee haben spezifische Bedingungen für die Einreise (Visa etc.). Visabestimmungen sind Änderungen unterworfen, besonders heutzutage (aufgrund von Terrorismusgefahren). Erkundigen Sie sich bei Ihrem Reisebüro oder bei der Botschaft des Ziellandes nach den derzeit gültigen Bestimmungen, welche Art von Visum Sie benötigen, wo und wann man das Visum bekommen kann und welche Ausweise (Pass, Personalausweis, Führerschein) Sie mitbringen müssen.

Abreise

Am Tag Ihrer Abreise empfiehlt es sich, früh am Flughafen zu sein, um für die Kontrollen genug Zeit zu haben. Beantworten Sie alle Fragen geduldig und genau, selbst wenn diese in Ihren Augen wenig Sinn machen, oder wenn man Ihnen dieselben Fragen dreimal stellt. Werden Sie nicht unwirsch wegen ungewöhnlicher Sicherheitsmaßnahmen, wie etwa der Aufforderung, die Schuhe auszuziehen oder die Jacke abzulegen zwecks einer Extrakontrolle. So ist es nun mal heutzutage, Ausnahmen gibt es nicht. (Kürzlich wurde ich zu einer Extrabefragung aus der Reihe geholt, nachdem die Röntgenkontrolle einen Schraubenzieher [für meine Inline-Skates] in meinem Handgepäck entdeckt hatte. Mir wurde erklärt, dass ein Schraubenzieher eine gefährliche Waffe sein kann und dass er in das Aufgabe-Gepäck gehört, d. h. in den Gepäckraum des Flugzeugs und nicht in die Passagierkabine.)

Zusätzliche Formulare

Während des Flugs erhalten Sie möglicherweise von der Stewardess zusätzliche Formulare, die Sie im Flugzeug ausfüllen müssen. Diese Formulare sind gewöhnlich nötig für die Einreise ins Zielland. Sie betreffen Zoll-und Visaangelegenheiten. Es kann sein dass man Sie fragt, ob Sie Nahrungsmittel oder Pflanzen mit sich führen, oder ob Sie Bargeld über einen bestimmten Betrag hinaus bei sich haben. Bemühen Sie sich, alle Antworten wahrheitsgetreu und sorgfältig zu beantworten, damit Sie sich möglichen späteren Ärger ersparen. Sollten Sie eine Frage nicht verstehen (gewöhnlich sind sie in Englisch und Deutsch gehalten), fragen Sie die Stewardess oder den Beamten am Zielflughafen; riskieren Sie keine ver-

the communist party, if you ever were in jail, if criminal charges had been brought against you, or if you ever were denied a visa/entry into the country of destination. These questions are no jokes! You must answer them properly and fully. When you are asked what you plan to do during your stay (travel, study, work) and how long you plan to stay: give fully correct answers. Do not transgress the permitted duration of stay which shall be documented by the immigration officer in your passport upon entry. When leaving make sure your leave is documented as well. (In the U.S, this is usually accomplished by your airline officer at the check-in counter. He or she ought to remove the permit-document from your passport for return to the immigration service.) All these items look or sound trivial – but they aren't by any means. You could learn this very painfully should something have been wrong.

Money

It may not be a good idea to bring all your money in cash and in Euros. One reason is that it may get stolen or you could lose it. The more important reason however is that many foreign banks have difficulty changing your money (Euros supposedly) into the local currency and some may not do it at all. Therefore, international credit cards, checks to be drawn on a bank in your country of destination, travellers' cheques or money orders (if for some reason a larger amount of money was involved) are supposedly a better idea than a lot of cash in Euros.

Place to stay/appartment

You should not expect a university guest house that would accomodate you for a few weeks or months; many universities just don't have one and even when they do it is not meant for students. It is sometimes possible to find a room in a student dormitory (this is particularly true for the U.K.). Another possibility is to try and find a family that is interested in a foreign guest-student for some weeks or even months. To accomplish this you ought to write a letter of inquiry into this possibility to the "office of students' affairs" of the medical center where you plan to work or study. You ought to send such a letter about 4–6 months before the begin of your intended stay. In some cases you may be interested in having more space, in being able to cook for yourself or in being able to have guests staying with you for a while. In short, you may want to rent an appartment. This is usually neither difficult nor very expensive. Go by the signs "Appartment for Rent" or "Now Renting" and approach the person in charge of the appartment(s) about the conditions of the rent. They will want to know from you about the length of your

kehrte Antwort! In dem Fragebogen könnten Sie auch gefragt werden, ob Sie jemals Mitglied der kommunistischen Partei waren, ob Sie je im Gefängnis saßen, ob gegen Sie schon einmal ein Kriminalverfahren eröffnet wurde oder ob Ihnen schon einmal das Visum oder die Einreise in das Zielland verweigert wurden. Diese Fragen sind kein Jux. Sie müssen sie korrekt und ausführlich beantworten. Wenn Sie gefragt werden, was Sie während Ihres Aufenthaltes vorhaben (reisen, studieren, arbeiten) und wie lange Sie sich im Lande aufhalten wollen, geben Sie sehr genaue und richtige Antworten. Überschreiten Sie keinesfalls die Dauer Ihrer Aufenthaltserlaubnis, die bei Ihrer Einreise vom Beamten der Einwanderungsbehörde in Ihrem Pass vermerkt wird. Stellen Sie bei der Ausreise sicher, dass diese ebenfalls dokumentiert wird. (In den USA macht das gewöhnlich der Angestellte Ihrer Fluglinie am Eincheckschalter, indem er den Schein mit der Aufenthaltserlaubnis aus dem Pass herauslöst zwecks Weiterleitung an die Einwanderungsbehörde.) All das sieht und hört sich belanglos an, ist es aber keinesfalls. Das könnte Ihnen bei Fehlern schmerzhaft klar werden.

Geld

Keine gute Idee ist es, all Ihr Geld bar in Euros mitzunehmen. Es könnte Ihnen gestohlen werden, oder Sie könnten es verlieren. Wichtiger wiegt allerdings die Tatsache, dass es für viele Banken im Ausland problematisch ist, Ihr Geld in Landeswährung einzutauschen, manche machen es überhaupt nicht. Empfehlenswerter als Bargeld sind daher internationale Kreditkarten, Schecks, die auf eine Bank des Ziellands ausgestellt sind, Reiseschecks oder Geldanweisungen (wenn es sich aus irgendeinem Grund um einen größeren Geldbetrag handeln sollte).

Unterkunft/Wohnung

Erwarten Sie nicht, dass Sie in einem Gästehaus der Universität für einige Wochen oder Monate unterkommen können; viele Universitäten haben gar keines, und selbst wo eines vorhanden ist, ist es nicht für Studenten da. Manchmal kann man ein Zimmer in einem Studentenwohnheim bekommen (das gilt vor allem für Großbritannien). Man kann auch versuchen, eine Familie zu finden, die ausländische Gaststudenten für einige Wochen oder sogar Monate aufnimmt. Zu diesem Zweck sollten Sie eine schriftliche Anfrage an das „Büro für Studentenangelegenheiten" richten, und zwar bei der medizinischen Fakultät, an der Sie arbeiten oder studieren wollen. Sie sollten diese Anfrage vier bis sechs Monate vor dem Beginn Ihres geplanten Aufenthaltes absenden. Vielleicht sind Sie daran interessiert, mehr Freiraum zu haben, selber kochen oder auch Gäste beherbergen zu können. Kurz, Sie wollen vielleicht eine eigene Wohnung. Das ist meist weder schwierig noch teuer. Halten Sie sich an Aushänge wie „Wohnung zu vermieten" oder „Wir vermieten jetzt", und erkundigen Sie sich bei dem Verwalter der Woh-

stay and the purpose. (If you say you are working in the hospital/going to be a doctor it usually helps.) Be sure it is a furnished appartment and ask to see it. Maybe you look at several different offers to be able to compare the rates. A very important point is also location. Your appartment should not only be within easy reach from the hospital, it should also be in a safe area. Inquire into this last aspect; ask people at the hospital about it.

Shopping

This is usually quite easy and similar to shopping in Europe. The exception to the similarities may be that people almost always go shopping by car (e. g. in the U.S.; I once was stopped by police in Colorado when walking home from shopping and they wanted to see my I.D. It is strange to think that way but apparently in some places they wonder whether you might be a criminal [like a burglar] when you walk instead of driving a car). Most shopping is done in big supermarkets specializing in either food, or clothes, or furniture or other wares, and there are often somewhat long distances between these places. It is the exception to find a lot of small shops such as bakers, butchers, delikatessen (which may offer some of your loved European food), and it is even more rare to find them close by.

Shopping malls are usually found in the suburbs and therefore may be outside your reach.

Work in the hospital

You will find most things to be similar to home; exceptions may be a generally higher level of documentation of the medical process (especially true for the U.S.) and the use of "gadgets", e. g. computers on rounds to retrieve recent lab results, scientific information on drugs, etc. As a foreigner you are usually well received. However, there is one principle you ought to be strict about – to stay out of trouble: when you do not understand fully what you have to do, what kind of test they want you to obtain, what treatment they want you to begin on a patient: ask about it and clarify the issue. Don't feel obliged to play the "knows-it-all" or "understands-it-all" foreign medical student (or doctor) when in fact this is not the case. There is no need for pretending here. This area is where most mistakes happen. Now you know! Be careful!

nungen nach den Mietbedingungen. Man wird Sie nach Länge und Zweck Ihres Aufenthaltes fragen. (Wenn Sie erzählen, dass Sie im Krankenhaus arbeiten resp. Arzt werden wollen, ist das gewöhnlich günstig für Sie.) Vergewissern Sie sich, dass die Wohnung möbliert ist, und bitten Sie darum sie zu sehen. Vielleicht sehen Sie sich mehrere Angebote an, um die Mietpreise vergleichen zu können. Wichtig ist auch die Lage. Ihre Wohnung sollte nicht nur in der Nähe des Krankenhauses liegen, sondern auch in einer sicheren Gegend. Erkundigen Sie sich danach; fragen Sie Mitarbeiter aus der Klinik!

Einkaufen

Das ist gewöhnlich recht einfach und ähnlich wie in Europa. Mit der Ausnahme, dass man fast immer mit dem Auto einkaufen fährt, (z. B. in den USA; dort wurde ich einmal in Colorado, als ich zu Fuß vom Einkaufen nach Hause ging, von der Polizei angehalten, die sich meinen Ausweis zeigen ließ. Es ist schon ziemlich merkwürdig, aber offenbar fragt man sich in manchen Gegenden, ob Sie ein Krimineller [Einbrecher z. B.] sind, wenn Sie zu Fuß statt mit dem Auto kommen). Meist tätigt man seine Einkäufe in riesigen Supermärkten, welche entweder Nahrungsmittel oder Kleider, oder Möbel oder anderes anbieten, und oft sind diese Supermärkte weit voneinander entfernt gelegen. Nur selten findet man eine Reihe kleinerer Läden, wie Bäcker, Fleischer oder Delikatess-Geschäfte (die Ihre bevorzugten europäischen Produkte führen), und noch seltener befinden die sich in Ihrer Nachbarschaft.

Einkaufscenter befinden sich gewöhnlich in den Vororten und dürften daher für Sie zu weit entfernt sein.

Arbeit in der Klinik

Hier werden die meisten Dinge Ihnen vertraut vorkommen, außer dass die Dokumentation des medizinischen Behandlungsprozesses noch aufwändiger als zu Hause ist, besonders in den USA. Ein anderer Unterschied ist der, dass man noch mehr „Technik" benutzt, z. B. Computer bei der Visite, um neue Laborwerte abzufragen oder wissenschaftliche Information zu Medikamenten usw. zu erhalten. Ausländer sind gewöhnlich wohl gelitten. Doch müssen Sie unbedingt folgenden wichtigen Punkt beachten, damit es keinen Ärger gibt: Wenn Sie nicht ganz genau verstanden haben, was Sie tun sollen, was für einen Test Sie durchführen sollen, oder was für eine Behandlung Sie an dem Patienten vornehmen sollen, fragen Sie nach und klären Sie das Problem! Fühlen Sie sich nicht verpflichtet, den „alles wissenden" und „alles verstehenden" ausländischen Medizinstudenten oder Arzt zu markieren, wenn das nicht der Fall ist. Man braucht nicht so zu tun als ob. An dieser Stelle kommt es zu den meisten (sehr störenden) Fehlern. Nun wissen Sie es. Passen Sie gut auf!

Driving/driver's license

If you plan to rent a car your home driver's license may not get accepted. Make sure you obtain an international driver's license before leaving. That will very often avoid the problem. If you were going to stay longer (e.g. longer than six months) even the international driver's license may not do in the eyes of local police. In that circumstance it is advisable to obtain a driver's license in the area of your residence. This is often easier than it sounds – because they usually accept that you have sufficient driving experience already. There is no comparison with the expense and the time-commitment that is involved in obtaining a German driver's license for instance. So just talk to the Licensing Bureau for driver's licenses, learn the new rules (they give you a book about it), take the written (multiple choice) and practice test (10 min of driving in your car in the presence of an officer) and that's all. By the way: having a local driver's license is often considered a higher ranking form of ID than your passport for instance. (Yes, no kidding!)

Police/The Law

This is serious matter. As a rule "negotiations" with police officers are not possible. If they stop your car with the police officer stepping up to your door and ordering you to get out for a search for potentially suspicious matter (nowadays this implies bombs and similar material) just get out and do exactly as requested. It may take 20 min, but you do not have to be afraid of inappropriate treatment. Answer all questions correctly. Show them all forms of I.D. they want. Explicitly do not: Say you are innocent and do not want to get out of the car; complain about this seemingly unusual procedure; say you want to talk to your embassy first of all; say you want to talk to a lawyer right then; beg for mercy (it is o.k. to point out that you are a foreigner and that you do not understand some things, but use this comment only to give them information, not to resist their orders).

In the movies we get to see in Europe (primarily from Hollywood and the U.S.) it is easy to get an impression of lawlessness in some overseas countries. The same has recently been true for the 'financial sector' (the ENRON scandal; the WORLDCOM scandal; wall street men like Ivan Boesky; etc.). This however is no more than glitter that sparkles; it is by no means typical of the whole picture. Make no mistake about it: when it comes to the law they really mean it, they are very law-abiding indeed. To give you one example: if you were out in the countryside all by yourself and no one else in sight and if there was a widely open range before you with an indication of a fence around it carrying a

Autofahren/Führerschein

Wenn Sie ein Auto mieten wollen, wird möglicherweise Ihr Führerschein von zu Hause nicht akzeptiert. Besorgen Sie sich unbedingt vor der Abreise einen internationalen Führerschein. In den meisten Fällen hilft das, Probleme zu vermeiden. Wenn Sie länger im Ausland bleiben (z. B. mehr als sechs Monate), ist der örtlichen Polizei auch der internationale Führerschein u. U. zu wenig. In diesem Fall empfiehlt es sich, den Führerschein im Land zu machen. Das ist oft einfacher als man denkt – weil man normalerweise davon ausgeht, dass Sie genügend Fahrpraxis haben. Der Aufwand an Geld ist oft mit demjenigen für einen deutschen Führerschein überhaupt nicht zu vergleichen. Rufen Sie also die Führerscheinabteilung der KFZ-Behörde an, lernen Sie die neuen Verkehrsregeln (sie bekommen ein Buch darüber), machen Sie den schriftlichen Test (multiple choice) und den Fahrtest (10 Minuten fahren im eigenen Auto im Beisein eines Prüfers), und das ist schon alles. Nebenbei bemerkt: Ein vor Ort erworbener Führerschein gilt auch als Identitätsnachweis und hat dann oft einen höheren Stellenwert als beispielsweise Ihr Pass (kein Scherz!).

Polizei/Gesetze

Damit ist nicht zu spaßen! In der Regel kann man mit der Polizei nicht handeln. Wenn man Sie im Auto anhält, der Polizeibeamte an Ihre Wagentür tritt und Sie auffordert auszusteigen, damit man das Auto auf eventuell verdächtige Materialien (heutzutage Bomben o.ä.) inspizieren kann, dann steigen Sie aus und tun Sie genau das, was man von Ihnen verlangt. Es dauert vielleicht 20 Minuten, aber Sie brauchen keine unkorrekte Behandlung zu befürchten. Antworten Sie sehr genau auf alle Fragen. Zeigen Sie alle Ausweise, die man von Ihnen verlangt. Auf gar keinen Fall sollten Sie: Sagen, dass Sie unschuldig sind und dass Sie nicht aussteigen wollen; sich beschweren über diese offensichtlich ungewöhnliche Maßnahme; erklären, dass Sie erst mit Ihrer Botschaft sprechen wollen; erklären, dass Sie sofort einen Rechtsanwalt sprechen wollen; versuchen, Mitleid zu erregen (es ist in Ordnung, wenn Sie erklären, Sie seien Ausländer und verstünden nicht alles, aber benutzen Sie diesen Hinweis nur als zusätzliche Erklärung, nicht etwa, um sich Befehlen zu widersetzen.).

Durch die Filme, die wir aus diesen Ländern hier zu sehen bekommen (hauptsächlich aus Hollywood und den USA), gewinnt man leicht einen Eindruck von Gesetzlosigkeit. Dasselbe galt vor kurzem für den Finanzsektor (der ENRON-Skandal, der WORLDCOM-Skandal, Wall-Street-Männer wie Ivan Boesky, usw.). Das ist aber nur oberflächliches Geglitzer; es ist einfach nicht repräsentativ. Vertun Sie sich nicht, in punkto Gesetz ist man sehr strikt, die Gesellschaft nimmt die Gesetze ziemlich ernst. Nur ein kleines Beispiel: Wenn Sie sich irgendwo auf dem Lande befinden und niemand weit und breit zu sehen ist, und vor Ihnen liegt ein menschenleeres Stück Land mit so etwas wie einem Zaun darum, der ein

sign “NO TRESSPASSING” – that’s it: no tresspassing! (Even if the “NO TRESSPASSING” sign makes no sense to you.) Why? Perhaps the law in that county or state may permit the owner of the land to shoot you if you do tresspass. And so on. – The sheriff once caught me driving 80 miles/hr on a completely empty 2-lane highway in the wilderness, where the speed limit was 55 miles/hr. Although I did everything he wanted: can you imagine my fine? I had to return at 9 a.m. on a given day to a village near the location of my speeding. It was 200 miles away from the place of my work. On that day the sheriff was holding court in the village, starting at 9 a.m.. In the courtroom I discovered that I was to be the last case of 51, mostly burglaries etc. When I was up after about 5 hrs of court hearings the sheriff simply examined my I.D. and recommended that I should never do it again. That was all the pain for the day.

Schild trägt: „Betreten verboten“, dann bedeutet das wirklich „Betreten verboten“ (selbst wenn Ihnen dieses Schild „Betreten verboten“ sinnlos erscheint). Denn es kann sein, dass das Gesetz in diesem Landkreis oder Bundesstaat dem Besitzer des Landes erlaubt, auf Sie zu schießen, wenn Sie den Zaun übersteigen. Und ähnliches! – Der Sheriff erwischte mich einmal mit 80 Meilen/Stunde auf einer völlig leeren Autobahn mitten in der Prärie, wo das Tempolimit 55 Meilen/Stunde betrug. Obwohl ich alles tat, was er verlangte, was glauben Sie, war meine Strafe? Ich musste an einem bestimmten Tag zurück in diese Gegend kommen – ein Dorf, 200 Meilen von meinem Arbeitsplatz entfernt- und um 9 Uhr früh im Gerichtsgebäude erscheinen. An diesem Tag hielt der Sheriff dort Gericht. Im Gerichtsaal stellte ich fest, dass mein Fall der letzte von ganzen 51 Fällen (meistens Einbrüche etc.) war. Als ich nach fünf Stunden endlich an die Reihe kam, inspizierte der Sheriff lediglich meinen Ausweis und ermahnte mich, so etwas nie wieder zu tun. Das war alles.

10 Making Applications

This chapter is designed to help students and physicians who wish to apply for clinical training abroad. Please consult the internet chapter which provides you with many useful links to the most up to date information for the application process.

10.1 Application for clinical rotations or electives during medical school

Medical students who wish to undergo clinical training abroad should apply for a clerkship or a clinical elective. It is important to clarify the duration of the planned rotation in the application letter. Be aware that many foreign medical schools may charge tuition. As a general rule, the more invasive the medical specialty or the more it involves direct patient care, the more difficult it will be to get accepted as a foreigner. You may apply to the Education Office of the department you intend to do your rotation at or to the Dean of Student Affairs Office of the respective university.

Please consult your Dean of Student Affairs office in Germany to ensure credit at your home medical school.

10 Das Schreiben von Bewerbungen

Dieses Kapitel soll Medizinstudenten und Ärzten helfen, die sich für eine klinische Ausbildung im Ausland bewerben möchten. Wir empfehlen, bei der Vorbereitung auch unser Internetkapitel zu nutzen, das ein Abrufen der aktuellsten Informationen ermöglicht.

10.1 Bewerbungen für klinische Praktika während des Medizinstudiums

Medizinstudenten, die ein Praktikum absolvieren wollen, sollten sich für ein *clerkship* oder ein *clinical elective* bewerben. Es ist wichtig, im Bewerbungsbrief die gewünschte Dauer des Praktikums klarzustellen. Ferner sollte berücksichtigt werden, dass viele Universitäten im Ausland Studiengebühren verlangen. Erfahrungsgemäß ist es für Ausländer besonders schwierig, einen Praktikumsplatz in invasiven Disziplinen zu bekommen oder einen, in dem Studenten besonders eng in die Patientenbetreuung eingebunden sind. Bewerbungen richtet man am besten an den Studiendekan oder das Referat für Ausbildung der jeweiligen Universitätsklinik.

Es empfiehlt sich, mit dem Studiendekanat der eigenen deutschen Hochschule die Frage der Anerkennung des Praktikums abzuklären.

10.2 Application letter template

Please do not duplicate this letter. Rather customize this template by including your personal details and ideas about what you intend to do and why at the particular location. It is expected that you supplement your letter with a current curriculum vitae (cv) and have two physicians that you worked with send letters of reference to the program directly.

Egon Bückling 1/15/1999
Chirurgenplatz 1
D-1000 Sauerbruchstadt
Germany

University of Nowhere Medical Center
Department of Pediatrics
Education Office
1234 Desert Boulevard
Anytown
Anystate, 012345
Anycountry

Re: Clinical Elective in Pediatric Cardiology

Dear Sir or Madam,
I am a German medical student starting my final year of medical school in September 2000. While doing the pediatrics rotation last year at German Nobelprize University Medical Center I became particularly interested in pediatric cardiology. I intend to become a pediatrician and consider pediatric cardiology as a future career. I would be excited to do a pediatric cardiology elective at Nowhere Medical Center to gain further insight into this specialty. Letters of recommendation will be forwarded by Dr. Hans Schlaumeier and Dr. Leni Herzlich of German Nobelprize University Medical Center under separate cover.

Should you require any additional information, please do not hesitate to contact me at the numbers below.

Sincerely,

Egon Bückling
Phone: +49-area code-number
Fax: +49-area code-number
E-Mail: ebückling@emailadresse.de

10.2 Musterbewerbungsbrief

Dieser Brief sollte nicht einfach kopiert werden. Vielmehr sollten persönliche Details und Vorstellungen über den Sinnn und Zweck des geplanten Praktikums eingefügt werden. Es ist üblich, einem Bewerbungsbrief einen tabellarischen Lebenslauf (curriculum vitae) beizufügen. Ferner sollten zwei Ärzte Empfehlungsschreiben direkt an die Institution schicken.

Egon Bückling 15. 1. 1999
Chirurgenplatz 1
D-1000 Sauerbruchstadt
Germany

University of Nowhere Medical Center
Department of Pediatrics
Education Office
1234 Desert Boulevard
Anytown
Anystate, 012345
Anycountry

Betrifft: Praktikum in Kinderkardiologie

Sehr geehrte Damen und Herren,
ich bin ein deutscher Medizinstudent und beginne mein letztes Ausbildungsjahr im September 2000. Das Pädiatriepraktikum am Klinikum der Deutschen Nobelpreis Universität hat mein besonderes Interesse für Kinderkardiologie geweckt. Ich beabsichtige, Kinderarzt zu werden mit dem Schwerpunkt Kinderkardiologie. Gerne würde ich ein Praktikum in der Kinderkardiologie an der Nowhere Universität absolvieren, um weiteren Einblick in dieses Gebiet zu erhalten. Empfehlungsschreiben von Herrn Dr. Hans Schlaumeier und Frau Dr. Leni Herzlich erhalten Sie separat zugeschickt.

Bitte lassen Sie es mich wissen, falls Sie weitere Informationen benötigen. Sie erreichen mich unter den unten angegebenen Nummern.

Mit freundlichen Grüßen,

Egon Bückling
Telefon: +49-Vorwahl-Nummer
Fax: +49-Vorwahl-Nummer
E-Mail: ebückling@emailadresse.de

10.3 Application for post-graduate medical training

United Kingdom

Medical students and physicians planning to undergo post-graduate medical training in the UK should contact the *Royal College of Physicians* RCP (of London):

Royal College of Physicians of London
11 St Andrews Place
Regent's Park,
London NW1 4LE
UK

On their website (http://www.rcplondon.ac.uk) the RCP provides detailed information for overseas doctors. In general physicians who graduated from a medical school within the European Union only have to register with the *General Medical Council* (GMC):

Registration Division
General Medical Council
Regent's Place, 350 Euston Road
London, NW1 3JN
UK

They do not have to repeat any part of their training or pass any exams. However, before limited registration to an overseas-qualified doctor is granted he or she must pass a language test by the *Professional and Linguistic Assessments Board* (PLAB). For further information see the website (http://www.gmc-uk.org).

Australia

Medical students and physicians planning to undergo post-graduate medical training in Australia should contact the *Australian Medical College* (AMC):

Australian Medical College
PO Box 4810,
Kingston Act 2604
Australia

On their website (http://www.amc.org.au) the AMC provides detailed information for overseas doctors, including registration information and all addresses of medical schools in Australia with internet addresses.

10.3 Bewerbung für Assistenzarztstellen

Großbritannien

Medizinstudenten und Ärzte, die ihre postgraduierte Ausbildung in Großbritannien absolvieren möchten, sollten sich an das *Royal College of Physicians* – RCP – (of London) wenden:

Royal College of Physicians of London
11 St Andrews Place
Regent's Park,
London NW1 4LE
UK

Auf seinen Internetseiten (http://www.rcplondon.ac.uk) bietet das RCP detaillierte Informationen für ausländische Ärzte an. Grundsätzlich brauchen sich Ärzte, die ihr Medizinstudium an einer Hochschule in der EU absolviert haben, lediglich beim *General Medical Council* (GMC) registrieren lassen:

Registration Division
General Medical Council
Regent's Place, 350 Euston Road
London, NW1 3JN
UK

Examen oder klinische Ausbildungsabschnitte müssen nicht wiederholt werden. Bevor eine Berufslizenz erteilt werden kann, müssen ausländische Ärzte jedoch einen Sprachtest bestehen, der vom *Professional and Linguistic Assessments Board* (PLAB) abgehalten wird. Weitere Informationen erhalten Sie auf der Internetseite (http://www.gmc-uk.org).

Australien

Medizinstudenten und Ärzte, die ihre postgraduierte Ausbildung in Australien absolvieren möchten, sollten sich an das *Australian Medical College* (AMC) wenden:

Australian Medical College
PO Box 4810,
Kingston Act 2604
Australia

Auf seinen Internetseiten (http://www.amc.org.au) bietet das AMC detaillierte Informationen für ausländische Ärzte an, darunter auch Informationen zum Erwerb einer Berufslizenz und die Adressen aller australischen medizinischen Fakultäten mit Internet-Adressen.

USA

Medical students and physicians planning to undergo post-graduate medical training in the USA should contact the *Educational Commission of Foreign Medical Graduates (ECFMG).* Do not rely on any information other than the one for the year you wish to apply for as regulations are complex and change often.

Educational Commission for
Foreign Medical Graduates
3624 Market Street, 4th Floor
Philadelphia, PA 19104-2685
USA

In general every physician who wishes to apply for training or practice in clinical medicine has to pass all three US medical licensing exams (*USMLE℠ I, II* and *III*) and a clinical skills assessment *CSA™*. These exams are administered by US medical schools to their students and by the *ECFMG* to foreign medical graduates. In addition foreigners have to pass a language test. Post-graduate medical training spots are managed by the *National Resident Matching Program (NRMP)* (http://www.nrmp.org/).

On their website *ECFMG™* (http://www.ecfmg.org) offers an abundance of information to foreign medical graduates on examination, certification and licensure in the US. Please also refer to our bookmark list which has the most important links.

Always make sure your mail is sent at least AirMail or use a carrier that provides proof of delivery such as *United Parcel Service (UPS)* or *Federal Express (FedEx).*

USA

Medizinstudenten und Ärzte, die ihre postgraduierte Ausbildung in den USA absolvieren möchten, sollten sich an die *Educational Commission of Forgeign Medical Graduates (ECFMG)* wenden. Man sollte sich ausschließlich auf Informationen verlassen, die für das Jahr gelten, in welchem man sich bewirbt, da die Bestimmungen umfangreich sind und sich ständig ändern:

Educational Commission
for Foreign Medical Graduates
3624 Market Street, 4th Floor
Philadelphia, PA 19104-2685
USA

Alle Ärzte, die sich für eine Ausbildung in den USA bewerben oder dort praktizieren wollen, müssen alle drei US-Lizenzexamen *(USMLE℠ I, II* und *III*) und eine klinische Prüfung *(CSA™)* ablegen. Diese Examen werden für US-Medizinstudenten an den jeweiligen Universitäten durchgeführt und für ausländische Ärzte von *ECFMG*. Darüber hinaus müssen Ausländer einen Sprachtest bestehen. Ausbildungsstellen werden durch ein zentrales Computersystem, *National Resident Matching Program (NRMP)* (http://www.nrmp.org/), vergeben.

Im Internet bietet *ECFMG™* für ausländische Ärzte eine Fülle von Informationen über Examen und Lizenzbestimmungen an (http://www.ecfmg.org). Unser Bookmarkverzeichnis listet weitere nützliche *links* auf.

Alle Korrespondenz ins Ausland sollte grundsätzlich zumindest mit Luftpost versandt werden, besser noch mit Kurierdiensten wie *UPS* oder *FedEx*, die eine Empfangsbestätigung ausstellen.

10.4 Addresses for Information and Application

For general information about work-and-travel-abroad please visit:
http://www.praktikum-usa.org/
http://www.travelworks.de/wat-usa/
http://www.travelworks.de/wat-kanada/
http://www.travelworks.de/australien/index.php
http://www.travelworks.de/neuseeland/index.php
http://www.weltweiser.de/

America

Below you will find the addresses of American institutions for educational and cultural exchange in Germany. These institutions will help to apply for US medical examinations. Also, we give the addresses of American and Canadian medical schools.

The special web-address of the US Embassy (www.us-botschaft.de/germany-ger/austausch) provides a broad range of information for students who want to work or study in the United States.

For special questions not covered by the web-information there is a ho tline on Tuesday, Wednesday and Thursday (afternoons only, 2 p.m. - 5 p.m.): 030-318 008 99.

Educational and Cultural Exchange-Advising Centers

Carl-Schurz-Haus Freiburg, Kaiser-Joseph-Str. 266, 79098 **Freiburg**; Tel.: (0761) 3 16 47, Fax: (07 61) 3 98 27

Amerikazentrum Hamburg im Curio Haus, Rothenbaumchaussee 15, 20148 **Hamburg**; Tel.: (0 40) 45 01 04 22, Fax: (0 40) 44 80 96 98

Studienberatung USA in der Fachhochschule Hannover, Hanomagstr. 8, Zi. 122 30449 **Hannover-Linden**; Tel.: (05 11) 92 96 21 54, Fax: (05 11) 92 96 21 00, E-mail: usa@fh-hannover.de

Deutsch-Amerikanisches Institut, Sofienstr. 12, 69115 **Heidelberg**; Tel.: (0 62 21) 60 73 15, Fax: (0 62 21) 60 73 73

Kennedy-Infozentrum, Ohlshausenstr. 10, 24118 **Kiel**; Tel.: (04 31) 5 86 99 93; Fax: (04 31) 5 86 99 95

Bayerisch-Amerikanisches Zentrum, Amerika Haus, Karolinenplatz 3 80333 **München**; Tel.: (0 89) 5 52 53 70, Fax: (0 89) 55 35 78

Deutsch-Amerikanisches Institut, Gleisbühlstr. 13, 90402 **Nürnberg**; Tel.: (09 11) 23 06 90, Fax: (09 11) 2 30 69 23

Deutsch-Amerikanisches Zentrum, Haidplatz 8, 93047 **Regensburg**; Tel.: (0941) 524-76, Fax: (0941) 521-98

Deutsch-Amerikanisches Zentrum, James-F. Byrnes-Institut e.V. Charlottenplatz 17, 70173 **Stuttgart**; Tel.: (0711) 228180, Fax: (0711) 2281840

Deutsch-Amerikanisches Institut, Karlstr. 3, 72072 **Tübingen**; Tel.: (07071) 795260, Fax: (07071) 7952626

The **DFA** (Deutscher Famulantenaustausch) is an institution which organizes the worldwide exchange of medical students. The institution is sponsored by the Foreign Ministry and the DAAD (Deutscher Akademischer Austauschdienst). Its main office is in Bonn and can be contacted for further information:
Deutscher Famulantenaustausch DFA, Godesberger Allee 54, 53175 **Bonn**; Tel.: 0228-375340

US Medical Schools

Alabama

University of Alabama School of Medicine, 1530 3rd Avenue, South, FOT 1203, Birmingham, AL 35294-3412, USA

University of South Alabama College of Medicine, 307 University Boulevard, Mobile, AL 36688, USA

Arizona

University of Arizona College of Medicine, Arizona Health Sciences Center, P.O. Box 245017, Tucson, AZ 85724, USA

Arkansas

University of Arkansas for Medical Sciences College of Medicine, 4301 West Markham Slot 601, Little Rock, AR 77205, USA

California

University of California, Davis, School of Medicine, 4150 V Street, Suite 1100, Sacramento, CA 95817, USA

University of California, Irvine, College of Medicine, Medical Education Building 802, Irvine, CA 92697-4089, USA

University of California at San Diego, School of Medicine, 9600 Gilman Drive, La Jolla, CA 92093-0602, USA

Loma Linda University School of Medicine, 11175 Campus Street, Coleman Pavillion, Ste A1108, Loma Linda, CA 92350, USA

David Geffen School of Medicine at UCLA, 10833 Le Conte Avenue, 12-138 CHS, Los Angeles, CA 90095

Keck School of Medicine of the University of Southern California, 1975 Zonal Avenue, KAM 500, Los Angeles, CA 90033

University of California, San Francisco School of Medicine, 513 Parnassus Avenue, San Francisco, CA 94143-0410, USA

Stanford University School of Medicine, 300 Pasteur Drive, Alway Building M121, Stanford, CA 94305-5119, USA

Colorado

University of Colorado Health Sciences Center School of Medicine, 4200 East 9th Avenue, Denver, CO 80262, USA

Connecticut

University of Connecticut, School of Medicine, 263 Farmington Ave, Farmington, CT 060301905, USA

Yale University School of Medicine, 333 Cedar Street, P.O. Box 208055, New Haven, CT 06520-8055, USA

District of Columbia

Georgetown University School of Medicine, 3900 Reservoir Road, N.W., Washington, DC 20007, USA

George Washington University, School of Medicine and Health Sciences, 2300 Eye Street N.W., Washington, DC 20037, USA

Howard University College of Medicine, 520 West Street, N.W., Washington, DC 20059, USA

Florida

University of Florida College of Medicine, Box 100215 JHM Health Center, Gainesville, FL 32610, USA

University of Miami, Leonhard M. Miller School of Medicine, 1600 N.W. 10th Avenue, Miami, FL 33101, USA

University of South Florida College of Medicine, 12901 Bruce B. Downs Boulevard, Tampa, FL 33612-4799, USA

Florida State U. College of Medicine, 1115 West Call Street, Tallahassee, FL 32306-4300, USA

Georgia

Emory University School of Medicine, Woodruff Health Sciences Center, Administration Building, 1440 Clifton Road, N.E., Atlanta, GA 30322, USA

Medical College of Georgia School of Medicine, 1120 Fifteenth St., Augusta, GA 30912, USA

Morehouse School of Medicine, 720 Westview Dr. SW, Atlanta, GA 30310-1495, USA

Mercer University School of Medicine, 1550 College Street, Macon, GA 31207, USA

Hawaii

University of Hawaii John A. Burns School of Medicine, 5, 1960 East-West Road, Honolulu, HI 96822, USA

Illinois

Northwestern University The Feinberg School of Medicine, 303 East Chicago Avenue, Chicago, IL 60611-3008, USA

Rush Medical College of Rush University Medical Center, 600 South Paulina Street, Suite 202, Chicago, IL 60612, USA

University of Chicago Division of the Biological Sciences, The Pritzker School of Medicine, 5841 South Maryland Avenue, MC1000, Chicago, IL 60637-1470, USA

Chicago Medical School at Rosalind Franklin U-Med & Sci, 3333 Green Bay Road, North Chicago, IL 60064, USA

University of Illinois, College of Medicine, 1853 West Polk Street, Chicago, IL 60612, USA

Loyola University Chicago, Stritch School of Medicine, 2160 South First Avenue, Maywood, IL 60153, USA

Southern Illinois University, School of Medicine, 801 North Rutledge, P.O. Box 19620, Springfield, IL 62794-9620, USA

Indiana

Indiana University School of Medicine, 1120 South Drive, Indianapolis, IN 46202-5114, USA

Iowa

University of Iowa Roy J. and Lucille A. Carver College of Medicine, 200 Medicine Administration Building, Iowa City, IA 52242-1101, USA

Kansas

University of Kansas School of Medicine, 3901 Rainbow Bld, Kansas City, KS 66160, USA

Kentucky

University of Kentucky College of Medicine, MN-150, Chandler Medical Center, Lexington, KY 40536-0298, USA

University of Louisville School of Medicine, Abell Administration Center, 323 East Chestnut Street, Louisville, KY 40202-3866, USA

Louisiana

Louisiana State University School of Medicine, 533 Bolivar Street, New Orleans, LA 70112-2822, USA

Tulane University School of Medicine, 1430 Tulane Avenue, New Orleans, LA 70112, USA

Louisiana State University School of Medicine in Shreveport, P.O. Box 33932, Shreveport, LA 71130-3932, USA

Maryland

Johns Hopkins University School of Medicine, 733 North Broadway, Baltimore, MD 21205, USA

University of Maryland School of Medicine, 655 West Baltimore Street, Baltimore, MD 21201, USA

Uniformed Services U of the Health Sci, F Edward Hebert SOM, 4301 Jones Bridge Road, Bethesda, MD 20814-4799, USA

Massachusetts

Boston University School of Medicine, 715 Albany Street, Boston, MA 02118, USA

Harvard Medical School, 25 Shattuck Street, Boston, MA 02115, USA

Tufts University School of Medicine, 136 Harrison Avenue, Boston, MA 02111, USA

University of Massachusetts Medical School, 55 Lake Avenue North, Worcester, MA 01655, USA

Michigan

University of Michigan Medical School, 1301 Catherine Road, Medical Science Building I, Ann Arbor, MI 48109-0624, USA

Wayne State University School of Medicine, 540 East Canfield, Detroit, MI 48201, USA

Michigan State University, College of Human Medicine, A-110 East Fee Hall, East Lansing, MI 48824, USA

Minnesota

University of Minnesota Medical School, 420 Delaware Street S.E., Mayo Mail Code 293, Minneapolis, MN 55455, USA

Mayo Medical School, Mayo Clinic College of Medicine, 200 First Street S.W., Rochester, MN 55905, USA

Mississippi

University of Mississippi School of Medicine, University Medical Center, 2500 North State Street, Jackson, MS 39216, USA

Missouri

University of Missouri-Columbia School of Medicine, MA 204 Medical Sciences Building, One Hospital Drive, Columbia, MO 65212, USA

University of Missouri, Kansas City School of Medicine, 2411 Holmes Street, Kansas City, MO 64108-2792, USA

St. Louis University School of Medicine, 1402 South Grand Boulevard, St. Louis, MO 63104, USA

Washington University in St. Louis School of Medicine, 660 South Euclid Avenue, Box 8106 St. Louis, MO 63110, USA

Nebraska

Creighton University School of Medicine, 2500 California Plaza, Omaha, NE 68178, USA

University of Nebraska College of Medicine, 986545 Nebraska Medical Center, Omaha, NE 68198-6545, USA

Nevada

University of Nevada, School of Medicine, Pennington Medical Education Building/332, Reno, NV 89557-0071, USA

New Hampshire

Dartmouth Medical School, 1 Rope Ferry Road, Hanover, NH 03755-1404, USA

New Jersey

UMDNJ-New Jersey Medical School, 65 Bergen Street, RM 1441, Newark, NJ 07107-3001, USA

UMDNJ-Robert Wood Johnson Medical School, 675 Hoes Lane, Piscataway, NY 08854-5635, USA

New Mexico

University of New Mexico School of Medicine, Basic Medical Science Bldg; Room 107, Albuquerque, NM 87131, USA

New York

Albany Medical College, Mail Code 34, 47 New Scotland Avenue, Albany, NY 12208, USA

Albert Einstein College of Medicine of Yeshiva University, 1300 Morris Park Avenue, Bronx, NY 10461, USA

State University of New York, Downstate Medical Center College of Medicine, 450 Clarkson Avenue, Brooklyn, NY 11203, USA

University at Buffalo State, University of New York School of Medicine & Biomedical Sciences, 3435 Main Street, Buffalo, NY 14214, USA

Columbia University College of Physicians and Surgeons, 630 West 168th Street, New York, NY 10032, USA

Joan & Sanford I. Weill Medical College of Cornell University, 1300 York Avenue, New York, NY 10021, USA

Mount Sinai School of Medicine of New York University, One Gustave L. Levy Place, New York, NY, 10029-6574, USA

New York Medical College, Administration Building, Valhalla, NY 10595, USA

New York University School of Medicine, 550 First Avenue, New York, NY 10016, USA

University of Rochester School of Medicine and Dentistry, 601 Elmwood Avenue, Box 706, Rochester, NY 14642, USA

Stony Brook University Health Sciences Center School of Medicine, Level 4 – Room 169, Stony Brook, NY 11794-8430, USA

State University of New York, Upstate Medical University, 750 E Adams Street, Syracuse, NY 13210, USA

North Carolina

University of North Carolina at Chapel Hill School of Medicine, CB 7000 Room 125, MacNider Bldg, Chapel Hill, NC 27599, USA

Duke University School of Medicine, P.O. Box 2927, Durham, NC 27710, USA

Wake Forest University School of Medicine, Medical Center Boulevard, Winston-Salem, NC 27157, USA

The Brody School of Medicine at East Carolina University, 600 Moye Blvd., Greenville, NC 27834, USA

North Dakota

University of North Dakota, School of Medicine and Health Sciences, 501 North Columbia Road, Box 9037, Grand Forks, ND 58202-9037, USA

Ohio

University of Cincinnati College of Medicine, P.O. Box 670555 Cincinnati, OH 45267-0555, USA

Case Western Reserve University School of Medicine, 10900 Euclid Avenue, Cleveland, OH 44106-4915, USA

The Ohio State University College of Medicine and Public Health, 200 Meiling Hall, 370 West 9th Avenue, Columbus, OH 43210-1238, USA

Medical College of Ohio at Toledo, 300 Arlington Ave., Toledo, OH 43614, USA

Northeastern Ohio Universities College of Medicine, 4209 State Route 44, P.O. Box 95, Rootstown, OH 44272-0095, USA

Wright State University School Boonshoft of Medicine, P.O. Box 927, Dayton, OH 45401-0927, USA

Oklahoma

University of Oklahoma College of Medicine, P.O. Box 26901, 940 Stanton Young Blvd., Rm 357, Oklahoma City, OK 73190, USA

Oregon

Oregon Health & Science University School of Medicine, 3181 S. W. Sam Jackson Park Road, Portland, OR 97239, USA

Pennsylvania

Pennsylvania State University College of Medicine. P.O. Box 850, 500 University Drive, Hershey, PA 17033, USA

Jefferson Medical College of Thomas Jefferson University, 1025 Walnut Street, Philadelphia, PA 19107-5083, USA

Drexel University College of Medicine, 2900 Queen Lane, Phildadelphia, PA 19129, USA

Temple University School of Medicine, 3400 North Broad Street, Philadelphia, PA 19140, USA

University of Pennsylvania School of Medicine, 3620 Hamilton Walk, Suite 295, Philadelphia, PA 19104-6055, USA

University of Pittsburgh School of Medicine, 401 Scaife Hall, 3550 Terrace Street, Pittsburgh, PA 15261, USA

Rhode Island

Brown University Medical School, 97 Waterman Street, Providence, RI 02912, USA

South Carolina

College of Medicine, Medical University of South Carolina, 96 Jonathan Lucas Street, P.O. Box 250617, Charleston, SC 29425, USA

University of South Carolina School of Medicine, Columbia, SC 29208, USA

South Dakota

University of South Dakota School of Medicine, 1400 West 22nd Street, Sioux Falls, SD 57105-1570, USA

Tennessee

University of Tennessee Health Science Center College of Medicine, 62 South Dunlap, # 400, Memphis, TN 38163, USA

Meharry Medical College, D. B. Todd Jr. Boulevard, Nashville, TN 37208, USA

Vanderbilt University School of Medicine, 21st Avenue South at Garland Avenue, Nashville, TN 37232, USA

East Tennessee State University, James H. Quillen College of Medicine, P.O. Box 70694 Johnson City, TN 37614, USA

Texas

The University of Texas, Southwestern Medical Center at Dallas, Southwestern Medical School, 5323 Harry Hines Boulevard, Dallas, TX 75390, USA

The University of Texas, Medical Branch at Galveston, 301 University Boulevard, Galveston, TX 77555, USA

Baylor College of Medicine, One Baylor Plaza, Houston, TX 77030, USA

University of Texas Medical School at Houston, 6431 Fannin Street, Houston, TX 77030, USA

Texas Tech. University Health Sciences Center School of Medicine, 3601 4th Street, MS 6207, Lubbock, TX 79430, USA

University of Texas Medical School at San Antonio, 7703 Floyd Curl Drive, San Antonio, TX 78229-3900, USA

Texas A & M University System Health Science Center College of Medicine, 147 Joe H. Reynolds Medical Bldg. 1114 TAMU, College Station, TX 77843-1114, USA

Utah

University of Utah School of Medicine, 30 North 1900 East, Salt Lake City, UT 84132-2101, USA

Vermont

University of Vermont College of Medicine, E109 Given Building, 89 Beaumont Avenue, Burlington, VT 05405, USA

Virginia

University of Virginia School of Medicine, P.O. Box 800793 – McKim Hall, Charlottesville, VA 22908, USA

Eastern Virginia Medical School, 700 W. Olney Road, Norfolk, VA 23507, USA

Virginia Commonwealth University, School of Medicine, Richmond, VA 23298-0565, USA

Washington

University of Washington, School of Medicine, A-300 Box 356340; Hlth Sciences Center, Seattle, WA 98195-6340, USA

West Virginia

West Virginia University, School of Medicine, Robert C. Byrd Health Sciences Center, P.O. Box 9100, Morgantown, WV 26506, USA

Joan C. Edwards School of Medicine at Marshall University, 1600 Medical Center Drive, Huntington, WV 25701-3655, USA

Wisconsin

University of Wisconsin Medical School, 750 Highland Avenue, Madison, WI 53705-2221, USA

Medical College of Wisconsin, 8701 Watertown Plank Rd., Milwaukee, WI 53226-0509, USA

Puerto Rico

University of Puerto Rico School of Medicine, Medical Sciences Campus, P.O. Box 365067, San Juan, PR 00936-5067, USA

Ponce School of Medicine, P.O. Box 7004, Ponce, PR 00732, USA

Universidad Central del Caribe School of Medicine, Ramon Ruiz Arnau University Hospital, Laurel Ave, Bayamon, PR 00960-6032, USA

Canada

Canada welcomes the cultural enrichment that international students bring to its educational institutions. Students who are interested in studying in Canada must obtain a special permit before arrival.

For the most up-to-date information please contact the Canadian Embassy in Germany:

Embassy of Canada, Leipziger Platz 17, 10117 Berlin; Tel.: (0 30) 20 31 20, Fax: (0 30) 2 03 12-1 21
www.canada.de
http://www.dfait-maeci.gc.ca/canadaeuropa/germany/studyincanada-en.asp
http://www.cic.gc.ca/english/study/index.html

Canadian Medical Schools

Dalhousie University Faculty of Medicine, Halifax, NS, B3H 4H7, CANADA

Laval University Faculty of Medicine, Foy, Quebec City, QC, G1K 7P4, CANADA

McGill University Faculty of Medicine, 3655 Promenade Sir-William-Osler, Montreal, QC, H3G 1Y6, CANADA

McMaster University Faculty of Health Sciences, Health Science Centre, Room 1B7, 1200 Main Street, Hamilton, ON, L8N 3Z5, CANADA

Memorial University of Newfoundland Faculty of Medicine, Health Sciences Centre, Prince Philip Drive, St. John's, NL, A1B 3V6, CANADA

Northern Ontario School of Medicine, 935 Ramsey Lake Road, Sudbury, ON, P3E 2C6, CANADA

Queen's University Faculty of Health Sciences, Macklem House, 18 Barrie Street, Kingston, ON, K7L 3N6, CANADA

The University of Western Ontario Faculty of Medicine and Dentistry, Health Sciences Addition, Richmond Street North, London, ON, N6A 5C1, CANADA

Université de Montreal Faculty of Medicine, 2900 boulevard Edouard-Monpetit, P.O. Box 6128, Succ. Centre-Ville, Montreal, QC, H3C 3J7, CANADA

Université de Sherbrooke Faculty of Medicine, 3001 12th Avenue North, Sherbrooke, QC, J1H 5N4, CANADA

University of Alberta Faculty of Medicine and Dentistry, 2J2 Mackenzie Health Sciences Centre, Edmonton, AB, T6G 2R7, CANADA

University of British Columbia Faculty of Medicine, 317-2194 Health Sciences Mall, Vancouver, BC, V6T 1Z3, CANADA

University of Manitoba Faculty of Medicine, 260-727 McDermot Avenue, Winnipeg, MB, R3E 3P5, CANADA

University of Ottawa Faculty of Medicine, 451 Smyth Road, Ottawa, ON, K1H 8M5, CANADA

University of Saskatchewan College of Medicine, B103 Health Sciences Building, 107 Wiggins Road, Saskatoon, SK, S7N 5E5, CANADA

University of Toronto Faculty of Medicine, 1 King's College Circle, Toronto, ON, M5S 1A8, CANADA

University of Calgary Faculty of Medicine, 3330 Hospital Drive, N.W., Calgary, AB, T2N 4N1, CANADA

Australia

Australia welcomes cultural exchange and seeks skilled professionals. According to their most recent skilled occupation list this includes a variety of medical professionals.

For the most up-to-date information please contact the Australian Embassy in Germany:

Australian Embassy Berlin, Wallstrasse 76-79, 10179 Berlin; Tel.: (0 30) 88 00 88-0, Fax (0 30) 88 00 88-2 10, E-mail: info@australian-embassy.de
http://www.australian-embassy.de
http://www.immi.gov.au/allforms/pdf/1121i.pdf

New Zealand

In general, if you wish to visit, work or study in New Zealand you will need to obtain a visa before you depart, depending on your purpose for visiting New Zealand. German residents should first request the Self-Assessment Residence Guide from the Visa Section, NZ Embassy in Berlin. Please send a self-adressed A4 envelope, stamped with € 1,44 to:

New Zealand Embassy, Friedrichstr. 60, 10117 Berlin; Tel.: (030) 20621-0, Fax (030) 20621-114; E-mail: nzembassy.berlin@t-online.de

New Zealand Consulate-General, Domstrasse 19, 20095 Hamburg; Tel.: (040) 4425550, Fax: (040) 4425549, E-mail: hamburg@nzte.govt.nz

UK & Northern Ireland

Working and studying in the UK and Northern Ireland is a lot easier than in all the other countries listed above due to European Union legislation. Please contact the respective embassies and consulates listed below:

The British Embassy, Wilhelmstr. 70-71, 10117 Berlin; Tel.: (030) 20457-0, Fax (030) 20457-594
http://www.britische-botschaft.de/

The British Council is the United Kingdom's international organisation for educational opportunities and cultural relations. The British Council operates in several major German cities.

British Council, Hackescher Markt 1, 10178 Berlin; Tel.: (030) 3110990, E-mail: info@britishcouncil.de

British Council Heinrich-Heine-Universität Düsseldorf, Universitätsstr. 1, Gebäude 16.11 Raum 04/24, 40225 Düsseldorf

British Council Universität Leipzig, Beethovenstr. 15, (EG, H4 0.10), 04107 Leipzig

British Council, Herzog-Heinrich-Str. 7, Erdgeschoss rechts, 80336 München
http://www.britishcouncil.de/

Ireland

Working and studying in Ireland is a lot easier than in all the other countries listed above due to European Union legislation. Please contact the respective embassies and consulates listed below:

Embassy of Ireland, Friedrichstr. 200, 10117 Berlin; Tel.: (030) 220720, Fax: (030) 22072299, E-mail: berlin@dfa.ie
http://www.botschaft-irland.de/

Honorary Consulate of Ireland, Feldbrunnenstr. 43, 20148 Hamburg; Tel.: (040) 44186113, Fax: (040) 44186551

Honorary Consulate of Ireland, Frankenforsterstr. 77, 51427 Bergisch-Gladbach; Tel.: (02204) 609860, Fax: (02204) 609861

Honorary Consulate of Ireland, Denningerstr. 15, 81679 München, Tel.: (089) 20805990, Fax: (089) 20805989

Honorary Consulate of Ireland, Gräfstr. 99, 60487 Frankfurt am Main; Tel.: (069) 977883883, Fax: (069) 977883880

Mini-Dictionary and Abbreviations

Mini-Wörterbuch, Abkürzungen, Maßeinheiten, Symbole

Georg Thieme Verlag
Stuttgart · New York

Mini-Dictionary | Mini-Wörtbuch

A

to abate [ɔ'beit]	nachlassen, zurückgehen
the abbreviation [əbri:vi'eiʃən]	Abkürzung
the abdom. flat plate [æb'dɔminl] [flæt] [pleit]	Abdomenleeraufnahme
the abdominal pain [æb'dɔmɪnl]	Bauchschmerzen
the abduction [æb'dʌktʃən]	Entführung
the abortion [ə'bɔ:ʃən]	Abtreibung, Abort
the abundance [ə'bʌndəns]	Überfluss
abundant [ə'bʌndənt]	reichlich, im Überfluss
abusive [ə'bjusiv]	schimpfend, beleidigend
to accelerate [ək'seləreit]	beschleunigen
accessible [ək'sesibl]	zugänglich, erreichbar
the accident ['æksidənt]	Unfall
accidental [æksi'dentl]	zufällig, akzidentell
the ache [eik]	Schmerz
the acid fast bacilli ['æcid] [fa:st] [bæ'sɪlai]	säurefeste Stäbchen
the active labor ['æktiv] ['leibə]	Wehen
actual ['æktjuəl]	aktuell, tatsächlich vorgekommen
the acuity [ə'kju:iti]	Schärfe
the acute abdomen [ə'kju:t] [æb'doumən]	akutes Abdomen
the acute distress [ə'kju:t] [dis'tres]	akute Notlage
to adhere [əd'hiə]	sich halten an, anhaften
adherent [əd'hiərənt]	anhaftend
the adhesion [əd'hɪ:ʒən]	Verwachsung (med.), das Anhaften
the admission [əd'miʃən]	Einweisung
the adolescence [ædo'lesəns]	Adoleszenz
the adrenal gland [ə'dri:nəl] [glænd]	Nebenniere
to advance [əd'va:ns]	vordringen, vorschieben
the advent ['ædvənt]	Ankunft, Aufkommen
to advise [əd'vaiz]	anweisen
the affect [ə'fekt]	Affektäußerung
the affection [ə'fekʃən]	Zuneigung
the affiliated hospital [ə'fɪlieitəd] ['hɔspitl]	angegliederte Klinik
the air-fluid level [ɛə] ['flu:id] [levl]	(Flüssigkeits-)Spiegel
to alleviate [ə'li:ieit]	erleichtern
to allot [ə'lɔt]	zumessen, anweisen
the alopecia [ælo'pi:ʃə]	Haarausfall
the ambiguity [æmbi'gju:iti]	Zweideutigkeit, Mehrdeutigkeit
the amebic disease [ə'mi:bik]	Amöbeninfektion
the ancillary staff [æn'siləri] [sta:f]	mittleres medizinisches Personal
the anesthetic [ænəs'θetik]	Anästhetikum
the angioplasty [ændʒɪou'plæsti]	Angioplastie

4

the ankle [æŋkl]	Fußknöchel
the annoyance [ə'nɔıəns]	Ärger
the anorexia [ænə'reksıə]	Appetitverlust
the antacid [ænt'æsid]	Antazid
to anticipate [æn'tisipeit]	vorwegnehmen, vorhersagen, erwarten
the anticonvulsant [æntıkən'vʌlsənt]	Antiepileptikum
the anxiety [æŋ'zaiəti]	Angst
the aortic arch [ei'ɔːrtik] [aːtʃ]	Aortenbogen
the aortic regurgitation [ei'ɔːtik] [rigɜrdʒi'teıʃn]	Aorteninsuffizienz
apart from [ə'paːt] [frəm]	abgesehen von
apneic [æp'niːik]	apnoisch, ohne Spontanatmung
the application [æpli'keiʃən]	(An)Verwendung, auch: Bewerbung
apprehensive [æpri'hensiv]	furchtsam
to approve [ə'pruːv]	anerkennen
the argument ['aːgjumənt]	Argument, Beweis, auch: Streit
the armpit ['aːmpit]	Achselhöhle
the arthropathy [aːr'θrɔpəθi]	Gelenkerkrankung
the assessment [ə'sesmənt]	Beurteilung
to assign [ə'sain]	zuweisen, mit … betrauen
the atrial fibrillation ['eitrıəl] [fibri'leiʃn]	absolute Arrhytmie
the atrial premature beat ['eitriəl] ['premətjuə] [bıːt]	atriale Extrasystole
attached [ə'tætʃd]	angeschlossen, angehängt
to attempt [ə'tempt]	versuchen
to attend rounds [ə'tend] [raunds]	an der Oberarztvisite teilnehmen
the attending physician [ə'tendin] [fi'ziʃən]	Oberarzt (USA)
audible ['ɔːdibl]	hörbar
the audience ['ɔːdiəns]	Zuhörerschaft
the auditory ossicles ['ɔːditəri] ['ɔsiklz]	Gehörknöchelchen
the auricle ['ɔːrikl]	Ohrmuschel
available [ə'veiləbl]	zur Verfügung stehend
the average ['ævəridʒ]	Durchschnitt
awful ['ɔːful]	schrecklich

B

the bacillary dysentery [bə'sıləri] ['disnteri]	Shigellose
the back passage [bæk] ['pæsidʒ]	After
the bag-valve-mask-technique [bæg-vælv-maːsk-tek'niːk]	Beatmung mit dem Ambobeutel
the baldness ['bɔldnes]	Glatze
the band-aid ['bændeid]	Pflaster

barely ['bɛəli]	kaum
the barrel chest ['bærəl] [tʃest]	Fassthorax
the bat [bæt]	Fledermaus
to be addicted to [ə'diktid]	abhängig sein von, süchtig sein nach
to be after someone ['a:ftə] ['sʌmwʌn]	hinter jemandem her sein
to be aware [ə'wɛə]	(auf etwas) gefasst sein
to be done [dʌn]	fertig sein
to be fed up with something [fed] [ʌp] [wið] [sʌmθiŋ]	etwas satt haben
to be on call [ɔn] [kɔ:l]	Dienst haben
to be short of breath [ʃɔ:t] [ɔf] [breθ]	kurzatmig sein
to be sick to one's stomach [sik] [wʌnz] ['stʌmək]	Übelkeit empfinden, übel sein
to become [bi'kʌm]	werden
the bed rest [bed] [rest]	Bettruhe
the bed wetting [bed] ['wetiŋ]	Bettnässen
to belch [beltʃ]	rülpsen
the belching ['beltʃiŋ]	Aufstoßen
the belly button ['beli] ['bʌtn]	Bauchnabel
to bend [bend]	biegen, beugen
the bile duct [bail] [dʌkt]	Ductus choledochus
the biological [baio'lɔdʒikəl]	biologisches Präparat
the birthmark ['bə:θma:k]	Muttermal
the blackout ['blækaut]	Schwinden des Bewusstseins
the bladder ['blædər]	Blase
the bland diet [blæna] [daiət]	leichte Magenkost
the blanket ['blæŋkit]	Decke
to blind [blaind]	blenden, blind machen
the blister ['blista]	Blase, Bläschen
bloated ['bloutid]	aufgebläht
the blood clots [blʌd] [kləts]	Blutgerinnsel
the blood pressure cuff [blʌd] [preʃə] [kʌf]	Blutdruckmanschette
the blood pressure reading [blʌd] [preʃə] [ri:diŋ]	Blutdruckwerte
the blood urea nitrogen [blʌd] ['ɹu:riə] ['naitrədʒən]	Blutharnstoffstickstoff (BUN)
the blunt trauma [blʌnt] ['trɔ:mə]	stumpfes Trauma
the blunting of the costophrenic angle ['blʌntiŋ] ['kɔstəfrenik] [æŋgl]	Verschattung des Zwerchfell-Rippen-Winkels
the board exam [bɔ:d] [ig'zæm]	Facharztprüfung
to bother ['bɔðə]	beunruhigen, plagen
bothersome ['bɔðəsəm]	beschwerlich, lästig
to bottlefeed [bɔtlfi:d]	mit der Flasche ernähren
the bout of pain [baut] [pein]	Schmerzanfall
the bowel movement ['bauəl] ['mu:vmənt]	Stuhlgang
the bowel obstruction ['bauəl] [əb'strʌkʃən]	Darmobstruktion

the bowel sound ['bauəl] [saund]	Darmgeräusch
the bowlegs ['boulegz]	O-Beine
the bra [bra:]	BH, Büstenhalter
the branches of an artery ['bra:ntʃəs] ['a:təri]	Verzweigungen einer Arterie
to break out [breik] [aut]	ausbrechen
the breast feeding [brest] ['fi:diŋ]	Brusternährung
the breath sounds [breθ] [saundz]	Atemgeräusche
the breech [bri:tʃ]	Steiß
brittle [britl]	brüchig
the bruise [bru:z]	Prellung, Bluterguss
to bruise [bru:z]	(sich) verletzen
to budge [bʌdʒ]	sich rühren, sich vom Fleck bewegen
bulging ['bʌldʒiŋ]	angeschwollen
bulky ['bʌlki]	voluminös
to bump into [bʌmp] ['intu]	zusammenstoßen mit
the bundle branch block [bʌndl] [bra:ntʃ] [blɔk]	Schenkelblock
the bunion ['bʌnjən]	Fußballenentzündung
the burden [bə:dn]	Bürde
the burning sensation ['bə:niŋ] [sen'seiʃən]	Gefühl von Brennen
the burst [bə:st]	Ausbruch
the bursts of shouting [bə:sts] ['ʃautiŋ]	Brüllanfälle
the buttock ['bʌtək]	Gesäßbacke
by accident [bai] ['æksidənt]	zufällig

C

to calm down [ka:m] [daun]	beruhigen
the calves [ka:vz]	Waden
the can of beer [kæn] [biə]	Bierdose
the cardiac conduction system ['ka:diæk] [kɔn'dʌkʃən] ['sistim]	kardiales Reizleitungssystem
the cardiac tamponade ['ka:diæk] [tæmpə'neid]	Perikardtamponade
the cardiac valves ['ka:diæk] ['vælvz]	Herzklappen
the cardiopulmonary resuscitation [ka:diəʊ'pʌlməneri:] [ri'sʌsiteɪʃən]	Wiederbelebungsbehandlung
causative ['kɔ:zətiv]	ursächlich
the cavitating lung lesion [kævi'teitiŋ] [lʌŋ] ['li:ʒən]	Lungenkaverne
the cerebral palsy [sə'ri:brəl] ['pɔ:lzi]	Hirnschaden
the cerebration [seri'breiʃən]	Denkprozeß, Gehirntätigkeit
the cerebrospinal fluid ['seribrouspainl] ['flu:id]	Liquor cerebrospinalis (s. o.)
the cesarian section [si'zɛərɪən] ['sekʃən]	Kaiserschnitt

to charge [tʃaːdʒ]	eine Gebühr erheben
the chart [tʃaːt]	Stationskurve, auch Krankenakte
to check for [tʃek]	untersuchen auf
the cheek [tʃiːk]	Wange, Backe
the chest cage [tʃest] [keidʒ]	Brustkasten
the chest pain [tʃest] [pein]	Thoraxschmerzen
the chicken-pox ['tʃikin] [pɔks]	Windpocken
the chief complaint [tʃiːf] [kəm'pleint]	Hauptbeschwerde
the childhood ['tʃaildhud]	Kindheit
the chills [tʃilz]	Frösteln
the chronic obstructive pulmonary disease ['krɔnik] [ɔb'strʌktiv] ['pʌlmənəri] [di'ziːz]	Lungenemphysem
to cite [sait]	zitieren
the clap [klæp]	Gonorrhö
the cleft palate [kleft] ['pælit]	Gaumenspalte
the clerkship ['klaːkʃip]	Famulatur
to climb stairs [klaim] [stɛəz]	Treppen steigen
the clinical course ['klinikəl] [kɔːs]	klinischer Verlauf
the clinical outcome ['klinikəl] ['autkʌm]	klinischer Verlauf und Ergebnis
the clinical skills assessment ['klinikəl] [skilz] [ə'sesmənt]	klinische Prüfung
the cloth [klɔθ]	Tuch
the clotting factors ['klɔtiŋ] ['fæktəz]	Gerinnungsfaktoren
the clubbing ['klʌbiŋ]	Trommelschlegelfinger
the coarcation of the aorta [kouaːk'teiʃn] [ei'ɔːtə]	Aortenisthmusstenose
coarse [kɔːs]	rauh, heiser
the cobblestone appearance ['kɔblstoun] [ə'pɪərəns]	Kopfsteinpflasterrelief
the cognition [kɔg'niʃn]	Denken
cold and clammy [kould] ['klæmi]	kalt und klamm
the colloquial terms [kə'loukwiəl] [təːmz]	umgangssprachliche Ausdrücke
colloquial [kə'loukwiəl]	umgangssprachlich
colourless ['kʌləlies]	farblos
to come by [kʌm] [bai]	vorbeikommen
the community [kə'mjuːniti]	Gemeinde
to be compatible with [kəm'pætibl]	vereinbar sein mit
the complaints [kəm'pleints]	Beschwerden
the comprehension [kɔmpri'henʃən]	Verständnis
the compulsion [kəm'pʌlʃən]	Zwang, unwiderstehlicher Drang
compulsive [kəm'pʌlsiv]	zwanghaft
to be concerned with [kən'səːnd]	beschäftigt sein mit
to conclude [kən'kluːd]	schließen, Schlussfolgerungen ziehen
the condom ['kʌndəm]	Kondom
to conduct ['kɔndʌkt]	durchführen, ausführen
to confide in someone [kən'faid] ['sʌmwʌn]	jemandem Vertrauen schenken
to be confined to [kən'faind]	beschränkt sein auf

the confinement [kən'fainmənt]	Niederkunft
confluent ['kɔnfluənt]	zusammenfließend, zusammenlaufend
the congenital malformations [kən'dʒenitəl]	angeborene Mißbildungen
the congestive cardiac failure [kən'dʒestiv] ['kaːdiæk] ['feiljə]	Herzinsuffizienz
the consciousness ['kɔnʃəsnəis]	Bewußtsein
the consent [kən'sent]	Einwilligung
to be consistent with [kən'sistənt]	übereinstimmen mit
the constitutional symptom [kɔnsti'tjuːʃənəl]	Allgemeinsymptom
the consultant [kən'sʌltənt]	Oberarzt (UK)
the contagious disease [kən'teidʒəs] [di'zɪːz]	ansteckende Krankheit
to contain [kən'tein]	enthalten
the content ['kɔntent]	Inhalt
the contraception [kɔntrə'sepʃən]	Schwangerschaftsverhütung
the contraceptive [kɔntrə'septiv]	Verhütungsmittel
to contract ['kəntrækt]	sich zuziehen, sich zusammenziehen
the contraction [kən'trækʃən]	Kontraktion, Zusammenziehung
the coping mechanism ['koupiŋ] ['mekənizm]	Verarbeitungsmechanismus
copious ['koupiəs]	reichlich, kopiös
the cord [kɔːd]	Kordel
the corn [kɔːn]	Hühnerauge
the coryza [kə'raizə]	Schnupfen
the cough [kɔf]	Husten
to cough [kɔf]	husten
the counselor ['kaunslə]	Berater
to count backward [kaunt] ['bækwəd]	rückwärts zählen
to cover ['kʌvə]	abdecken, bedecken
the coverage ['kʌvəridʒ]	Geltunsbereich, Verbreitung
to crack a bone [kræk] [boun]	einen Knochen brechen
the cranial nerves ['kreiniəl] [nəːvz]	Hirnnerven
the crash cart [kræʃ] [kaːt]	Notfallwagen (auf der Station)
the credit ['kredit]	Kredit, auch: Anerkennung
the crops of lesions [krɔps] ['liːʒənz]	Läsionsschübe, Haufen von Läsionen
the crotch [krɔtʃ]	Geschlechtsteile
crowded ['kraudəd]	überfüllt
the crushing chest pain ['krʌʃiŋ] [tʃest] [pein]	erdrückende Schmerzen in der Brust
the crust [krʌst]	Kruste
the crutch [krʌtʃ]	Krücke
curable ['kjuərəbl]	heilbar
the custard ['kʌstəd]	Pudding

the D/C shock ['di:ći:] [ʃɔk]	Elektroschock
the dandruff ['dændrʌf]	Schuppen
dangerous ['deindʒərəs]	gefährlich
the database ['deitəbeis]	Datenbank
the day of confinement [dei] [kən'fainmənt]	Geburtstermin
deductible [di'dʌktibl]	abziehbar, abrechenbar
the deductibles [di'dʌktiblz]	Abschlagszahlung
to defile [di'fail]	verunreinigen, beschmutzen, entehren
to deliver [di'livə]	liefern, vermitteln, entbinden (Geburt)
the delivery [di'livəri]	Entbindung
the delusions [di'l(j)u:ʒənz]	Wahnvorstellungen
the denial [di'naiəl]	Verneinung
the dental health [dentl] [helθ]	Zustand der Zähne
the dentures ['dentʃəz]	Zahnersatz durch ein Gebiss
the descent [di'sent]	Austreiben des Feten
the desire [di'zaiə]	Wunsch, Verlangen
despondent [dis'pondənt]	verzagt, niedergeschlagen
to detach [di'tætʃ]	losmachen, absondern, freimachen
to detect [di'tekt]	entdecken
detrimental [detri'mentl]	schädlich, nachteilig
the diaper ['daiəpə]	Windel
diaphoretic [daiəfə'retik]	schweißgebadet
the diet ['daiət]	Diät
the difficulty swallowing ['difikəlti] ['swɔlouiŋ]	Schluckbeschwerden
the digit ['didʒit]	einstellige Zahl
the dilatation and curetage [dailei'teiʃən] [kju'retidʒ]	Uterusausschabung
the diplopia [di'ploupiə]	Doppeltsehen
the disability [disə'biliti]	Behinderung
disabled [dis'eibld]	behindert
disagreeable [disə'griəbl]	unangenehm
the disc [disk]	Sehnervscheibe
the discharge [dis'tʃa:dʒ]	Entladung
to discharge [dis'tʃa:dʒ]	entlassen, entladen
to disclose [dis'klouz]	offenbaren, aufdecken
the discomfort [dis'kʌmfət]	Unbehagen, körperliche Beschwerde
the disgust [dis'gʌst]	Abscheu, Ekel
the dismal prognosis ['dizməl]	schlechte Prognose
to dispense [dis'pens]	liefern, herausgeben
the disturbance [dis'tə:bəns]	Störung
the diverticula [daivər'tikjələ]	die Divertikeln
divorced [di'vɔ:sd]	geschieden
the dizziness ['dizinis]	Schwindel
the dizzy spells ['dizi] [spelz]	Schwindelanfälle

dizzy ['dizi]	schwindlig
to donate blood [do'neit] [blʌd]	Blut spenden
the dosage ['dousidʒ]	Dosierung
the Down's syndrome [daunz] ['sindroum]	Mongolismus
dreadful ['dredful]	schrecklich
to dress [dres]	anziehen, ankleiden
the dressing ['dresiŋ]	Verband
to dribble [dribl]	tröpfeln, rieseln
the drip [drip]	Tropfinfusion
the drooping of eyelids [dru:piŋ] ['ailidz]	Herunterhängen der Augenlider
to drop out [drɔp] [aut]	ausscheiden, nicht mehr mitmachen
the drug dispensing [drʌg] [dis'pensıŋ]	Medikamenteneinsatz
the drug fever [drʌg] ['fi:və]	Medikamentenfieber
the drug [drʌg]	Medikament
the dry, hacking cough [drai] ['hækiŋ] [kɔf]	trockener Husten
to duplicate ['dju:plikeit]	kopieren, duplizieren
the dwarfism [dwɔ:fizm]	Zwergwuchs
the dyspnea on exertion [dis'pniə] [ig'zə:ʃən]	Belastungsdyspnoe

E

the eardrum ['iədrʌm]	Trommelfell
the earlobe ['iəloub]	Ohrläppchen
to ease [i:z]	erleichtern
the ectopic pregnancy [ek'tɔpik] ['pregnənsi]	extrauterine Schwangerschaft
the edema of the ankles [i'di:məl] [æŋkl]	Schwellung der Knöchel
edentulous [i'dentʃələs]	zahnlos
edgy ['edʒi]	kratzbürstig, gereizt
the EKG gel [i:keidʒi:] [dʒel]	Elektroden-Gel
the electives [i'lektivz]	ausgewählte Rotation
the electrical cardioversion [i'lektrikəl] [ka:diə'və:ʃən]	Kardioversion
the electrical defibrillation [i'lektrikəl] [difibrə'leiʃn]	Defibrillation
the elevation [eli'veiʃen]	Erhöhung
emaciated [i'meiʃieitəd]	abgemagert
the emaciation [imeiʃi'eiʃən]	Abmagerung
to emanate ['eməneit]	ausfließen, ausströmen, ausgehen
the embarrassment [im'bærəsmənt]	Verlegenheit
to emerge [i'mə:dʒ]	zutage treten, auftauchen
the emergency [i'mə:dʒənsi]	Notfall
to employ [im'plɔi]	anstellen, beschäftigen

the employee [implɔj'iː]	Angestellter
the empyema [emp(a)i'iːmə]	Empyem
the enamel (of the tooth) [i'næml] [tuːθ]	Zahnschmelz
the endeavo(u)r [in'deʌə]	Vorhaben, Bestreben, Bemühung
the engagement [in'geidʒmənt]	Einstellung des führenden Teils (Geburt)
the engorgement [in'gɔːdʒmənt]	Stau, Verstopfung
the epileptic seizure [epi'leptik] ['sɪːʒə]	epileptischer Anfall
the epinephrine [epi'nefrin]	Adrenalin, Epinephrin
the erythrocyte sedimentation rate [i'riθrəsait] [sedimən'teiʃən] [reit]	BSG
the esophageal varices [i'sɔfə'dʒiːəl] ['veərəsɪːz]	Ösophagusvarizen
the esophagus [i'sɔfəgəs]	Speiseröhre
to establish [is'tæbliʃ]	einrichten, anfertigen
to estimate ['estimeit]	(ab)schätzen
to evacuate [i'vækjueit]	entleeren
the evaluation [ivælju'eiʃən]	Bewertung, Untersuchung
evanescent [evə'nesənt]	abklingend
the even number ['iːvən] ['nʌmbə]	gerade Zahl
the evidence ['evidəns]	Beweis, (An-) Zeichen
to exacerbate [eg'zæsəbeit]	verschlimmern
to exceed [ik'siːd]	überschreiten
to excrete [iks'kriːt]	aus-, absondern, den Stuhl ausscheiden
excruciating [iks'kruːʃieitiŋ]	qualvoll, unausstehlich
exhausted [ig'zɔːstəd]	erschöpft
exhibit [ig'zibit]	ausstellen, zeigen, aufweisen
the expertise [ekspəː'tiːz]	Fachkenntnis
to expire [iks'paiə]	enden, ablaufen
the exploratory laparotomy [eks'plɔrətri] [læpə'rɔtəmi]	exploratorische Laparotomie
the exposure [iks'pouʒə]	Ausgesetztsein, Exposition
extended [iks'tendəd]	verlängert, ausgedehnt
the external chest compression [eks'təːnl] [tʃest] [kəm'preʃən]	Herzmassage
the external ear canal [eks'təːnl] [iːə] [kə'næl]	äußerer Gehörgang
the exudate ['egzjudeit]	Belag (z. B. auf Schleimhäuten)
the eyeball ['aibɔːl]	Augapfel
the eye-ground ['aigraund]	Augenhintergrund
the eyelid ['ailid]	Augenlid

F

the factitious fever [fæk'tiʃəs] [fiːvə]	simuliertes Fieber
to fail [feil]	versagen
faint [feint]	schwach

the fainting spell ['feintiŋ] [spel]	Ohnmachtsanfall
the faintness ['feintnəs]	Schwäche, Schwindel
the fair [fɛə]	Jahrmarkt, Kirmes
the fancy ['fænsi]	Phantasie, Einbildung, Laune
the fatiguability [fəti:gə'biliti]	Ermüdbarkeit
the fatigue [fə'ti:g]	Erschöpfung
the febrile episode ['fi:brail] ['episoud]	Fieberphase
the fecal impaction [fi:kl] [im'pækʃən]	Undurchgängigkeit der Ampulla recti und des Sigmas durch verhärteten Stuhl
to feel well [fi:l] [wel]	gut gehen, sich wohl fühlen
the feelings of inferiority ['fi:liŋz] [infiəri'ɔriti]	Minderwertigkeitskomplexe
the fetal attitude [fi:tl] ['ætitju:d]	Haltung des Fetus
the fetal lie [fi:tl] [lai]	Lage des Fetus
the fetal loss [fi:tl] [lɔs]	Tod des Fötus
the fetal position [fi:tl] [pə'ziʃən]	Einstellung des Fetus
the fetal presentation [fi:tl] [prezn'teiʃən]	Einstellung des Fetus
the fever of unknown origin ['fi:və] ['ʌnnoun] ['ɔridʒin]	Fieber unklarer Ursache
filthy ['filθi]	schmutzig
firm [fə:m]	fest, hart
the fist [fist]	Faust
the fit [fit]	Anfall
the flank pain [flæŋk] [pein]	Flankenschmerzen
the flapping tremor ['flæpiŋ] ['tremə]	unwillkürliche Handbewegungen
the flashlight ['flæʃlait]	Taschenlampe
the flat feet [flæt] [fi:t]	Plattfüße
the flow sheet [flou] [ʃi:t]	Verlaufstabelle von Laborparametern
the flu [flu:]	Influenza, Grippe
fluent ['flu:ənt]	flüssig
fluently, (adv.) ['flu:əntli]	flüssig, fließend
to flush down [flʌʃ] [daun]	hinunter spülen
foamy ['foumi]	schaumig
to fold [fould]	falten
to force onto [fɔ:s] ['ɔntu]	(jdm.) etwas aufdrängen
to force [fɔ:s]	zwingen
the forceps ['fɔ:seps]	Zange (des Geburtshelfers)
to forward ['fɔ:wəd]	befördern, (nach)schicken
the fracture ['fræktʃə]	Knochen-(Bruch)
the framework ['freimwə:k]	Gerüst
the freckles [freklz]	Sommersprossen
free of charge [fri:] [tʃa:dʒ]	kostenlos
the friction rub ['frikʃən]	Reibegeräusch
the frontal dementia ['frʌntəl] [di'menʃ(i)ə]	Frontalhirndemenz
the frontal lobe of the brain ['frʌntəl] [loub] [brein]	Frontallappen des Gehirns
to frown [fraun]	die Stirn runzeln

the full range of motion [ful] [reindʒ] [ˈmouʃən]	frei beweglich
to fund [fʌnd]	finanzieren, fundieren

G

to gag [gæg]	würgen
the gait [geit]	Gang, Haltung
the gallbladder [ˈgɔːlblædər]	Gallenblase
the gas [gæs]	Gas, auch: Blähung(en)
the gastric juice [ˈgæstrik] [dʒuːs]	Magensaft
the gauze [gɔːz]	Gaze
gay [gei]	homosexuell
the generic name [dʒəˈnerik] [neim]	generischer Name
gently (adv.) [ˈdʒentli]	vorsichtig, behutsam
the German measles [ˈdʒəːmən] [ˈmiːzlz]	Röteln
the gestation [dʒesˈteiʃən]	Schwangerschaft
to get up	aufstehen
to give a swallow [giv] [ˈswɔlou]	schlucken
to give [giv]	geben, nachgeben
the glove-and-stocking skin lesions [glʌv] [ˈstɔkiŋ] [skin] [ˈliːʒənz]	Hautveränderungen in einem Strumpf-und Handschuhmuster
the gnawing pain [gnɔːŋ] [pein]	bohrender Schmerz
to go from there [gou] [frɔm] [ðɛə]	dann weitersehen
the goiter [ˈgɔitə]	Kropf
the gout [gaut]	Gicht
the graduation [grædjuˈeiʃən]	Abschlussexamen, Graduierung, Promotion
the grasp [graːsp]	Griff, Besitz, Verständnis
the Graves' disease [greivz] [diˈziːz]	Morbus Basedow
to grip [grip]	umklammern
to groan [groun]	stöhnen
the groin [grɔin]	Leiste
grumpy [ˈgrʌmpi]	verdrossen, mürrisch
the guarding [ˈgaːdiŋ]	Abwehrspannung (der Bauchdecke)
guilty [gilti]	schuldig
the gums [gʌmz]	Gaumen
the gyri of the brain [ˈdʒairi] [brein]	Hirnwindungen

H

the habits [ˈhæbits]	Gewohnheiten
the hair loss [hɛə] [lɔs]	Haarausfall
the hangover [ˈhæŋouvə]	Kater (Übelkeit)
the harelip [ˈhɛəlip]	Hasenscharte
the headache [ˈhedeik]	Kopfschmerzen

the heartburn ['ha:tbə:n]	Sodbrennen
the heating blanket ['hi:tiŋ] ['blæŋkit]	Heizdecke
the heel [hi:l]	Ferse
the hemorrhage ['hemərid3]	Blutung
the hemorrhoids ['hemərɔidz]	Hämorrhoiden
the hiccups ['hikʌps]	Schluckauf
to hide [haid]	verbergen
the high power field [hai] [pauə] [fi:ld]	
high strung [hai] [strʌŋ]	erregbar, reizbar
the hip joint [hip] [d3ɔint]	Hüftgelenk
hirsute ['hə:sju:t]	stark behaart
hoarse [hɔ:s]	heiser
to hold out [hould] [aut]	ausstrecken, hinhalten
horrible ['hɔribl]	schrecklich, furchtbar
the hospital gown ['hɔspitl] [gaun]	Krankenhaushemd
the hospital orders ['hɔspitl] ['ɔ:dəs]	schriftliche Anordnungen
the hostility [hɔs'tiliti]	Feindschaft, Feindseligkeit
the hot flushes [hɔt] [flʌʃəs]	Hitzewallungen
house officer [haus] ['ɔfisə]	Assistenzarzt
the hump [hʌmp]	Höcker, Buckel
the hunchback ['hʌntʃbæk]	Buckel
to hurt [hə:t]	schmerzen, wehtun
the hyoid bone ['haiɔid] [boun]	Zungenbein
the hyperalgesia [haipəæl'd3i:ziə]	Schmerzüberempfindlichkeit
the hyperemesis gravidarum [haipə'eməsis] [grævi'dærəm]	Schwangerschaftserbrechen
the hyperglycemia [haipəglai'si:miə]	Hyperglykämie
the hyperhidrosis [haipəhai'drousis]	übermäßiges Schwitzen
the hyperphagia [haipə'feid3(i)ə]	gesteigerte Nahrungsaufnahme, Eßsucht
the hypertension [haipə'tenʃən]	Bluthochdruck
the hypothermia [haipə'θə:miə]	Hypothermie, Unterkühlung

I

the ideas of reference [ai'diəz] ['refərəns]	Beziehunsideen
the ileocecal valve [iliɔ'si:kl] [vælv]	Ileozäkalklappe
the illicit drugs [i'lisit] [drʌgz]	verbotene Drogen
the imaginary world [i'mæd3inəri] [wə:ld]	Fantasiewelt
the immunization [imju:nai'zeiʃən]	Impfung
the impact ['impækt]	Einfluss, (Ein)wirkung
the impacted gallstone [im'pæktəd] ['gɔ:lstoun]	(im Darm) eingeklemmter Gallenstein
the impetigo [impə'taigou]	Impetigo

in conjunction with [kən'dʒʌŋkʃən]	in Verbindung mit
the inability to concentrate [inə'biliti] ['kɔnsəntreit]	Unfähigkeit sich zu konzentrieren
the inability [inə'biliti]	Unfähigkeit, Unvermögen
the inanition [inæ'niʃən]	Schwäche, Entkräftung
inappropriate [inə'proupriit]	unangemessen
inattentive [inə'tentiv]	unaufmerksam
incapacitated [inkəp'æsiteitid]	schwerbehindert, erwerbsunfähig
the incidence ['insidens]	Vorkommen
incidentally (adv.) [insi'dentəli]	übrigens, nebenbei bemerkt
the incision [in'siʒən]	Einschnitt, Schnitt
the incisors [in'saizərz]	Schneidezähne
to include [in'klu:d]	einschließen, enthalten
incontinent of feces [in'kɔntinənt] ['fi:si:z]	stuhlinkontinent
the indecision [indi'siʒən]	Unentschlossenheit, Unentschiedenheit
the index finger ['indeks] ['fiŋgə]	Zeigefinger
indicative [in'dikətiv]	kennzeichnend, anzeigend
the indigestion [indi'dʒestʃən]	Verdauungsbeschwerden
indistinct [indis'tiŋkt]	unklar, verworren
the infancy ['infənsi]	Säuglingsalter
infected [in'fektəd]	entzündet
informal [in'fɔ:ml]	zwanglos, ohne Förmlichkeit
the informed consent [in'fɔ:md] [kən'sent]	Aufklärung und Einverständnis
the inguinal hernia ['ingwinl] ['hə:niə]	Leistenbruch
the inguinal region ['ingwinl] ['ri:dʒən]	Leistengegend
the injection site [in'dʒekʃən]	Injektionsstelle
the injury ['indʒəri]	Verletzung
insidious [in'sidiəs]	heimtückisch, schleichend
the insight ['insait]	Einblick
the insomnia [in'sɔmniə]	Schlaflosigkeit
the insulin resistance ['insjəlin] [ri'zistəns]	Insulinresistenz
to intensify [in'tensifai]	verstärken, intensivieren
intentional [in'tenʃənəl]	mit Absicht, absichtsvoll, gezielt
intermittent [intə'mitənt]	intermittierend
the intervertebral disc [intəvə'ti:bral] [disk]	Bandscheibe
the intracranial bleeding [intrə'kreinıəl] ['bli:diŋ]	Hirnblutung
the intussusception [intəsə'sepʃn]	Einstülpung
to involve [in'vɔlv]	(mit) einbeziehen
irritable ['iritəbl]	reizbar
to itch [itʃ]	jucken
the IUD = intrauterine device [aiju:'di:] [intrə'ju:tərin] [di'vais]	Spirale
the iv bottle [ai'vi:] [bɔtl]	Infusionsflasche

J

the jaundice ['dʒɔːndis]	Gelbsucht
the jaw [dʒɔː]	das Kinn
to join [dʒɔin]	sich vereinigen mit, sich gesellen zu
the joints [dʒɔints]	Gelenke
the jugular venous distension ['dʒʌgjələ] ['viːnəs] [dis'tenʃən]	Anschwellung der Jugularvenen

K

K^+ shift [kei] [plʌs] [ʃift]	Kaliumverschiebung
to keep in check [kiːp] [tʃek]	Einhalt gebieten, in Schach halten
to keep on [kiːp] [ɔn]	weitermachen
to keep repeating [kiːp] [ri'piːtiŋ]	sich weiterhin wiederholen
to keep to oneself [kiːp] ['wʌnself]	für sich alleine bleiben
to keep track [kiːp] [træk]	im Auge behalten, verfolgen
kind [kaind]	freundlich, nett
the knock-knees ['nɔk] [niːz]	X-Beine
knowledgeable ['nɔlidʒəbl]	informiert, kenntnisreich

L

the label [leibl]	Etikett
the laboratory results [lə'bɔratɔəri] [ri'zʌlts]	Laborwerte
labo(u)red ['leibəd]	mühsam, schwerfällig
the laceration [læsə'reiʃən]	Platzwunde
the large bore [laːdʒ] [bɔː]	großer Innendurchmesser (bei Infusionsnadel)
the large bowel [laːdʒ] ['bauəl]	Dickdarm
the leads [liːdz]	Ableitungen (EKG)
the left shift [left] [ʃift]	Linksverschiebung
the legal reason [liːgl] ['riːzən]	juristischer Grund
to let up [let] [ʌp]	aufhören, nachlassen
the letter of reference ['letə] ['refərəns]	Empfehlungsschreiben
the license number ['laisəns] ['nʌmbə]	Lizenznummer (Landesärztekammer-Nummer)
the licensing exam ['laisənsiŋ] [ig'zæm]	Zulassungsprüfung
the lie [lai]	Lage
to lift [lift]	hochheben
to list [list]	auflisten, eine Liste machen
listless ['listlis]	teilnahmslos

loculated ['lɔkjəleitəd]	verkapselt
the lollipop ['lɔlipɔp]	Lutscher
long term [lɔŋ] [tə:m]	dauerhaft
the loops of bowel [lu:ps] ['bauəl]	Darmschlingen
the lubricant ['l(j)u:brikənt]	Gleitmittel
the lump [lʌmp]	Knoten, Klumpen
the lymph nodes [limf] [noudz]	Lymphknoten
the lymphadenopathy [limfædi'nɔpəθi]	vergrößerte Lymphknoten

M

the macules ['mækjulz]	Maculae
mad [mæd]	verrückt
the maggots ['mægəts]	Maden
the malaise [mæ'leiz]	Unwohlsein, Krankheitsgefühl
to malfunction [mæl'fʌŋkʃən]	nicht funktionieren
the malignancy [mə'lignənsi]	maligne Erkrankung
mandatory ['mændətɔ:ri:]	zwangsweise, obligatorisch
the manufacture [mænju'fæktʃə]	Herstellung
the margin ['ma:dʒin]	Rand
the marital status ['mæritl] ['steitəs]	Ehestand
to mark [ma:k]	vermerken, anmerken
to masturbate ['mæstəbeit]	onanieren
the measles [mi:zls]	Masern
the medical grand round ['medikəl] [grænd] [raund]	Mittagskonferenz vor großem Auditorium
the medical record ['medikəl] ['rekɔ:d]	Krankenakte
the melena [mə'li:nə]	Blut im Stuhl
the memory ['meməri]	Gedächtnis
the meninges [me'nindʒi:z]	weiche Hirnhäute
the mental status [mentl] ['steitəs]	Geisteszustand
mentally retarded ['mentəli] [ri'ta:dəd]	geistig behindert
to merge [mə:dʒ]	zusammenschließen, vereinigen
the midstream urine ['midstri:m]	Mittelstrahlurin
the midwife ['midwaif]	Hebamme
the miliary tuberculosis ['miliəri] [tju:bəkjulousis]	Miliartuberkulose
to mind [maind]	etwas dagegen haben
the miscarriage [mis'kæridʒ]	Fehlgeburt
miscellaneous [misə'leiniəs]	verschiedenartig, mannigfaltig
to miss one's menstrual period [mis] [wʌnz] ['menstruəl] ['pɪərɪəd]	die Regelblutung nicht haben
to moan [moun]	jammern
to moisten [mɔisn]	anfeuchten
the mood [mu:d]	Stimmung

the morbidity and mortality conference [mɔː'biditi] [mɔː'tæliti] ['kɔnfərəns]	Morbiditäts-und Mortalitätskonferenz
the mosquitoes [mɔs'kiːtouz]	Mücken
motionless ['mouʃənləs]	bewegungslos
the mouth to mouth ventilation [mauθ] [venti'leiʃən]	Mund-zu-Mund-Beatmung
the movies (pl.) ['muːviz]	Kino
the mucous membranes ['mjuːkəs] ['membreinz]	Schleimhäute des Mundes
to mumble [mʌmbl]	murmeln
municipal [mjuː'nisipl]	städtisch
the murmurs ['məːməz]	Herzgeräusch (wörtl.: Murmeln)
the muscle tear [mʌsl] [tεə]	Muskelfaserriss
the muscular rigidity ['mʌskjulə] [ri'dʒiditi]	muskuläre Steifheit
the mutilation [mjuːti'leiʃən]	Verstümmelung
the myalgia [mai'ældʒiə]	Muskelschmerzen
the myocardial infarction [maiə'kaːdiəl] [in'faːkʃən]	Herzinfarkt

N

the nagging attitude ['nægiŋ] ['ætitjuːd]	nörgelnde Haltung
the nagging pain ['nægiŋ] [pein]	bohrender Schmerz
the nail biting [neil] ['baitiŋ]	Nagelkauen
the nasal congestion [neizl] [kən'dʒestʃən]	geschwollene Nasenschleimhäute
the native language ['neitiv] ['læŋgwidʒ]	Muttersprache
to nauseate ['nɔːsieit]	Ekel empfinden, Brechreiz auslösen
the needle track [niːdl] [træk]	Stichkanal
the needle [niːdl]	Nadel
the neonate ['niːəneit]	Neugeborenes
the nevus ['niːvəs]	Nävus
the nightmare ['naitmεə]	Alptraum
the nipple [nipl]	Brustwarze
no abnormality detected [æbnɔː'mæliti] [di'tektəd]	unauffällig
no acute distress [æə'kjuːt] [dis'tres]	nicht akut krank, ohne akute Schmerzen
the nocturia [nək't(j)uːriə]	nächtliches Wasserlassen
nocturnal [nɔk'təːnl]	nächtlich
the noncompliance [nɔnkəm'plaiəns]	mangelnde Kooperation, Weigerung
the noon conference [nuːn] ['kɔnfərəns]	Mittagskonferenz
the normal saline ['nɔːməl] ['seiliːn] auch: ['seilain]	isotonische Kochsalzlösung

the nostrils ['nɔstrilz]	Nasenlöcher
NPO = nothing per mouth [en] [pi:] [ou] ['nʌθiŋ] [pə:] [mauθ]	keine orale Nahrungszufuhr (nihilum per os)
to numb [nʌm]	betäuben
the numbness ['nʌmnis]	Taubheit
to nurse a child [nə:s] [tʃaild]	ein Kind stillen
the nurse practitioner [nə:s] [præk'tiʃənə]	Hilfsschwester

O

obese [ou'bi:s]	übergewichtig, korpulent
the obsession [ɔb'seʃən]	Besessenheit, (med.) Zwangsvorstellung
the occupation [ɔkju'peiʃən]	Beruf
the odo(u)r ['oudə]	Geruch
the ointment ['ɔintmənt]	Salbe
on behalf of [ɔn] [bi'ha:f]	im Interesse von, um … willen
the onset ['ɔnset]	Einsetzen, Beginn
to ooze [u:z]	(aus-, durch-)sickern
the opacification ['oupæsəfi'keiʃən]	Opakifikation
the operating room ['ɔpəreitiŋ] [ru:m]	Operationssaal
the orderliness ['ɔ:dəlines]	Ordnung, Ordnungsliebe
the organ enlargement ['ɔ:gən] [in'la:dʒmənt]	Organvergrößerung
the orphan drug ['ɔ:fən] [drʌg]	selten eingesetztes Spezialmedikament
the outpatient clinic ['autpeiʃənt] ['klinik]	Poliklinik, Ambulanz
the outpts.= outpatients department ['autpeiʃənts] [di'pa:tmənt]	Ambulanz
the ova and parasites ['ouvə] ['pærəsaits]	Wurmeier und Parasiten
the over-the-counter-drugs ['ouvə-ðə-'kauntə-drʌgz]	rezeptfreie Medikamente
the overview ['ouvəvju:]	Überblick, Übersicht
overweight ['ouvəweit]	übergewichtig
overwhelming [ouvə'welmiŋ]	überwältigend

P

the pacemaker ['peismeikə]	Herzschrittmacher
the pacifier ['pæsifaiə]	Schnuller
to pack [pæk]	(ver)packen, auch: tamponieren
the package ['pækidʒ]	Packung, Paket
the pad [pæd]	Polster, Unterlage

the paddles [pædlz]	Elektroden
the painkiller ['peinkilə]	Schmerzmittel
the pallor ['pælə]	Blässe
the palm [paːm]	Handinnenfläche
the palmar erythema ['pælmə] [erə'θiːmə]	Palmarerythem
the palpable purpura ['pælpəbl] ['pəːpjurə]	tastbare Hautknötchen der Purpura
palpable ['pælpəbl]	ertastbar, fühlbar
to palpate ['pælpeit]	abtasten, tasten
the palpitation [pælpi'teiʃən]	Herzklopfen
the palsy ['pɔːlsi]	Lähmung
the panel [pænl]	Ausschuss, Gremium
the pants [pænts]	Hosen
the paracentesis [pærəsen'tiːsis]	Punktion
the paranasal sinuses [pærə'neizl] ['sainəsəz]	Nasennebenhöhlen
to pass an exam [paːs] [ig'zæm]	ein Examen machen
to pass one's water [paːs] [wʌnz] ['wɔːtə]	Wasser lassen
the patch [pætʃ]	Flicken Fleck, Areal,
patchy ['pætʃi]	fleckig
patent ['peit(ə)nt]	(weit) geöffnet
patiently (adv.) ['peiʃəntli]	geduldig
the pattern ['pætən]	Muster
the pectoral alopecia ['pektərəl] [ælo'piːʃə]	Haarverlust auf der Brust
pendulous ['pendjuləs]	pendelnd, herabhängend
the penis envy ['pɪːnis] ['envi]	Penisneid
the pepper ['pepə]	Pfeffer
the peptic ulcer disease ['peptik] ['ʌlsə] [di'ziːz]	Magengeschwür
the percussion note [pə'kʌʃən] [nout]	Perkussionsschall
the performance [pə'fɔːməns]	Leistung
the pericardial effusion [peri'kaːdiəl] [i'fjuːʒən]	Herzbeutelerguss
the pericardial friction rub [peri'kaːdiəl] ['frikʃən] [rʌb]	Perikardreiben
the peripheral vascular disease [pə'rifərəl] ['væskjulə] [di'zɪːz]	arterielle Verschlusskrankheit
permanent ['pərmənənt]	dauerhaft
to persist [pə'sist]	beharren, (ver)harren, bleiben
the personnel [pəːsə'nəl]	Personal
pertinent ['pəːtinənt]	angemessen, zweckdienlich
the pet [pet]	Lieblingstier
the petechiae [pi'tiːkiə] auch: [pi'tekiə]	Petechien
the pharyngitis [færin'dʒaitis]	Halsentzündung
the phlegm [flem]	Sekret, Schleim
the photophobia [foutə'foubiə]	Lichtempfindlichkeit
the physical examination ['fizikl] [igzæmi'neiʃən]	körperliche Untersuchung

the physiotherapist [fizio'θerapist]	Physiotherapeut(in)
the piles (pl.) [pailz]	Hämorrhoiden
the pill [pil]	Pille
the pillow ['pilou]	Kopfkissen
the pimple [pimpl]	Pickel
the pinhead ['pinhed]	Stecknadelkopf
the pitting edema ['pitiŋ] [iː'diːmə]	Ödeme
the pitting pretibial edema ['pitiŋ] [pri'tiːbiəl] [iː'diːmə]	prätibiale Ödeme
the pituitary stalk [pi'tjuitəri] [stɔːk]	Hypophysenstiel
the pituitary, pituitary gland [pi'tjuitəri] [glænd]	Hypophyse
the plaster cast ['plaːstə] [kaːst]	Gips(verband)
the platelet count ['pleitlit] [kaunt]	Blutbild
the platelets ['pleitlits]	(Blut-) Plättchen
the podiatrist [pə'daiətrist]	Fußtherapeuten
to point to [pɔint]	deuten auf
the poisoning ['pɔizniŋ]	Vergiftung
to poke [pouk]	stecken, stoßen
to ponder ['pɔndə]	nachdenken
the portal vein [poːtl] [vein]	V. portae
to position [pə'ziʃən]	positionieren, in eine bestimmte Lage bringen
the postgraduate training [poust'grædjueit] ['treiniŋ]	Facharztausbildung
the postictal state [pɔst'iktəl] [steit]	Zustand nach epileptischem Anfall
the postmortem examination [poust'mɔːtem] [igzæmi'neiʃən]	Obduktion
the postural changes ['pɔstʃərəe] ['tʃeindʒəz]	orthostatische Kreislaufveränderungen
the potassium [pə'tæsiəm]	Kalium
to pour [pɔː]	(sich) ergießen
the powder ['paudə]	Puder
to precipitate [pri'sipiteit]	herbeiführen, beschleunigen
the precordial thrill [pri'kɔːdiəl] [θril]	präkordiales Schwirren
the prematurity [premə'tjuəriti]	Frühreife, Vorzeitigkeit
the premium ['priːmiəm]	Versicherungsprämie
to prepare [pri'pɛə]	vorbereiten
the presacral edema [pri'seikrəl] [iː'diːmə]	präsacrales Ödem
the prescription [pris'kripʃən]	Rezept
to present [pri'zent]	(dar-)vorstellen, präsentieren
the presentation [prezn'teiʃən]	Einstellung (des Fetus)
the presenting part [pri'zentiŋ] [paːt]	führendes Teil (beim Fetus)
the pressure ['preʃə]	Druck
the primary care ['praiməri] [kɛə]	medizinische Grundversorgung
the primigravid patient [praimi'grævid] ['peiʃənt]	Erstgebärende
the procedure note [prə'siːdʒə] [nout]	schriftliche Notiz über Eingriffe
profuse [prə'fjuːs]	übermäßig, überreich
prone [proun]	auf dem Bauch liegend

to pronounce [prə'nauns]	erklären
the prophylactic effect [prəfi'læktik] [i'fekt]	prophylaktische Wirkung
the proprioception [proupriə'sepʃn]	Richtungsempfinden bei Gelenkbewegungen
the prostate gland ['prɔsteit] [glænd]	Vorsteherdrüse
the prostration [prɔs'treiʃən]	Erschöpfung
to provide [prə'vaid]	zur Verfügung stellen
puffy ['pʌfi]	aufgedunsen
the pulmonary edema ['pʌlmənəri] [iː'diːmə]	Lungenödem
the pulmonary embolism ['pʌlmənəri] ['embəlizm]	Lungenembolie
the pulmonary infarction ['pʌlmənəri] [in'faːkʃən]	Lungeninfarkt
the purpose ['pəːpəs]	Zweck
purulent ['pjurələnt]	eitrig
to put up a fight [put] [ʌp] [fait]	einen Streit beginnen

R

the R.N. = registered nurse [aːɛn] = ['redʒistəd] [nəːs]	examinierte Krankenschwester
to radiate ['reidieit]	ausstrahlen
the radiation [reidi'eiʃən]	Ausstrahlung
the radiographer [reidi'ɔgrəfə]	Radiologe
to raise [reiz]	anheben, erhöhen
the rales [reilz]	Rasselgeräusch
to ramble [ræmbl]	drauflos reden, unzusammenhängend reden
the range of motion [reindʒ] ['mouʃən]	Bewegungsspielraum
to range [reindʒ]	sich erstrecken
the rash [ræʃ]	Hautausschlag
rather ['raːðə]	ziemlich, vielmehr, stattdessen
to reach [riːtʃ]	(er)reichen
the readings ['riːdiŋs]	Testergebnisse
the reassurance [riːə'ʃuərəns]	Beruhigung
reassuring [riːə'ʃuəriŋ]	beruhigend
the rebound tenderness [ri'baund] ['tendənis]	Loslass-Schmerz
to recall [ri'kɔːl]	wiederholen
to recognize ['rekəgnaiz]	erkennen
to recommend [rekə'mend]	empfehlen
to recur [ri'kəː]	wiederkehren
the recurrence [ri'kʌrəns]	Wiederkehr, Wiederholung
the reference book ['refərəns] [buk]	Nachschlagewerk
the referral [re'fərəl]	Zuweisung
the referred tenderness [ri'fəːd] ['tendənis]	fortgeleiteter Schmerz

the refill [riː'fil]	Nachfüllung
to refuse [ri'fjuːz]	verweigern
the regional enteritis ['riːdʒənəl]	Enteritis regionalis (Crohnsche Krankheit)
to register ['redʒistə]	registrieren, sich einschreiben
regulatory ['regjulətɔːri]	regulatorisch, (selbst-) regelnd
the rejection [ri'dʒekʃən]	Zurückweisung
the relationship [ri'leiʃənʃip]	(freundschaftliche) Beziehung
religiously [ri'lidʒəsli]	religiös, fromm, auch: gewissenhaft
to rely on [ri'lai]	sich verlassen auf
the remark [ri'maːk]	Bemerkung
to renew [ri'njuː]	erneuern
to reprimand ['reprimaːnd]	einen Verweis erteilen, rügen
the reprisal [ri'praizl]	Vergeltungsmaßnahme
the rescue ['reskju]	Rettung
to resect [ri'sekt]	resezieren
to resemble [ri'zembl]	ähneln
to reside [ri'zaid]	wohnen
the resident ['rezidənt]	Stationsarzt
the resiliency [ri'ziliənsi]	Zurückschnellen, Elastizität
the resource [ri'sɔːs]	Ressource, Hilfsmittel
restless ['restlis]	ruhelos
the restlessness ['restləsnəs]	Ruhelosigkeit
to restrain [ri'strein]	festhalten
the resuscitation [risʌsi'teiʃən]	Wiederbelebung
the reward [ri'wɔːd]	Belohnung
the rhonchi ['rɔŋkai]	Giemen
the rigidity of the abdominal wall [ri'dʒiditi] [æb'dɔminl] [wɔːl]	Abwehrspannung der Bauchdecke
the ringing in someone's ears ['riŋiŋ] ['sʌmwʌnz] [iəz]	Ohrensausen
the risk [risk]	Risiko
to roll over [roul] ['ouvə]	(sich) umdrehen
to roll up [roul] [ʌp]	aufrollen, hochkrempeln
to rotate [rou'teit]	rotieren, turnusmäßig (ab)wechseln
the rotation [rou'teiʃən]	Rotation (der Studenten)
the rounds [raundz]	(Arzt-)Visite
the rub [rʌb]	Reibegeräusch
the rubber glove ['rʌbə] [glʌv]	Gummihandschuh
the rubella [ruː'belə]	Röteln
the rule of thumb [ruːl] [θʌm]	Faustregel

S

the sadness ['sædnis]	Traurigkeit, Trauer
saline ['seiliːn]	Kochsalzlösung
to sample [saːmpl]	probieren, kosten
the scabies ['skeibiːz]	Krätze
the scale [skeil]	Waage

the scales [skeilz]	(Haut-)Schuppen
the scalp [skælp]	Kopfhaut
the scalpel [skæl'pæl]	Skalpell
the scar [ska:]	Narbe
to scatter ['skætə]	verstreuen
the schedule ['skedʒu:l]/['ʃedju:l]	Dienstplan
the schizophrenia [skitsou'fri:niə]	Schizophrenie
the scissors ['sɪzəz]	Schere
the search [sə:tʃ]	Suche
the seborrhea [sebə'rɪə]	Seborrhoe, übermäßige Talgabsonderung
the sediment ['sedimənt]	Sediment
the seizures ['si:ʒə]	epilept. Krampfanfälle
the self-esteem [selfis'ti:m]	Selbstachtung, Selbstvertrauen
the separate-cover ['sepəreit] ['kʌvə]	separater Brief, Extrabrief
the septal deviation [septl] [di:vi'eiʃən]	Septumdeviation
the septicemia [septi'sɪ:mɪə]	Sepsis, Blutvergiftung
sequentially (adv.) [si'kwenʃəli]	nacheinander, der Reihe nach
the sexual activity ['sekʃəwəl/ brit.: 'seksjuəl æk'tiviti]	Sexualverhalten
the sexual intercourse ['sekʃəwəl] ['intəkɔ:s]	Geschlechtsverkehr
the shade [ʃeid]	Schatten, Schattierung
the shakes [ʃeiks]	Delirium tremens
the shaking chills ['ʃeikiŋ] [tʃilz]	Schüttelfrost
shallow ['ʃælou]	flach
the shift [ʃift]	Schicht(-dienst); Verlagerung
the shinbone ['ʃinboun]	Schienbein
the shivers ['ʃivəs]	Frösteln
shivery ['ʃivəri]	fröstelnd, zitternd
shortly (adv.) ['ʃɔ:tli]	sofort, sogleich, in Kürze
the shortness of breath ['ʃɔ:tnis]	Kurzatmigkeit
the shot [ʃɔt]	Injektion
the sibling ['sibliŋ]	Geschwisterkind
the side-effect ['said-ifekt]	Nebenwirkung
the sinus node ['sainəs] [noud]	Sinusknoten
the sinus track ['sainəs] [træk]	Sinusgang
sketchy ['sketʃi]	skizzenhaft, grob umrissen
the skin turgor [skin] ['tə:dʒə]	Hautturgor
the skull [skʌl]	Schädel
the slide [slaid]	Dia(positiv)
the small bowel [smɔ:l] ['bauəl]	Dünndarm
the small feedings [smɔ:l] ['fi:diŋz]	kleine Mahlzeiten
the smear [smiə]	Ausstrich
to sneeze [sni:z]	niesen
the snoring ['snɔ:riŋ]	Schnarchen
soaking wet ['soukiŋ] [wet]	völlig durchnässt
the solid tumor ['sɔlid] ['tju:mə]	solider Tumor
somnolent ['sɔmnələnt]	benommen, schlaftrunken, somnolent

the sore throat [sɔː] [θrout]	Halsschmerzen
sore [sɔː]	wund, aufgeschürft
the source [sɔːs]	Quelle
to spill [spil]	verschütten
the spinal fluid [spainl] [ˈfluːid]	Liquor cerebrospinalis
the spinal tap [spainl] [tæp]	Lumbalpunktion
the spine [spain]	Wirbelsäule
the spleen [spliːn]	Milz
the splinter hemorrhages of nail beds [ˈsplintə] [ˈhemərid ʒ] [neil] [bedz]	streifenförmige Nagelbett-hämorrhagien
the splitting headaches [ˈspliti ŋ] [ˈhedeiks]	rasende Kopfschmerzen
the spot urine [spɔt] [ˈjuərin]	Spontanurin
the spotting [ˈspɔtiŋ]	Schmierblutung
to spread [spred]	spreizen, ausbreiten
to squint [skwint]	schielen
staffed [staːfd]	(mit Personal) ausgestattet
the stare [stεə]	(starrer) Blick
to stare [stεə]	starren
stationary [ˈsteiʃənəri]	feststehend, gleichbleibend, stationär
to step [step]	treten, einen Schritt machen
the stereognosis [stiəriəˈgnousis]	räumliches Erkennungsvermögen
the sterile field [ˈsterail] [fiːld]	Abdeckung zur Herstellung eines sterilen Bereiches
the sternal notch [ˈstəːnəl] [nɔtʃ]	Grube zwischen den Schlüsselbeinen
to stick out [stik] [aut]	herausstrecken, herausstehen
to stiffen [ˈstifən]	steif werden
stiffly (adv.) [ˈstifli]	steif
the sting [stiŋ]	Stechen, Stich, Biss
to stitch [stitʃ]	nähen
the stomach [ˈstʌmək]	Magen
straightforward [streitˈfɔːwəd]	unverblümt, geradeheraus
to strain [strein]	pressen, sich anstrengen
to stretch [stretʃ]	ausstrecken, sich erstrecken
the stretcher [ˈstretʃə]	Trage
the stridor [ˈstraidər]	Stridor
the string [striŋ]	Kette, Schnur
stringent [ˈstrindʒənt]	streng, scharf
to stutter [ˈstʌtə]	stottern
to subside [səbˈsaid]	nachlassen, abklingen
substernal [sʌbˈstəːnəl]	substernal
subtle [sʌtl]	subtil, fein, zart
to suffer from [ˈsʌfə]	leiden an
to suffocate [ˈsʌfəkeit]	ersticken
the suggestion [səˈdʒəstʃən]	Vorschlag, Hinweis
the suicide [ˈs(j)uːisaid]	Selbstmord
to suit [sjuːt]	passen, passend sein
the sunburn [ˈsʌnbəːn]	Sonnenbrand
supine [ˈsjuːpain]	auf dem Rücken liegend

the supple neck [sʌpl] [nek]	frei beweglicher Hals
to supplement ['sʌplimənt]	beifügen, anfügen
to suppurate ['sʌpjureit]	eitern
the surge of [sə:dʒ]	Woge, (fig.) plötzlicher Anstieg
the surgical drainage ['sə:dʒikl] ['dreinidʒ]	chirurgische Drainage
surgical ['sə:dʒikl]	chirurgisch
the suspension [səs'penʃən]	Lösung
the suspected diagnosis [səs'pektid] [daiəg'nousis]	Verdachtsdiagnose
suspicious [səs'piʃəs]	verdächtig
to suture ['sju:tʃə]	(eine Wunde) vernähen
the swab [swɔb]	Tupfer
to swallow ['swɔlou]	schlucken
the sweat [swet]	Schweiß
the sweater ['swetə]	Pullover
to swell up [swel] [ʌp]	anschwellen, dick werden
to switch [switʃ]	umstellen, umschalten
the synovial bursae [si'nouviəl] ['bə:si:]	Schleimbeutel
the syringe [si'rindʒ]	Spritze

T

taciturn ['tæsitə:n]	schweigsam, wortkarg
to take off [teik] [ɔf]	ausziehen, ablegen
the tape [teip]	Pflaster
the tapeworm ['teipwə:m]	Bandwurm
the task [ta:sk]	Aufgabe
the taste [teist]	Geschmack
the tattoo [tæ'tu:]	Tätowierung
tedious ['ti:diəs]	mühsam, beschwerlich
the temper tantrums ['tempə] ['tæntrəm]	Wutanfälle
the temper ['tempə]	Stimmung, Laune
the template ['templeit]	Schablone, Muster
the temple ['templ]	Schläfe
temporarily (adv.) ['tempərərili]	zeitweilig, vorübergehend
tender ['tendə]	empfindlich (bei Berührung)
the tenderness ['tendənis]	Empfindlichkeit bei Berührung
the tendon reflexes ['tendən]	Sehnenreflexe
the thigh [θai]	Oberschenkel
thoroughly (adv.) ['θɔrəli]	gründlich, sorgfältig
the thought disorder [θɔ:t] [dis'ɔ:də]	Denkstörung
the threat [θret]	(Be-)Drohung
the throat [θrout]	Kehle
to throb [θrɔb]	schlagen, klopfen, pulsieren
the throbbing pain ['θrɔbiŋ] [pein]	klopfende Schmerzen
to throw up [θrou] [ʌp]	sich erbrechen, sich übergeben

the thrush [θrʌʃ]	der Soor
the thumb [θʌm]	Daumen
the thyroid cartilage ['θairɔid] ['ka:tilidʒ]	Schildknorpel
the tick [tik]	Zecke
the tight stockings [tait] ['stɔkiŋz]	Stützstrümpfe
the tinge [tindʒ]	Färbung
the tingling ['tiŋgliŋ]	Kribbeln (Nerven)
the tip of the nose [tip] [nouz]	Nasenspitze
the toes [touz]	Zehen
the tongue bite [tʌŋ] [bait]	Zungenbiss
the tongue blade [tʌŋ] [bleid]	Spatel
the tongue [tʌŋ]	Zunge
the tooth-ache ['tu:θ] [eik]	Zahnschmerz(en)
torn [tɔ:n]	zerrissen
the trace [treis]	Spur, (An-)zeichen
the (EKG) tracing ['treisiŋ]	(EKG-)Aufzeichnung
the trailer ['treilə]	Wohnwagen
the training track ['treiniŋ] [træk]	Ausbildungsgang
the trait [treit]	Merkmal, Charakterzug
the tramp [træmp]	Obdachloser
the tributaries of the veins ['tribjutəriz] [veinz]	Zuflüsse der Venen
the trichomoniasis ("trich") [trikəmə'naiəsis]	Trichomonaden
to trip up [trip] [ʌp]	stolpern, ausrutschen
the trouble urinating [trʌbl] ['juərineitiŋ]	Schwierigkeiten beim Wasserlassen
the trunk [trʌŋk]	Rumpf
to trust [trʌst]	(ver-)trauen
the trust [trʌst]	Vertrauen, auch: Trust, Treuhand, Pflegschaft
the trypanosomiasis (sleeping sickness) [tripənəsou'maiəsis]	afrikanische Schlafkrankheit
the tube [tju:b]	Laborröhrchen
the tuition [tju:'iʃən]	Unterricht, Unterrichtsgebühr
the tuning fork ['tju:niŋ] [fɔ:k]	Stimmgabel
turbid ['tə:bid]	trübe
to turn over [tə:n] ['ouvə]	(um)drehen
the turn [tə:n]	Wechsel
the twin [twin]	Zwilling
twisted [twistid]	herumgewunden
the tympanic membrane [tim'pænik] ['membrein]	Trommelfell
the typhoid fever ['taifɔid] [fi:və]	Typhus, Salmonellen
the typhus fever ['taifəs] [fi:və]	Fleckfieber

U

ugly [ʌgli]	hässlich
the umbilicus [ʌm'bilikəs]/[ʌmbi'laikəs]	Umbilikus
unable [ʌn'eibl]	unfähig
unaltered [ʌn'ɔ:ltəd]	unverändert
unattainable [ʌna'teinəbl]	unerreichbar
unchanged [ʌn'tʃeindʒd]	unverändert
to uncover [ʌn'kʌvə]	aufdecken
to undergo [ʌndə'gou]	sich einer Sache unterziehen
underinsured ['ʌndəinʃuəd]	nicht genügend versichert, unterversichert
underlying ['ʌndəlaiiŋ]	zugrunde liegend
the underwear ['ʌndəwɛə]	Unterwäsche
undetermined ['ʌndi'tə:mind]	nicht entschieden, in der Schwebe, ungeklärt
uneventful ['ʌni'ventful]	ereignislos, ruhig
unexplained ['ʌniks'pleind]	unerklärlich, unklar
unfavorable [ʌn'feivərəbl]	ungünstig
ungroomed [ʌn'gru:md]	ungepflegt
uninsured ['ʌnin'ʃuəd]	nicht versichert
unintelligible ['ʌnin'telidʒibl]	unverständlich
to unite [ju:'nait]	(sich) vereinigen
unkempt [ʌn'kempt]	verlottert
unlabelled [ʌn'leibəld]	unetikettiert
unremarkable ['ʌnri'ma:kəbl]	unauffällig
unresponsive ['ʌnri'spɔnsiv]	ohne Reaktion
the untoward result [ʌn'touwəd,-'tɔ:d] [ri'zʌlt]	ungünstiges Resultat
upset [ʌp'set]	aufgeregt, verärgert
the urate ['juəreit]	Harnsäure
the urinalysis [juəri'næləsis]	Urinsediment
to urinate ['juərineit]	urinieren
the uterine fundal height ['ju:tərin] ['fʌndl] [hait]	Fundusstand

V

vacant ['veikənt]	leer
the vacuum extraction ['vækjuəm] [iks'trækʃən]	Extraktion mit der Saugglocke
the vaginal smear [və'dʒainəl] [smiə]	Abstrich von der Vagina
the valvular insufficiency ['vælvjulə] [insə'fiʃənsi]	Herzklappeninsuffizienz
the valvular stenosis ['vælvjulə] [ste'nousis]	Herzklappenstenose

the varicose veins ['værikous] [veɪnz]	Krampfadern
to vary ['vɛəri]	unterschiedlich sein, schwanken
the vascular bruits ['væskjulə] [brui:z]	Gefäßgeräusche
the venereal disease [vi'niəriəl] [di'zi:z]	Geschlechtskrankheit
the verruca [və'ru:kə]	Warze
the vial ['vaiəl]	verschlossenes Glasfläschchen
the vicious cycle ['viʃəs]	Circulus vitiosus
the vinegar ['vinigə]	Essig
the violent behavior ['vaiələnt] [bi'heivjə]	gewalttätiges Verhalten
the vitiligo [vitə'laigou]	weiße Hautflecken
vivid ['vivid]	lebhaft
the vocal cords [voukl] [kɔ:dz]	Stimmbänder
the vocational activities [vo'keiʃənəl] [æk'tivitiz]	Berufstätigkeit
the volition [vo'liʃən]	Willensanstrengung
voluntary ['vɔləntəri]	freiwillig
the volvulus ['vɔlvjələs]	Darmverschlingung (Volvulus)
the vomiting ['vɔmitiŋ]	Erbrechen

W

the waitress ['weitris]	Serviererin, Kellnerin
the ward [wɔ:d]	(Krankenhaus) Station
the wart [wɔ:t]	Warze
to waste [weist]	verschwenden, vergeuden
wasted ['weistid]	abgemagert
the water pills ['wɔ:tə] [pilz]	Wasser treibende Pillen
the wax in the ears [wæks] [iəz]	Ohrenschmalz
to wean [wi:n]	der Brust (der Flasche) entwöhnen
to weigh [wei]	wiegen
the Weil's disease [wailz] [di'zi:z]	Leptospirose
well nourished [wel] ['nʌriʃd]	normal ernährt
the wheal [wi:l]	Quaddel, Hautschwellung
the wheelchair ['wi:ltʃɛə]	Rollstuhl
the wheezes ['wi:zəz]	spastische Atemgeräusche
the whooping cough ['hu:piŋ] [kɔf]	Keuchhusten
the widening ['waidniŋ]	Erweiterung, Ausweitung
the windpipe ['windpaip]	Luftröhre
withdrawn [wið'drɔ:n]	zurückgezogen, verschlossen
within normal limits [wið'in] ['nɔ:məl] ['limits]	in normalen Grenzen, normal
the workforce ['wə:kfɔ:s]	Belegschaft
the worms [wə:mz]	Würmer
to worry about ['wʌrɪ] [ə'baut]	sich Sorgen machen über
the wrist drop [rist] [drɔp]	Fallhand

Abbreviations | Abkürzungen

A

A & E (Brit).	= Accident and Emergency (Department)	= Notaufnahmestation
A & O	= aware and orientated	= wach und orientiert
A & P	= (1) assessment and plans	= Zusammenfassung, Beurteilung und weiteres Vorgehen
	= (2) auscultation and percussion	= Auskultation und Perkussion
A (Brit.)	= anterior	= anterior
ante, ã	= [ante] before	= bevor
A/W	= alive and well	= lebend und gesund
AA	= African American	= Amerikaner afrikanischer Herkunft
AAL	= anterior axillary line	= vordere Axillarlinie
ab, abd	= abdominal	= abdominell
AB, ab	= abortion	= Abort
AB0	= AB0 blood type, group	= AB0-Blutgruppensystem
ABE	= acute bacterial endocarditis	= akute bakterielle Endokarditis
ABG	= arterial blood gases	= arterielle Blutgase
Abn	= abnormal	= gestört
Abx	= antibiotics	= Antibiotika
AC	= alternating current	= Wechselstrom
ac	= [ante cibum] before meals	= vor den Mahlzeiten
Acc	= accommodation	= Akkommodation
Ace	= acetone	= Aceton
ACE	= angiotensin-converting enzyme	= Angiotensin-Konversionsenzym
ACU	= ambulatory care unit	= Ambulanz
AD	= (1) (in) acute distress	= akut leidend
	= (2) [auris dextra] right ear	= rechtes Ohr
ad	= to	= zu
ADA	= American Diabetes Association	= Amerikanische Diabetes-Gesellschaft
ADL	= activity of daily living	= tägliche Verrichtungen
ad lib	= ad libitum	= nach freiem Willen
Adm	= admission	= Einweisung
Adn	= adnexae	= Adnexe
AE	= air entry	= Einatmungsgeräusch
AF, Afib	= atrial fibrillation	= absolute Arrhythmie
AFB	= acid-fast bacilli	= säurefeste Stäbchen
A/G ratio	= albumin/globulin ratio	= Albumin-Globulin-Quotient
AGA	= appropriate gestational age	= der Schwangerschaftswoche angemessene Reifung des Fetus

AGN	= acute glomerulonephritis	= akute Glomerulonephritis
AI	= aortic insufficiency	= Aortenklappeninsuffizienz
AKA	= above-knee amputation	= Amputation oberhalb des Knies
Alc	= alcohol	= Alkohol
Alk Phos	= alkaline phosphatase	= alkalische Phosphatase
ALL	= acute lymphocytic leukemia	= akute lymphatische Leukämie
ALP (Brit.)	= alkaline phosphatase	= alkalische Phosphatase
ALS	= amyotrophic lateral sclerosis	= amyotrophische Lateralsklerose
ALT (Brit.)	= alanine transaminase, alanine aminotransferase	= SGOT
AMA	= against medical advice	= gegen ärztlichen Rat
amb	= ambulate	= mobilisieren
AML	= acute myelocytic leukemia	= akute myeloische Leukämie
Amp	= ampule	= Ampulle
Amt	= amount	= Menge
ANA	= antinuclear antibodies	= antinukleäre Antikörper
Ant	= anterior	= anterior
AODM	= adult onset diabetes mellitus	= Altersdiabetes
AOM	= acute otitis media	= akute Mittelohrentzündung
AP	= anteroposterior	= anteroposterior (Projektion beim Röntgen)
APC, (PAC)	= atrial premature contraction (prem.atr.con.)	= Vorhofextrasystole
APH (Brit.)	= ante-partum hemorrhage	= Blutung vor der Geburt
APT (Brit.)	= activated partial thromboplastin time	= PTT-Test
AR	= aortic regurgitation	= Aorteninsuffizienz
ARDS	= adult respiratory distress syndrome	= ARDS
ARF	= acute renal failure	= akutes Nierenversagen
AROM	= artificial rupture of membranes	= operativer Blasensprung
AS	= (1) aortic valvular stenosis	= valvuläre Aortenstenose
	= (2) [auris sinistra] left ear	= linkes Ohr
ASA	= acetylsalicylic acid	= Aspirin
ASAP	= as soon as possible	= sobald als möglich
ASCVD	= arteriosclerotic cardiovascular disease	= Arteriosklerose
ASD	= atrial septal defect	= Vorhofseptumdefekt
ASH	= arteriosclerotic heart disease	= koronare Herzkrankheit

ASO, ASOT	= antistreptolysin-O titer	= Antistreptolysin-O-Titer
Ass	= assessment	= Beurteilung
AST (Brit.)	= aspartate transaminase, aspartate aminotransferase	= SGPT
ATN	= acute tubular necrosis	= akute tubuläre Nekrose
Atp	= atypical	= atypisch
AV	= atrio-ventricular	= atrioventrikulär
AVM	= arteriovenous malformation	= arteriovenöse Malformation
AVR	= aortic valvular replacement	= Aortenklappenersatz
AWL	= absent without leave	= unerlaubte Abwesenheit
Ax	= axillary	= axillär
Aφ	= alkaline phosphatase	= alkalische Phosphatase

B

B & S glands	= Bartholin's and Skene's glands	= Bartholinische und Skensche Drüsen
BRP	= bathroom privileges	= Toilettenbenutzung erlaubt (im Vergleich zum Schieber)
B/O	= because of	= wegen
BBB	= bundle branch block	= Schenkelblock
BC	= blood cultures	= Blutkulturen
BCG (Brit.)	= bacille de Calmette et Guérin (anti-tuberculosis vaccination)	= Tbc-Impfstoff
bd, bid	= [bis (in) die] twice a day	= 2-mal täglich
BE	= barium enema	= Kontrastmitteleinlauf in den Darm
BIBA	= brought in by ambulance	= eingeliefert vom Rettungsdienst (ohne weitere Angaben)
BKA	= below-knee amputation	= Amputation unterhalb des Knies
BLD	= blood	= Blut
BM	= (1) bowel movement	= Stuhlgang
	= (2) bone marrow	= Knochenmark
BNF (Brit.)	= British National Formulary	= „Rote Liste“ in Großbritannien
BP	= blood pressure	= Blutdruck
BPH	= benign prostatic hypertrophy	= gutartige Prostatahypertrophie
BR	= bed rest	= Bettruhe
brady	= bradycardia	= Bradykardie
BRBPR	= bright red blood per rectum	= frische rektale Blutung

BS	= (1) bowel sounds	= Darmgeräusche
	= (2) breath sounds	= Atemgeräusche
	= (3) blood sugar	= Blutzucker
BSA	= body surface area	= Körperoberfläche
BTL	= bilateral tubal ligation	= beidseitige Tubenligatur
BUN	= blood urea nitrogen	= Plasma-Harnstoff-Stickstoffkonzentration (ca. 50% der entsprechenden Plasma-Harnstoffkonzentration)
BW	= blood work	= Blutuntersuchung
B_x	= biopsy	= Biopsie

C

C & S	= culture and sensitivity	= Kultur und antibiotische Testung
c̄	= [cum] with	= mit
cc (Brit.)	= cubic centimeter	= Milliliter (= ml)
C/C/E	= clubbing, cyanosis, edema	= Trommelschlegelfinger, Zyanose, Ödembildung
c/o	= complaining of	= Beschwerden von …
c/w	= consistent with	= im Sinne von, verträglich mit
Ca	= carcinoma	= Karzinom
CABG	= coronary artery bypass graft	= koronarer Bypass
CAD	= coronary artery disease	= koronare Herzkrankheit
CAPD	= continuous ambulatory peritoneal dialysis	= Bauchdialyse
Caps	= capsule	= Kapsel
Cas (Brit.)	= Casualty (Department)	= Notaufnahmestation
CAT	= computerized axial tomography	= Computertomogramm
Cath	= catheter	= Katheter
CBC	= complete blood count	= Blutbild
CBS	= chronic brain syndrome	= hirnorganisches Psychosyndrom
CC	= chief complaint	= Hauptbeschwerde
CCU	= coronary care unit	= kardiologische Intensivstation
CDB	= cough, deep breath	= Husten, tiefer Atemzug
CDH	= congenital dislocation of the hip	= angeborene Hüftgelenkdysplasie
ceph	= cephalic	= kephal
CF	= cystic fibrosis	= Mukoviszidose
CGN	= chronic glomerulonephritis	= chronische Glomerulonephritis
CHD	= congenital heart disease	= angeborener Herzfehler
CHF	= congestive heart failure	= Herzversagen
CI	= cardiac index	= Herzindex
Circ	= circumcision	= Zirkumzision

CIS	= carcinoma in situ	= Karzinom in situ
C(P)K-MB	= creatinine (phospho)-kinase heart	= CPK des Herzmuskels
CP	= chest pain	= Schmerzen im Brustkorb
CME	= continuing medical education	= medizinische Fortbildung
CMV	= cytomegalovirus	= Zytomegalievirus
CN	= cranial nerve(s)	= Hirnnerv(en)
CNS	= central nervous system	= Zentralnervensystem
CO	= cardiac output	= Herzauswurf
COAD	= chronic obstructive airways disease	= Emphysem
coags	= coagulation	= Gerinnungsparameter
COLD	= chronic obstructive lung disease	= Emphysem
Comp	= compound	= Verbindung
Conj	= conjunctiva	= Konjunktiva
cont	= continuous	= kontinuierlich
COPD	= chronic obstructive pulmonary disease	= Lungenemphysem
CPAP	= continuous airway pressure ventilation	= CPAP-Beatmungsmodus
CPC	= clinico-pathological conference	= klinisch-pathologische Konferenz
CPR	= cardiopulmonary resuscitation	= Wiederbelebung
CPT	= chest physiotherapy	= Atemtherapie
Cr, Creat	= creatinine	= Kreatininkonzentration
CRF	= chronic renal failure	= chronisches Nierenversagen
CS	= cesarean section	= Kaiserschnitt
CSF	= cerebrospinal fluid	= Liquor (cerebrospinalis)
CSM (Brit.)	= Committee on Safety of Medicines (responsible for approving medicines for use in Britain)	= (britischer) Ausschuss für Arzneimittelprüfung
C.T.	= chest tube	= Bülau-Drainage
CVA	= cerebrovascular accident	= Apoplex
CVAT	= costovertebral angle tenderness	= Nierenlagerschmerzen
CVP	= central venous pressure	= Zentraler Venendruck
CVS	= cardiovascular system	= Herz- und Kreislaufsystem
CX	= cervix	= Zervix
CXR	= chest X-ray	= Thorax-Röntgenbild

D & C	= dilatation and curettage	= Ausschabung
D & E	= dilatation and evacuation	= Dilatation und Entleerung (des Uterus)
D (Brit.)	= dioptre	= Dioptrie (m^{-1})
d	= days	= Tage
D/C	= (1) discontinue	= beenden
	= (2) discharge	= Drainage oder Entlassung
DC	= direct current	= Gleichstrom
(dc) WDW	= (discharge) when drinking well	= Entlassung, wenn Pat. gut trinkt
DD, DD_x	= differential diagnosis	= Differenzialdiagnose
decr	= decreasing	= fallend, sinkend
derm	= dermatology	= Dermatologie
DIC	= disseminated intravascular coagulation	= Verbrauchskoagulopathie
diff	= differential count	= Differenzialblutbild
DIP	= distal interphalangeal joint	= distales Fingergelenk
Dis	= dislocation	= Auskugelung
Disch	= discharge	= Ausfluss, Sekretabsonderung
disp	= disposition	= Therapie-Entlassungsplan
DIU	= death in utero	= intrauteriner Fruchttod
DJD	= degenerative joint disease	= Osteoarthritis
DKA	= diabetic ketoacidosis	= diabetische Ketoazidose
DLE	= disseminated lupus erythematosus	= Lupus erythematodes
DM	= diabetes mellitus	= Zuckerkrankheit
DNR	= do not resuscitate	= keine Wiederbelebung
DOA	= dead on arrival	= tot bei Eintreffen (z. B. in der Notaufnahmestation)
DOB	= date of birth	= Geburtsdatum
DOE	= dyspnea on exertion	= Belastungsdyspnoe
DoH (Brit.)	= Department of Health	= Britisches Gesundheitsministerium
DPH	= diphenylhydantoin	= Hydantoin (Antiepileptikum)
DPT	= diphteria, pertussis, and tetanus (triple vaccine)	= Diphtherie, Keuchhusten und Tetanus (kombinierter Impfstoff)
DR	= delivery room	= Kreißsaal
Ds	= disease	= Krankheit
DSD	= dry sterile dressing	= trockener steriler Verband
Dsg	= dressing	= Verband
DT	= delirium tremens	= Delirium tremens
DTRs	= deep tendon reflexes	= tiefe Sehnenreflexe
DTV	= due to void	= muss Wasser lassen
DU	= duodenal ulcer	= Zwölffingerdarmgeschwür

DVT	= deep vein thrombosis	= tiefe Venenthrombose
DW	= dextrose in water	= Dextrose-Infusionsflüssigkeit
dw	= discussed with	= besprochen mit …
D_x	= diagnosis	= Diagnose

E

e.g.	= [exempli gratia] for example	= z.B.
EAC	= external auditory canal	= äußerer Gehörgang
EBL	= estimated blood loss	= geschätzter Blutverlust
EBV	= Epstein-Barr virus	= Virus der infektiösen Mononukleose
ECF	= extracellular fluid	= Extrazellulärflüssigkeit
ECT	= electroconvulsive therapy	= Elektroschockbehandlung
EDC	= estimated date of confinement	= berechneter Tag der Niederkunft, Geburtstermin
EDD (Brit.)	= (1) expected date of delivery	= berechneter Tag der Niederkunft
	= (2) expected date of discharge	= berechneter Tag der Entlassung
EF	= ejection fraction	= Ejektionsfraktion (des Herzauswurfs)
EFM	= electronic fetal monitoring	= elektronische Beobachtung des Feten
EGD	= esophagogastroduodenoscopy	= Endoskopie des oberen Gastrointestinaltraktes
EJ	= elbow jerk	= Trizeps-Reflex
EKG, ECG (Brit.)	= electrocardiogram	= EKG
Eli	= elimination	= Elimination, Ausscheidung
Emul	= emulsion	= Emulsion
ENT	= ear, nose, and throat department	= HNO(-Abteilung)
EOMI	= extraocular movements intact	= normale Augenbewegungen
EPS	= electrophysiology study	= elektrophysiologische Untersuchung
ER	= emergency room	= Notaufnahmestation
ERCP	= endoscopic retrograde cholangiopancreatography	= ERCP
ESR	= erythrocyte sedimentation rate	= Blutsenkungsgeschwindigkeit
ESRD	= end-stage renal disease	= Nierenversagen
ESRF	= end-stage renal failure	= Nierenversagen
Etiol	= etiology	= Ätiologie
EtOH	= alcohol	= Alkohol

ETT	=	endotracheal tube	=	Trachealtubus
EUA	=	examination under anesthesia	=	Untersuchung bei allgemeiner Betäubung
Exam	=	examination	=	Untersuchung
Exp Lap	=	exploratory laparotomy	=	exploratorische Laparotomie
Ext	=	extremities	=	Glieder

F

f/	=	female	=	weiblich, Frau
FANA	=	fluorescent antinuclear antibody	=	ANA (antinukleäre Antikörper)
F → N	=	finger-to-nose-test	=	Finger-Nase-(Zeige-)Test
F/C	=	fever and chills	=	Fieber und Schüttelfrost
F/U	=	follow-up	=	Weiterbeobachtung
FB	=	(1) foreign body	=	Fremdkörper
	=	(2) fingerbreadths	=	Fingerbreit(en)
FBC (Brit.)	=	full blood count	=	Blutbild
FDP	=	fibrin degradation products	=	Fibrinspaltprodukte
FEV1	=	forced expiratory volume in 1 s	=	maximales Ausatemvolumen in der 1. Sekunde
FFA	=	free fatty acids	=	freie Fettsäuren
FFP	=	fresh frozen plasma	=	Plasma
FHR	=	fetal heart rate	=	fetale Herzfrequenz
FHT	=	fetal heart tones	=	fetale Herztöne
FH_x	=	family history	=	Familienvorgeschichte
FISH	=	fluorescent in situ hybridization	=	In-situ Hybridisierung
fl. oz.	=	fluid ounce	=	ca. 28 ml
fluoro.	=	fluoroscopy	=	Durchleuchtung
FM	=	fetal monitor	=	Monitor zur Überwachung fetaler Parameter
FMF	=	fetal movements felt	=	tastbare Fetusbewegungen
FMP	=	first menstrual period	=	Menarche
FOB (Brit.)	=	faecal occult blood	=	occultes Blut im Stuhl
FROM	=	full range of motion	=	frei beweglich
FTA	=	fluorescent treponemal antibody (test)	=	Fluoreszenznachweis v. Treponema pallidum
FTT	=	failure to thrive	=	Gedeihstörung
FUO	=	fever of unknown origin	=	Fieber unbekannter Ursache
F_x	=	fracture	=	Knochenbruch

G

G & S (Brit.)	= group and save (serum)	= Blutgruppe bestimmen und Serum für Bedarfsfall bereithalten
GA, G/A	= general anesthesia	= Vollnarkose
GB	= gallbladder	= Gallenblase
GBM	= glomerular basement membrane	= glomeruläre Basalmembran
GC	= gonococcus	= Gonokokkus
GFR	= glomerular filtration rate	= glomeruläre Filtrationsrate
GGT, γGT (Brit.)	= gammaglutamate peptidotransferase	= GGT
GI(T)	= gastrointestinal (tract)	= gastrointestinal(er Trakt)
Glc (Brit.)	= glucose	= Glukose
Gm	= Gram (stain)	= Gramfärbung
GN	= glomerulonephritis	= Glomerulonephritis
GP	= general practitioner	= Arzt für Allgemeinmedizin
Gr	= grain	= Körnchen, Gran
Grav 1	= [gravida 1] indicating woman during 1st pregnancy	= Frau in der 1. Schwangerschaft
GS	= group + screen	= Blutgruppe u. Kreuzblut
GSW	= gunshot wound	= Schussverletzung
GTN (Brit.)	= glyceryl trinitrate	= Nitropräparate
GTT	= glucose tolerance test	= Zuckerbelastungstest
Gtts	= [guttae] drops	= Tropfen
GU	= (1) gastric ulcer	= Magengeschwür
	= (2) genitourinary	= urogenital
Gyn, Gynae (Brit.)	= gynecology	= Frauenheilkunde

H

H → S	= heel-to-shin test	= Hacken-Schienbein-Test (Neurologie)
H & P	= history and physical examination	= Vorgeschichte und körperlicher Befund
h	= hour	= Stunde
HA (U.S.)	= headache	= Kopfschmerzen
HAA	= hepatitis associated antigen	= Australia-Antigen
HAL	= hyperalimentation	= Überernährung
HAV	= hepatitis A virus	= Hepatitis-A-Virus
HBP	= high blood pressure	= Hochdruck
Hct	= hematocrit	= Hämatokrit

HCTZ (U.S.)	= hydrochlorothiazide	= Hydrochlorothiazid
HCVD	= hypertensive cardio-vascular disease	= hypertensive Vaskulopathie
hd	= [hora decubitus] at bed time	= vor dem Einschlafen
HEENT	= head, ears, eyes, nose, and throat (were normal)	= Kopf, Ohren, Augen, Nase und Rachen (waren normal bei körperlicher Untersuchung)
Heme(–) (U.S.)	= hematest negative (... stools)	= kein Blut im Stuhl
HH	= hiatal hernia	= Hiatushernie
HMD	= hyaline membrane disease	= Frühkindliches Atemnotsyndrom
HNV	= has not voided	= hat kein Wasser gelassen
HPF	= high-power field	= Gesichtsfeld (unter dem Mikroskop)
HPI, HPC (Brit.)	= history of present illness (complaint)	= Vorgeschichte der augenblicklichen Erkrankung
hs	= hours of sleep	= Stunden des Schlafes
HSG	= hysterosalpingogram	= Gebärmutter- und Tubendarstellung
HSM	= hepato-spleno-megaly	= Hepatosplenomegalie
HSP	= Henoch-Schoenlein purpura	= Schoenlein-Henoch-Purpura
HSV	= herpes simplex virus	= Herpes-simplex-Virus
ht	= height	= Körpergröße
HTN (U.S.)	= hypertension	= Hypertonus
H_x	= history	= Krankheitsgeschichte

I

I & D	= incision and drainage	= Inzision zur Entleerung
I & O (U.S.)	= intake and output	= Einfuhr und Ausfuhr
i.e.	= [id est[, that is	= das heißt
IABP	= intraaortic balloon pump	= intraaortale Ballonpumpe (zur Unterstützung der Herzfunktion)
ICF	= intracellular fluid	= Intrazellulärflüssigkeit
ICN	= intensive care nursery	= neonatale Intensivstation
ICP	= intracranial pressure	= Hirndruck
ICS	= intercostal space	= Zwischenrippenraum
ICU	= intensive care unit	= Intensivpflegestation
ID	= (1) infectious disease	= Infektiologie
	= (2) identifying data	= persönliche Identifikation
IDA	= iron deficiency anemia	= Eisenmangelanämie
IDDM	= insulin-dependent diabetes mellitus	= insulinpflichtiger Diabetes

IF	= immunofluorescence	= Immunfluoreszenz
IHSS	= idiopathic hypertrophic subaortic stenosis	= IHSS
IMCU	= intermediate care unit	= intermediäre Pflegestation
IMV	= intermittent mandatory ventilation	= intermittierende Beatmung
Inc	= incomplete	= unvollständig
inc, incl	= including	= einschließlich
INH	= isoniazide	= Isoniazid
Inj	= injury	= Verletzung
INR	= internatinal normalized ratio (prothrombin time expressed in relation to normal value)	= Thromboplastinzeit (als Verhältnis ...)
int	= internal	= innere
IOP	= intraocular pressure	= Augeninnendruck
IP	= interphalangeal joint	= Fingergelenk
IPPV	= intermittent positive pressure ventilation	= vorübergehende Überdruckbeatmung
IQ	= intelligence quotient	= Intelligenzquotient
ITP	= idiopathic thrombocytopenic purpura	= idiopathische Thrombozytopenie
ITU (Brit.)	= intensive therapy unit	= Intensivpflegestation
IUD	= (1) intrauterine device	= Spirale
	= (2) intrauterine death	= intrauteriner Fruchttod
IUCD	= intrauterine contraceptive device	= Spirale
IUP	= intrauterine pregnancy	= (normale) intrauterine Schwangerschaft
iv	= intravenous	= intravenös
IVC	= inferior vena cava	= untere Hohlvene
IVDA	= i.v. drug abuse	= intravenöser Drogenmissbrauch
IVF	= intravenous fluid	= iv-Infusion
IVI (Brit.)	= intravenous infusion	= intravenöse Infusion
IVP	= intravenous pyelogram	= IVP
ivPB	= iv piggy-bag	= intravenöse Kurzinfusion

J

JACCOL (Brit.)	= jaundice, anemia, cyanosis, clubbing, oedema, lymphadenopathy	= Gelbsucht, Anämie, Cyanose, Ödem, vergrößerte Lymphknoten
JODM	= juvenile onset diabetes mellitus	= juveniler Diabetes
JP	= jugular pulse	= Jugularvenenpuls
JRA	= juvenile rheumatoid arthritis	= rheumatoide Arthritis Jugendlicher

JVD	= jugular venous distension	= gestaute innere Jugularvenen
JVP	= jugular venous pressure	= Jugularvenendruck

K

KUB	= kidney, ureter, bladder (plain X-ray)	= Abdomenleeraufnahme
KVO	= keep vein open	= langsamste Infusionsgeschwindigkeit

L

L & D (U.S.)	= labor and delivery	= Geburtsstation
L 1	= first lumbar vertebra	= 1. Lumbalwirbel
LA	= (1) lymphadenopathy	= Lymphknotenschwellung
	= (2) left atrium	= linker Vorhof
Lab	= laboratory	= Labor
LAD	= left axis deviation	= überdrehter Linkstyp (im EKG)
	= left anterior descending	= Ramus interventricularis (der linken Koronararterie)
LAE	= left atrial enlargement	= Vergrößerung des linken Vorhofs
LAH	= left anterior hemiblock	= linksanteriorer Hemiblock
Lam	= laminectomy	= Bandscheibenoperation
Lap	= laparotomy	= Laparotomie
Lat	= lateral	= seitlich
lb	= pound (weight)	= (engl.) Pfund (0,4537 kg)
LBBB	= left bundle-branch block	= Linksschenkelblock
LBP	= low back pain	= Kreuzschmerzen
LCA	= left coronary artery	= linke Koronararterie
LCM	= left costal margin	= linker Rippenbogen
LCS	= low continuous suction	= geringe kontinuierliche Absaugung
LE (U.S.)	= lower extremity	= Bein
LE prep	= lupus erythematosus cell preparation	= eine Labormethode
LFD	= low forceps delivery	= tiefe Zangengeburt
LFTs	= liver function tests	= Leberfunktionstests
lg	= large	= groß
Lig	= ligament	= Band
Liq	= a solution	= Lösung, gelöst
LIS	= low intermittent suction	= geringe intermittierende Absaugung

LLE (U.S.)	= left lower extremity	= linkes Bein
LLL	= left lower lobe	= linker Lungenunterlappen
LLQ (U.S.)	= left lower quadrant	= linker unterer Quadrant (Abdomen)
LMA	= left mentoanterior (pos. of the fetus)	= linke vordere Kinnlage
LMD (U.S.)	= local medical doctor	= niedergelassener (Haus-)Arzt
LMP	= last menstrual period	= letzte Regelblutung
LN	= lymph node	= Lymphknoten
LOA	= left occipitoanterior (pos. of the fetus)	= linke vordere Hinterhauptlage
LOC	= loss of consciousness	= Bewusstlosigkeit
LOP	= left occipitoposterior (pos. of the fetus)	= linke hintere Hinterhauptlage
LOS	= length of stay	= Liegedauer
Lot	= lotion	= Lotion
LP	= lumbar puncture	= Rückenmarkspunktion
LPH	= left posterior hemiblock	= linksposteriorer Hemiblock
LSB	= left sternal border	= linker Sternalrand
LUL	= left upper lobe	= linker Lungenoberlappen
LUQ	= left upper quadrant	= linker oberer Quadrant (Abdomen)
LV	= left ventricle	= linker Ventrikel
LVEDP	= left ventricular end diastolic pressure	= enddiastolischer linksventrikulärer Druck
LVF	= left ventricular failure	= Linksherzversagen
Lx of ch	= laxative of choice	= (Anordnung:) Abführmittel nach Wunsch
Lytes (U.S.)	= electrolytes	= Elektrolyte

M

M & M	= morbidity and mortality (conference)	= Kunstfehler(-konferenz)
m/	= male	= männlich, Mann
M	= murmur	= Geräusch
MAE (U.S.)	= moves all extremities	= kann alle Glieder bewegen
MAL	= midaxillary line	= mittlere Axillarlinie
MAT	= multifocal atrial tachycardia	= multifokale Vorhoftachykardie
MC & S	= microscopy, culture and sensitivity	= Mikroskopie, Kultur u. antibiotische Testung
MCH	= mean corpuscular hemoglobin	= mittleres korpuskuläres Hämoglobin
MCL	= midclavicular line	= Medioklavikularlinie

MEA	= multiple endocrine adenomatosis	= multiple endokrine Adenome
MHCU	= mental health care unit	= geschlossene psychiatrische Station
MI	= (1) myocardial infarction	= Herzinfarkt
	= (2) mitral incompetence	= Mitralinsuffizienz
MIC	= minimum inhibitory concentration	= minimale Hemmkonzentration
MLC	= mixed lymphocyte culture	= gemischte Lymphozytenkultur
MLE	= midline episiotomy	= Mittellinien-Episiotomie
MMPI	= Minnesota Multiphasic Personality Inventory	= psychologischer Test
MMR	= measles, mumps and rubella (vaccine)	= Masern, Mumps und Röteln (komb. Impfung)
mn	= midnight	= Mitternacht
mod	= moderate	= mäßig
MR	= (1) mitral regurgitation	= Mitralinsuffizienz
	= (2) mental retardation	= geistige Behinderung
MRI	= magnetic resonance imaging	= Kernspinresonanzuntersuchung
MS	= (1) multiple sclerosis	= multiple Sklerose
	= (2) mitral stenosis	= Mitralstenose
(U.S.)	= (3) mental status	= Hirnfunktion
MSO_4	= morphine sulfate	= Morphium
MSU	= midstream urine (culture etc.)	= Mittelstrahlurin (Kultur usw.)
MTP	= metatarsophalangeal	= Zehengrund(gelenk)
MVP	= mitral valve prolapse	= Mitralklappenprolaps
MVR	= mitral valve replacement	= Mitralklappenersatz

N

n, nl	= normal	= unauffällig
n/a	= not applicable	= unzutreffend
N/C	= nasal canula	= nasale Sauerstoffmaske
N/V/D/C	= nausea, vomiting, diarrhea, constipation	= Übelkeit, Erbrechen, Durchfall, Verstopfung
NABS	= normal active bowel sounds	= normale Darmgeräusche
NAD	= (1) no acute distress	= nicht akut leidend
	= (2) no abnormality detected	= unauffällig
NAS	= no added salt	= möglichst salzarm
NB	= newborn	= Neugeborenes
N.B.	= [nota bene] note well	= genau dokumentieren

NBM (Brit.)	=	nil by mouth	=	nüchtern
NBN (U.S.)	=	newborn nursery	=	Neugeborenenstation
NCS	=	not clinically significant	=	klinisch unauffällig
NCT	=	nerve conduction test	=	Nervenleitgeschwindigkeitsmessung
ND	=	Not done	=	(Untersuchung) ausgelassen
Neg	=	negative	=	negativ
NGTF	=	nasogastric tube feeding	=	nasogastrale Sondenernährung
NG tube	=	nasogastric tube	=	Magenschlauch
NGU	=	nongonococcal urethritis	=	nichtgonokokkale Urethritis
NHL	=	non-Hodgkin's lymphoma	=	Non-Hodgkin-Lyphom
NIDDM	=	non-insulin-dependent diabetes mellitus	=	nichtinsulinabhängiger Diabetes mellitus
NK(D)A	=	no known (drug) allergies	=	keine (Medikamenten-)Allergien bekannt
NLP	=	no light perception	=	kann kein Licht sehen
No.	=	number	=	Nummer
Non rep	=	do not repeat	=	nicht wiederholbar
NPH	=	normal pressure hydrocephalus	=	Hydrozephalus mit normalem Hirndruck
NPO	=	[nihil per orem] empty stomach	=	nüchtern
NPTAC	=	no previous tracing available for comparison	=	keine Vergleichsaufzeichnung verfügbar
NS (U.S.)	=	(1) normal saline	=	isotonische Kochsalzlösung
	=	(2) not significant	=	von keinerlei (statistischer) Bedeutung
NSA	=	no significant abnormality	=	unauffällig
NSAID	=	nonsteroidal anti-inflammatory drug(s)	=	nichtsteroidale Antiphlogistika
NSD	=	normal spontaneous delivery	=	normale Spontangeburt
nsg	=	nursing	=	Pflege, Stillen
NSR	=	normal sinus rhythm	=	Sinusrhythmus
NSS	=	normal sterile saline	=	sterile 0.9% NaCl-Lösung
NSU	=	nonspecific urethritis	=	unspezifische Urethritis
NT	=	not tested	=	nicht untersucht
NTG (U.S.)	=	nitroglycerin	=	Nitropräparate
NTT	=	nasotracheal tube	=	nasotrachealer Tubus

O

O & P	= ova and parasites	=	Wurmeier u. Parasiten
ō	= nothing	=	keine, nichts
OBGYN (U.S.)	= obstetrics and gynecology	=	Frauenheilkunde
Obl	= oblique	=	schräg
OB	= obstetrics	=	Geburtshilfe
OBS	= organic brain syndrome	=	organisches Psychosyndrom
Obs (Brit.)	= (nursing) observations	=	Beobachtungen, z. B. Blutdruck, Puls
Occ	= occasional	=	gelegentlich
OCG	= oral cholecystogram	=	orale Gallenblasendarstellung
OCNA	= old chart not available	=	alte Akten fehlen
OCP	= oral combined (contraceptive) pill	=	hormonale Kontrazeption (Östrogene und Progesteron)
OD	= [oculus dexter] right eye	=	rechtes Auge
od	= [omni die] every day	=	täglich
OE	= otitis externa	=	Otitis externa
OGD (Brit.)	= oesophagogastroduodenoscopy	=	Endoskopie des oberen Gastrointestinaltraktes
Oint	= ointment	=	Salbe
OLBx	= open lung biopsy	=	offene Lungenbiopsie
OM	= otitis media	=	Mittelohrentzündung
OOB	= out of bed	=	aus dem Bett aufstehen
OPD	= outpatient department	=	Ambulanz
OPV	= outpatient visit	=	Ambulanzbesuch
OR (U.S.)	= operating room	=	Operationssaal
OS	= [oculus sinister] left eye	=	linkes Auge
OSAS	= obstructive sleep apnea syndrome	=	obstruktives Schlafapnoe-Syndrom
Osm	= osmolar, osmolality	=	osmolär, Osmolalität
Osteo (U.S.)	= osteomyelitis	=	Osteomyelitis
OT	= occupational therapy	=	Beschäftigungstherapie
OU	= [oculus uterque] both eyes	=	beide Augen
oz	= ounce	=	Unze (28,35g)

P

P & A	= percussion and auscultation	=	Auskultation und Perkussion

p	= (1) posterior	= posterior
	= (2) pulse	= Puls
P.Vera	= polycythemia rubra vera	= Polycythaemia rubra vera
PA	= (1) pulmonary artery	= A. pulmonalis
	= (2) posteroanterior	= posteroanterior (Projektion)
P.A.	= physical assessment	= Einschätzung der Mobilität
PACU	= post anesthesia care unit	= anästhesiologische Intensivstation
PAL	= posterior axillary line	= hintere Axillarlinie
PAN	= polyarteritis nodosa	= Polyarteriitis nodosa
PAP	= pulmonary artery pressure	= Pulmonalarteriendruck
PAR	= postanesthesia recovery	= Aufwachraum
Para 3	= indicating a woman with 3 children (incl. stillbirths)	= Frau mit 3 Kindern (Fehlgeburten inbegriffen)
PAT	= (1) paroxysmal atrial tachycardia	= paroxysmale Vorhoftachykardie
	= (2) pre admission testing	= Labortests vor Aufnahme
PC, p.c.	= (1) [post cibum] after meals	= nach den Mahlzeiten
	= (2) presenting complaint(s)	= Beschwerde(n)
	= (3) packed cells	= ‚gepackte Zellen' (Erythrocytenkonzentrat)
PCB	= post-coital bleeding	= postkoitale Blutung
PCN (U.S.)	= penicillin	= Penicillin
PCO	= polycystic ovary	= Stein-Leventhal-Syndrom
PCP	= (1) pneumocystic carinii pneumonia	= Pneumocystis carinii-Pneumonie
	= (2) primary care physician	= Hausarzt
PCWP	= pulmonary capillary wedge pressure	= Lungenkapillardruck
PD	= peritoneal dialysis	= Peritonealdialyse
PDA	= patent ductus arteriosus	= offener Ductus arteriosus
PDR (U.S.)	= Physician's Desk Reference	= Äquivalent für Rote Liste in den USA
PE	= (1) pulmonary embolus	= Lungenembolie
	= (2) physical examination	= körperliche Untersuchung
	= (3) physical education	= Schulgymnastik
PEEP	= positive end-expiratory pressure	= Beatmung unter positivem endexspiratorischem Druck
PEND	= pending	= noch ausstehend
per	= through	= durch

PerVag, pv	=	[per vaginam] vaginal	=	vaginal
PERRLA	=	pupils equal, round, reactive to light and accommodation	=	Pupillen seitengleich, rund und auf Licht und Akkommodation regelrecht ansprechend
PET	=	positron emission tomography	=	Positronenemissionstomographie
PFTs	=	pulmonary function tests	=	Lungenfunktionstests
PH, PH_x	=	past history	=	Vorgeschichte
PI	=	present illness	=	jetzige Krankheit
PID	=	pelvic inflammatory disease	=	Entzündung im kleinen Becken
PIH	=	pregnancy-induced hypertension	=	schwangerschaftsinduzierter Hochdruck
PIP	=	proximal interphalangeal joint	=	Fingermittelgelenk
PKU	=	phenylketonuria	=	Phenylketonurie
PM	=	polymyositis	=	Polymyositis
PM & R (U.S.)	=	physical medicine and rehabilitation	=	Bewegungstherapie und Krankengymnastik
pm	=	[post meridiem] in the afternoon	=	nachmittags
PMB	=	post-menopausal bleeding	=	Blutungen nach der Menopause
PMC	=	pseudomembranous colitis	=	pseudomembranöse Kolitis
PMD	=	private (primary) medical doctor	=	Hausarzt, ambulant tätiger Arzt
PMH	=	past medical history	=	Geschichte früherer Krankheiten
PMI	=	(1) point of maximal intensity	=	Herzspitzenstoß
	=	(2) previous medical illnesses	=	frühere Krankheiten
PMN	=	polymorphonuclear leukocytes	=	Granulozyten
PMP	=	previous menstrual period	=	letzter Menstruationszyklus
PMR	=	(1) polymyalgia rheumatica	=	rheumatische Myalgie
	=	(2) physical medicine and rehabilitation	=	Physiotherapie und Rehabilitation
PND	=	paroxysmal nocturnal dyspnea	=	paroxysmale nächtliche Dyspnoe
po	=	[per orem] oral	=	oral
POD	=	post-operative day	=	postoperativer Tag
POP	=	progesterone-only pill	=	hormonale Kontrazeption (nur Progesteron)
Post	=	posterior	=	hintere(r)
post	=	[post] after	=	nach
PPD	=	(1) packs per day	=	Schachteln Zigaretten täglich

	= (2) [purified protein derivative] cutaneous test for tuberculosis	= Hauttest auf Tuberkulose
	= (3) post-partum day	= Tag nach der Geburt
PPH	= post-partum hemorrhage	= postpartale Blutung
Ppt	= precipitate, precipitated/ing	= Niederschlag, ausgelöst/auslösend
PPTL	= post-partum tubal ligation	= postpartale Tubenligatur
pr	= [per rectum] rectal	= rektal
PRBCs	= packed red blood cells	= Erythrozytenkonzentrat
Preme	= premature infant	= Frühgeburt
Prep	= preparation	= Zubereitung
prn	= [pro re nata] as needed	= bei Bedarf
Prog	= prognosis	= Prognose
PROM	= premature rupture of membranes	= Fruchtwasserabgang (vorzeitig)
PRO-time	= prothrombin time	= Quick-Test
PSH	= (1) psychosocial history	= ausführliche Sozialanamnese
	= (2) past surgical history	= Anamnese früherer Operationen
PSG	= polysomnography	= Polysomnographie
PSS	= progressive systemic sclerosis	= Sklerodermie
PT	= (1) physical therapy	= Krankengymnastik
	= (2) prothrombin time	= Quick-Wert
Pt, Pat	= patient	= Patient
PTA	= prior to admission	= vor der Aufnahme
PTT	= partial thromboplastin time	= PTT-Test
PUD	= peptic ulcer disease	= Magengeschwür
PUJ (Brit.)	= pelviureteric junction	= Übergang vom Nierenbecken zum Ureter
PUVA	= psoralens and type A ultraviolet light (treatment for psoriasis)	= Behandlung der Psoriasis mit UV-Licht
PVC	= premature ventricular contraction	= ventrikuläre Extrasystole
PVD	= peripheral vascular disease	= arterielle Verschlusskrankheit
P-Y	= pack-years	= Jahre, in denen täglich eine Packung Zigaretten geraucht wurde

Q

qd	= [quotidian] daily	= täglich
qds	= [quater die sumendum] 4 times a day	= 4-mal täglich
qhs	= every night	= jeden Abend
qid	= [quater in die] 4 times per day	= 4-mal täglich
ql	= [quod libet] as much as you like	= nach Belieben
qn	= every night	= jeden Abend
QNS	= quantity not sufficient	= ungenügende Menge
qod	= every other day	= jeden 2. Tag
qs	= as much as you like	= soviel als nötig
qt	= quart	= (U.S.) 0,95 l

R

re	= regarding	= betreffend
r/g/m	= rubs/gallops/murmurs	= Reibe-/Galopp-/sonstige Herzgeräusche
r/o	= rule out	= auszuschließen ist:
RA	= (1) right atrium	= rechter Vorhof
	= (2) rheumatoid arthritis	= primär-chronische Polyarthritis
RAD	= right axis deviation	= links-posteriorer Hemiblock
Rad hys	= radical hysterectomy	Totaloperation
RAI (U.S.)	= radioactive iodine	= Radiojod
RBBB	= right bundle-branch block	= Rechtsschenkelblock
RBC	= (1) red blood count	= Erythrozytenzählung
	= (2) red blood cells	= Erythrozyten
RCA	= right coronary artery	= rechte Koronararterie
RCM	= right costal margin	= rechter Rippenbogen
RD	= retinal detachment	= Netzhautablösung
RF	= (1) rheumatic fever	= rheumatisches Fieber
	= (2) renal failure	= Nierenversagen
RFA	= reason for admission	= Aufnahmegrund
RHD	= rheumatic heart disease	= rheumatische Herzkrankheit
RIF (Brit.)	= right iliac fossa	= rechter unterer Quadrant (Abdomen)
RL (U.S.)	= Ringer's lactate	= Ringer-Laktat-Infusionslösung
RLE (U.S.)	= right lower extremity	= rechtes Bein
RLL	= right lower lobe (lung)	= rechter Lungenunterlappen
RLQ (U.S.)	= right lower quadrant	= rechter unterer Quadrant (Abdomen)

RML	= right middle lobe	= rechter Lungenmittellappen
RN (U.S.)	= registered nurse	= examinierte Krankenschwester
ROA	= right occipito-anterior	= rechte vordere Hinterhauptlage
ROM	= (1) range of motion	= Beweglichkeit
	= (2) rupture of membranes	= Blasensprung
ROP	= right occipito-posterior	= rechte hintere Hinterhauptlage
ROS	= review of systems	= Befragung nach Organsymptomen
RR	= respiratory rate	= Atemzugrate
RRR	= regular rate and rhythm	= unauffälliger Puls
RT (U.S.)	= respiratory therapy	= Atemgymnastik
RTA	= (1) renal tubular acidosis	= tubuläre Azidose
	= (2) road traffic accident	= Verkehrsunfall
RTC	= return to clinic	= ambulanter Wiederbestelltermin am …
RUE (U.S.)	= right upper extremity	= rechter Arm
RUL	= right upper lobe	= rechter Lungenoberlappen
RUQ	= right upper quadrant	= rechter oberer Quadrant (Abdomen)
RVH	= right ventricular hypertrophy	= Rechtsherzhypertrophie
R_x	= (1) take (prescription)	= R_p
	= (2) treatment	= Behandlung

S

$\bar{s}$	= [sine] without	= ohne
s/p (U.S.)	= status post	= Zustand nach
S/S	= signs and symptoms	= klinische Zeichen und Symptome
S_1, S_2	= first, second heart sound	= (normaler) 1., 2. Herzton
SAB	= spontaneous abortion	= Spontanabort
SAH	= subarachnoid hemorrhage	= Subarachnoidalblutung
SB	= small bowel	= Dünndarm
SBE (U.S.)	= subacute bacterial endocarditis	= subakute bakterielle Endokarditis
SBFT	= small bowel follow through	= Dünndarmkontrastaufnahme (Röntgen)
SBO	= small bowel obstruction	= Dünndarmverschluss
Sc, subq	= subcutaneously	= subkutan
SD	= standard deviation	= Standardabweichung
sd	= subdermally	= subdermal

SDH	= subdural hematoma	= subdurales Hämatom
SE	= (1) saline enema	= Kochsalzeinlauf
	= (2) Standard error	= Standardfehler
Sed (U.S.)	= sedimentation (rate)	= Blutkörperchensenkungs-geschwindigkeit
SEM	= systolic ejection murmur	= systolisches Austreibungsgeräusch
SG cath	= Swan-Ganz catheter	= Pulmonalarterien-Einschwemmkatheter
SH_x	= social history	= Sozialanamnese
SI	= (1) seriously ill	= in kritischem Zustand
	= (2) sacroiliac (joint)	= sakroiliakal (Gelenk)
sib	= sibling	= Geschwister
SICU	= surgical intensive care unit	= chirurgische Intensivstation
SIDS	= sudden infant death syndrome	= Syndrom des plötzlichen Kindstodes
Sig.	= [signatur] directions for use	= Signatur
sl	= sublingually	= unter die Zunge
SLE	= systemic lupus erythematosus	= Lupus erythematodes
SLR	= straight leg raising	= Lasègue-Test
sm	= small	= klein
SMA-6	= 6-channel serum multiple analysis	= Elektrolyte und Retentionswerte
SN	= student nurse	= Schwesternschülerin
SNS	= sympathetic nervous system	= autonomes Nervensystem
SOB	= short of breath	= Kurzatmigkeit
SOBOE	= short of breath on exertion	= Kurzatmigkeit bei Anstrengung
Sol(n)	= solution	= Lösung
Sp.fl.	= spinal fluid	= Liquor cerebrospinalis
Sp.gr.	= specific gravity	= spezifisches Gewicht
Spec	= specimen	= Probe
SPEP	= serum protein electrophoresis	= Elektrophorese
sq	= subcutaneously	= subkutan
SROM	= spontaneous rupture of membranes	= spontaner Blasensprung
ss	= half	= halb, zur Hälfte
SSE	= soap suds enema	= Seifenlaugeneinlauf
Stat	= [statim] immediately, as a bolus (of injections)	= sofort
STD	= sexually transmitted disease	= durch Geschlechtsverkehr übertragene Krankheit
stillb	= stillborn	= tot geboren
Strep	= streptococcus	= Streptokokkus

STS	= serologic test for syphilis	= serologischer Syphilistest
subl	= sublingual	= sublingual
Supp	= suppository	= Zäpfchen
SVD	= (1) spontaneous vaginal delivery	= spontane Vaginalgeburt
	= (2) simple vertex delivery	= normale Geburt
SVT	= supraventricular tachycardia	= Vorhoftachykardie
S_x	= symptoms	= Symptome
Sz	= seizure	= Krampfanfall

T

T & A	= tonsillectomy and adenoidectomy	= Entfernung der Tonsillen und Adenoide
T & C (U.S.), T & X	= type and cross match	= Blutgruppenbestimmung
T & H (U.S.)	= type and hold	= Blutgruppe bestimmen und für Bedarfsfall bereithalten
T2	= second thoracic vertebra	= zweiter Brustwirbel
TAB	= therapeutic abortion	= medizinisch indizierte Abtreibung
Tab	= tablet	= Tablette
tachy	= tachycardia	= Tachykardie
TAH	= total abdominal hysterectomy	= abdominale Totaloperation
TB	= tuberculosis	= Tuberkulose
TBA	= to be absorbed	= Restflüssigkeit in Infusionsflasche
TBLC	= term birth living child	= termingerecht geborenes, lebendes Kind
TCDB	= turn, cough, deep breath	= drehen, husten, tief Atem holen
TCN (U.S.)	= tetracycline	= Tetracyclin
tds	= [ter die sumendum] three times a day	= 3-mal täglich
TEE	= transesophageal echocardiography	= TEE (Esophagus-Echo)
Temp	= temperature	= Körpertemperatur
TFTs	= thyroid function tests	= Schilddrüsenfunktionstests
TGA	= transposition of the great arteries	= Transposition der großen Arterien
THR	= total hip replacement	= künstliche Hüfte
TIA	= transient ischemic attack	= transiente ischämische Attacke

tid	= [ter in die] three times a day	= 3-mal täglich
TKO	= to keep open	= eine i.v.-Nadel durch langsame Infusion offen halten
TLC	= tender loving care	= liebevolle Pflege
TM	= tympanic membrane	= Trommelfell
TMJ	= temporomandibular joint	= Kaugelenk (Temporomandibulargelenk)
TNG (U.S.)	= nitroglycerin	= Nitroglycerin
TO	= telephone order	= telefonische ärztliche Anordnung
TOA	= tubo-ovarian abscess	= Tubenabszess
tol.	= tolerate	= tolerieren
TOP	= termination of pregnancy	= Abtreibung
TP	= total protein	= Gesamteiweiß
TPN	= total parenteral nutrition	= künstliche Ernährung
TPR	= temperature, pulse and respirations	= Temperatur, Puls und Atemzugrate
Tr	= tincture	= Tinktur
trach.	= tracheostomy	= Tracheostomie
tsp	= teaspoon	= Teelöffel
TURP	= transurethral resection of the prostate	= transurethrale Prostataresektion
TV	= tidal volume	= Atemzugvolumen
TVH	= total vaginal hysterectomy	= vaginale Hysterektomie
TWE	= tap water enema	= Leitungswassereinlauf
T_x	= (1) transplantation	= Transplantation
	= (2) traction	= Extensionsbehandlung
	= (3) therapy	= Behandlung
typ	= typical, typically	= typisch

U

UA (U.S.)	= urinalysis	= Urinuntersuchung
UCHD	= usual childhood diseases	= übliche Kinderkrankheiten
UE	= upper extremity	= Arm
UGI	= upper GI (series)	= (Röntgen-)Magenbreipassage
Ung	= [unguentum]	= Salbe
Unk	= unknown	= unbekannt
UPEP	= urine protein electrophoresis	= Urin-Protein-Elektrophorese
UPJ	= ureteropelvic junction	= Enge zwischen Ureter und Nierenbecken
URTI	= upper respiratory tract infection	= Erkältung

US	= ultrasound	= Sonographie
USCD	= universal self care demand	= grundsätzliche Selbstversorgungsforderung
USP (U.S.)	= United States Pharmacopoeia	= US-Pharmakopöe
usu	= usually	= üblich
UTI	= urinary tract infection	= Harnwegsinfektion

V

VA (U.S.)	= Veteran's Administration	= Veteranenbehörde
Vag	= vaginal	= vaginal
VC	= vital capacity	= Vitalkapazität
VD	= venereal disease	= Geschlechtskrankheit
vd	= void	= Wasser lassen
VDRL	= test for syphilis (Venereal Disease Research Laboratory Test)	= Syphilis-Suchtest
VF	= ventricular fibrillation	= Kammerflimmern
VIP	= voluntary interruption of pregnancy	= Schwangerschaftsunterbrechung
VO (U.S.)	= verbal order	= mündliche Anordnung
VP	= ventriculo-peritoneal (shunt)	= VP-Shunt
VPB	= ventricular premature beats	= ventrikuläre Extrasystolen
VS	= vital signs	= Blutdruck, Puls, Temperatur
VSD	= ventricular septal defect	= Ventrikelseptumdefekt
VSS	= vital signs stable	= Vitalfunktionen stabil

W

wrt	= with respect to, with reference to	= bezüglich, im Vergleich zu
W/	= with	= mit
W/C	= wheelchair	= Rollstuhl
W/D	= wet to dry	= feuchte und trockene Umschläge
W/O	= without	= ohne
w/v	= weight for volume (e.g. a 0.9% w/v solution contains 0.9 g solute per 100 ml)	= Gewicht pro Volumen
WB	= whole blood	= Vollblut
WBC	= white blood count	= Leukozytenzahl
WCC	= white cell count	= Leukozytenzahl

WD	= well developed	= kräftig
WH	= well hydrated	= gut hydriert
wk.	= week	= Woche
WN	= well nourished	= in gutem Ernährungszustand
WNL	= within normal limits	= unauffällig
wt	= weight	= Gewicht

X, Y, Z

x̄	= except	= außer
y	= year(s)	= Jahr(e)
yo	= years old	= Jahre alt
ZN	= Ziehl-Neelsen (stain for mycobacteria)	= Ziehl-Neelsen-Färbung
∅ barb (U.S.)	= phenobarbital	= Phenobarbital (Antikonvulsivum)
4 + pos.	= 4-plus positive	= stark positiv

Titles and Job Titles

Titel und Berufsbezeichnungen

B.S.	=	Bachelor of Science	= abiturähnlicher Titel, der auf eine schwerpunktmäßige Schulbildung in den Naturwissenschaften hindeutet
C.C.R.N.	=	Critical Care Registered Nurse	= examinierte Fachkrankenschwester für Intensivmedizin
C.R.N.A.	=	Certified Registered Nurse Anesthesiologist	= hochqualifizierte anästhesiologische Krankenschwester (intubiert Patienten und verabreicht Narkosen)
C.R.T.	=	Certified Respiratory Technologist/Therapist	= staatlich geprüfter Beatmungs- und Atemtherapeut
Cons.	=	Consultant (Brit.)	= Abteilungsleiter
D.D., D.D.S.	=	Doctor of Dentistry, Doctor of Dental Science	= Zahnarzt (Berufsbezeichnung)
D.O.	=	Doctor of Osteopathy	= Dr. med. (dem Dr. med. gleichgestellt)
D.V.M., V.M.D.	=	Doctor of Veterinary Medicine	= Tierarzt (Berufsbezeichnung)
F.A.C.P.	=	Fellow of the American College of Physicians	= facharztgeprüfte Internisten (Board Certified Internists) in den USA, die besonders hervorgetreten sind, können dazu vorgeschlagen und gewählt werden; prestigereicher Titel
F.R.C.P.	=	Fellow of the Royal College of Physicians (Brit.)	= M.R.C.P.s, die besonders hervorgetreten sind, können dazu gewählt werden; prestigereicher Titel
H.P.	=	House Physician (Brit.)	= Arzt im Praktikum (Med.)
H.S.	=	House Surgeon (Brit.)	= Arzt im Praktikum (Chirurg.)
M.B., B.S.	=	Medical Bachelor, Bachelor of Surgery	= Arzt (Berufsbezeichnung) (Brit.)
M.D.	=	Doctor of Medicine	= Arzt (Berufsbezeichnung USA)
M.D., Ph.D.	=	Medical Doctor and Doctor of Philosophy	= *promovierter* Arzt
M.R.C.P.	=	Member of the Royal College of Physicians (Brit.)	= Titel, der durch ein Examen in allgemeiner Medizin in Großbritannien erworben werden kann
M.S.	=	Master of Science	= Diplom in einer Naturwissenschaft
M.S.N.	=	Master of Science in Nursing	= Diplom für naturwissenschaftlich fortgebildete R.N.s
N.C.	=	Nurse Clinican	= siehe N.P.

N.P.	=	Nurse Practitioner	=	hochqualifizierte Krankenschwestern oder -pfleger, die teilweise ärztliche Arbeiten eines Assistenten durchführen, z. B. Anordnungen treffen und Medikamente verschreiben
P.A.	=	Physician Assistent	=	hochqualifizierte(r) Arzthelfer(in) (übernimmt z. T. ärztl. Aufgaben)
Ph.D.	=	Doctor of Philosophy (USA)	=	promovierter Wissenschaftler (Promotion aufgrund einer mehrjährigen wissenschaftlichen Arbeit)
Pharm.D.	=	Doctor of Pharmacology	=	Dr. pharm. (Berufsbezeichnung für einen (Krankenhaus-)Apotheker
PRHO	=	Preregistration House Officer (Brit.)	=	Arzt im Praktikum
R.N.	=	Registered Nurse	=	examinierte Krankenschwester
R.(C.)D.	=	Registered (Clinical) Dietitian	=	staatlich geprüfte(r) Diätassistent(in)
R.P.T.	=	Registered Physical Therapist	=	staatlich geprüfter Physiotherapeut
Reg.	=	Registrar (Brit.)	=	Stationsarzt
S.H.O.	=	Senior House Officer (Brit.)	=	Assistenzarzt
S. N.	=	Staff Nurse (Brit.)	=	examinierte Krankenschwester
S.R.	=	Senior Registrar (Brit.)	=	Oberarzt
Sr.	=	Sister (Brit.)	=	Oberschwester

Units of Measurement / Maßeinheiten

Length	=	**Längen**
1 inch (in.)	=	2,54 cm
1 foot (ft.) = 12 in.	=	30,479 cm
Capacity	=	**Hohlmaße**
1 fluid ounce (fl oz.) (US)	=	29,6 ml
1 pint (pt) = 16 fl oz. (US)	=	0,47 l
1 quart (qt) = 2 pints (US)	=	0,94 l
1 fluid ounce (fl oz.) (Brit.)	=	28,4 ml
1 pint (pt) = 20 fl oz. (Brit.)	=	0,57 l
1 quart (qt) = 2 pints (Brit.)	=	1,14 l
Weight	=	**Gewicht**
1 ounce (oz.)	=	28,40 g
1 pound (lb.) = 16 oz.	=	0,45 kg
1 stone (st.) = 14 lb.	=	6,35 kg

Temperature equivalents
To convert degrees Fahrenheit (°F) to degrees Celsius or centigrade (°C) substract 32 and multiply the remainder by 5/9.
98.6° F = 37.0° C

Dates

(USA): January 17, 1999 (Brit.): 17 January 1999	= 17. Januar 1999

Commonly Used Symbols / Gebräuchliche Symbole

Ø = no result	= ergebnislos
no △ = no change	= unverändert
Ⓜ = murmur	= Herzgeräusch
a grade I/VI rumble	= ein sehr leises rumpelndes Herzgeräusch (I = leisest, VI = lautest mögliches Herzgeräusch)
Ⓡ = right	= rechts
Ⓛ = left	= links
Ⓝ = normal	= unauffällig
#20 = number 20	= Nr. 20
↑ = increased	= vermehrt
↓ = decreased	= vermindert
⊖ = negative	= ohne (pathologisches) Ergebnis
⊕ = positive	= mit pathologischem Ergebnis

wt △	= weight change	= Gewichtsveränderung
△△	= differential diagnosis	= Differenzialdiagnose
#	= fracture	= Knochenbruch
Ψ	= psychiatric, psychological	= psychiatrisch, psychologisch